丛书编委会

井延海　刘志敏　张景钢　刘国兴

倪文耀　赵瑞华　董文特　郭　刚

木　兰　井　姗

本书主编

刘志敏

中级注册安全工程师职业资格考试辅导系列丛书

安全生产管理

考试重点与精选题库

北京注安注册安全工程师安全科学研究院 组织编写

文泉云盘
防盗码

刮开涂层，使用微信扫码，即可获取本书配套数字资源。

注意：本书使用“一书一码”版权保护技术，该二维码仅可扫描并绑定一次。

北京交通大学出版社
·北京·

内 容 简 介

本书根据《中级注册安全工程师职业资格考试大纲》（应急厅〔2019〕43 号）及历年考试真题编写而成，在深入研究考试大纲、历年考试真题的基础上，对学习内容进行了汇总、精简，对考试重点加以精心筛选，最后按照考试重点分章编制模拟题和汇总历年真题，让考生在学习考试重点的基础上进行训练，从而更容易地掌握考试知识点。此外，针对模拟题和考试真题，本书均配有详细解析，便于考生学习使用。

图书在版编目（CIP）数据

安全生产管理考试重点与精选题库 / 北京注安注册安全工程师安全科学研究院组织编写. —北京：北京交通大学出版社，2020.9

ISBN 978-7-5121-4299-2

Ⅰ. ① 安… Ⅱ. ① 北… Ⅲ. ① 安全生产－生产管理－资格考试－自学参考资料 Ⅳ. ① X92

中国版本图书馆 CIP 数据核字（2020）第 141088 号

安全生产管理考试重点与精选题库
ANQUAN SHENGCHAN GUANLI KAOSHI ZHONGDIAN YU JINGXUAN TIKU

策划编辑：高振宇　　责任编辑：严慧明
出版发行：北京交通大学出版社　　电话：010-51686414　　http://www.bjtup.com.cn
地　　址：北京市海淀区高梁桥斜街 44 号　　邮编：100044
印 刷 者：北京时代华都印刷有限公司
经　　销：全国新华书店
开　　本：185 mm×260 mm　　印张：15.75　　字数：394 千字
版 印 次：2020 年 9 月第 1 版　　2020 年 9 月第 1 次印刷
印　　数：1～3 000 册　　定价：48.00 元

本书如有质量问题，请向北京交通大学出版社质监组反映。对您的意见和批评，我们表示欢迎和感谢。
投诉电话：010-51686043，51686008；传真：010-62225406；E-mail：press@bjtu.edu.cn。

前　　言

北京注安注册安全工程师安全科学研究院是全国注册安全工程师行业第一家，也是唯一一家科学研究院，是培训注册安全工程师和落实注册安全工程师制度的专业性服务机构。

本研究院多年来致力于帮助考生学习和掌握考试重点，顺利通过中级注册安全工程师职业资格考试；提高企业主要负责人和安全生产管理人员的知识水平与业务能力；充分发挥中级注册安全工程师的作用，显著提升企业安全管理水平，以及提升专业技术人员素质和防灾、减灾、救灾能力，科学有效地预防和减少生产安全事故。

中级注册安全工程师职业资格考试辅导系列丛书，包括《安全生产法律法规考试重点与精选题库》《安全生产管理考试重点与精选题库》《安全生产技术基础考试重点与精选题库》《安全生产专业实务——道路运输安全考试重点与案例分析》《安全生产专业实务——道路运输安全精选题库与模拟试卷》，均由本研究院组织的国家级权威专家和相关专业人士精心编写而成。编写过程中紧扣考试大纲的要求，深入研究考试教材和相关政策法规，精心筛选考试重点。

本书作为丛书之一，专门为考生考前复习量身打造，具有较强的针对性、指导性、实用性。本书适合在教材学习阶段巩固学习成果，在冲刺复习阶段抓住学习重点，在考试之前进行自评自测。本书也可作为道路运输企业主要负责人和安全生产管理人员的学习参考用书。

由于编写时间仓促，水平有限，如有错误和遗漏敬请批评指正，以便持续改进。联系电话 010-56386900，亦可扫描下方二维码联系我们。

北京注安注册安全工程师安全科学研究院

2020 年 4 月

扫码关注微信公众号

目　　录

第一部分　考试大纲

第二部分　考试重点

第三部分　精选题库

第一部分

考试大纲

试卷结构

安全生产管理属于公共科目，其考试题型均为客观题，分为单项选择题和多项选择题两部分。单项选择题的备选项中，只有 1 个最符合题意。多项选择题的备选项中，有 2 个或 2 个以上符合题意，至少有 1 个错项。错选不得分；少选，所选的每个选项得 0.5 分。试卷中有 70 个单项选择题，每题 1 分；15 个多项选择题，每题 2 分。

考试目的

考查专业技术人员运用安全生产管理基础理论和方法，辨识、评价和控制危险、有害因素，制订相应的安全管理与控制措施，分析、判断和解决安全生产实际问题的能力。

考试内容及要求

1. 安全生产管理理论

掌握习近平总书记关于安全生产的重要论述精神。掌握事故、事故隐患、危险源分类、事故致因理论、安全原理、安全生产管理理念、安全心理和行为、安全文化等基本原理，运用上述原理、法则，辨识、分析生产经营过程中造成事故的原因、存在的隐患和问题，建立安全生产管理指导思想和方法，制订相应的事故预防措施。

2. 安全生产监管监察

掌握我国现行安全生产监管监察的内容和要求。

3. 安全生产责任制

根据安全生产相关法律法规和政策规定，制订和修订各类人员的安全生产责任制。

4. 安全生产标准化

根据《企业安全生产标准化基本规范》和相关行业标准，策划制订安全生产标准化建设方案。

5. 安全评价

根据安全生产相关法律法规和标准规定，进行安全评价的前期准备工作，辨识和分析危险、有害因素，提出防止事故发生的技术和管理对策措施建议，编制安全评价报告。

6. 安全文化

根据企业安全文化建设和评价的相关标准，评估企业安全文化现状，制订企业安全文化建设规划和计划。

7. 危险化学品重大危险源

根据危险化学品重大危险源相关标准和方法，进行危险化学品重大危险源辨识、评价、监管、控制和应急管理。

8. 安全生产规章制度

根据安全生产相关法律法规和政策规定，建立安全生产规章制度体系，制订和修订各项安全规章制度。

9. 安全操作规程

根据安全生产相关法律法规和政策规定，辨识作业风险，制订和修订设备、设施和危险岗位的安全操作程序。

10. 安全生产投入与安全生产责任保险

根据安全生产相关法律法规和政策规定，分析企业安全生产投入需求，编制企业安全生产费用提取、使用和管理计划。了解安全生产责任保险。

11. 安全技术措施计划

根据安全生产措施计划的相关规定，编制安全技术措施计划。

12. 建设项目安全设施"三同时"

根据安全生产相关法律法规和政策规定，解决建设项目安全设施"三同时"工作实际问题。

13. 设备设施安全

运用相关标准和技术措施，进行设备设施选用、安装、调试、使用、检测检验、维护、拆除、报废等设备设施过程管理，制订设备设施检维修过程的安全管理和技术措施，分析设备常见故障的原因，制订事故预防控制措施。

14. 作业场所环境管理

根据安全生产相关法律法规和标准，辨识不良作业环境，提出相应的安全措施。

15. 安全生产教育和培训

根据安全生产相关法律法规和政策规定，分析企业安全生产教育和培训需求，制订安全生产教育和培训方案，评估教育和培训效果。

16. 安全生产检查与隐患排查治理

根据安全生产相关法律法规和政策规定，组织编制安全生产检查表，进行安全生产检查及事故隐患排查，建立事故隐患信息档案，提出治理方案，统计分析和上报事故隐患排查治理情况。

17. 职业病危害预防和管理

根据职业病危害因素的辨识标准和职业病危害评价方法，辨识作业场所职业病危害因素，制订相应控制措施。

18. 劳动防护用品管理

根据安全生产相关法律法规和政策规定，选用和验收劳动防护用品，掌握劳动防护用品的正确使用方法。

19. 危险作业管理

根据安全生产相关法律法规和标准规范规定，辨识爆破、吊装、动火、高处、受限空间（有限空间）、临时用电等作业中存在的危险、有害因素，制订相应的安全管理、技术措施。

20. 相关方安全管理

根据安全生产相关法律法规和政策规定，识别相关方作业中存在的风险，制订相应管理和控制措施，制订企业承包和租赁活动中相关方安全管理制度等，解决企业承包和租赁经营过程中相关方安全管理问题。

21. 应急管理

根据安全生产相关法律法规和政策规定，进行安全风险评估，分析生产经营单位应急需求，规划企业应急救援体系，编制应急预案，策划应急演练，完善应急准备，评估演练效果。

22. 生产安全事故调查与分析

根据安全生产相关法律法规和政策规定，运用事故调查技术和方法，进行生产安全事故调查取证、原因分析、性质认定，制订事故防范措施。

23. 安全生产统计分析

运用安全生产统计指标及常用统计分析方法，分析生产安全事故的特点与规律，制订事故防范对策措施。

第二部分

考试重点

第一章　安全生产管理基本理论

第一节　安全生产管理基本概念

一、事故、事故隐患、危险、危险源与重大危险源

（一）事故

1. 事故分类

《企业职工伤亡事故分类》（GB 6441—1986）将事故分为 20 类：物体打击、车辆伤害、机械伤害、起重伤害、触电、淹溺、灼烫、火灾、高处坠落、坍塌、冒顶片帮、透水、放炮、火药爆炸、瓦斯爆炸、锅炉爆炸、容器爆炸、其他爆炸、中毒和窒息、其他伤害。

2. 事故等级

事故分为以下四个等级：

（1）特别重大事故，是指造成 30 人以上死亡，或者 100 人以上重伤（包括急性工业中毒，下同），或者 1 亿元以上直接经济损失的事故；

（2）重大事故，是指造成 10 人以上 30 人以下死亡，或者 50 人以上 100 人以下重伤，或者 5 000 万元以上 1 亿元以下直接经济损失的事故；

（3）较大事故，是指造成 3 人以上 10 人以下死亡，或者 10 人以上 50 人以下重伤，或者 1 000 万元以上 5 000 万元以下直接经济损失的事故；

（4）一般事故，是指造成 3 人以下死亡，或者 10 人以下重伤，或者 1 000 万元以下直接经济损失的事故。

（二）事故隐患

生产经营单位违反安全生产法律、法规、规章、标准、规程和安全生产管理制度的规定，或者因其他因素在生产经营活动中存在可能导致事故发生的物的危险状态、人的不安全行为和管理上的缺陷。

事故隐患分为一般事故隐患和重大事故隐患。一般事故隐患是指危害和整改难度较小，企业发现后能够整改治理的事故隐患。重大事故隐患是指危害和整改难度较大，事故风险较高、影响范围较大，应当全部或者局部停产停业，并经过一定时间治理方能排除的事故隐患，或者因外部因素影响致使生产经营单位自身难以治理的事故隐患。

（三）危险

在安全生产管理中，一般用危险度来表示危险的程度：

$$R=f(F, C)$$

式中，R 表示危险度，F 表示发生事故的可能性，C 表示发生事故的严重性。

（四）海因里希法则

当一个企业有 300 个隐患或违章，必然要发生 29 起轻伤或故障，在这 29 起轻伤或故障当中，必然包含有一起重伤、死亡或重大事故。这就是海因里希法则。

（五）危险源

危险源是指可能造成人员伤害、疾病、财产损失、作业环境破坏或其他损失的根源或状态。

1. 第一类危险源

生产过程中存在的、可能发生意外释放的能量，如：罐内的液氨、带电的物体、旋转的飞轮。第一类危险源决定了事故后果的严重程度，它具有的能量越多，发生事故的后果越严重。

2. 第二类危险源

指导致能量或危险物质约束或限制措施破坏或失效的各种因素，包括人的失误、物的故障、管理缺陷、不良环境。第二类危险源决定了事故发生的可能性，它出现越频繁，发生事故的可能性越大。企业安全工作重点是第二类危险源的控制问题。

（六）重大危险源

重大危险源是指长期地或临时地生产、加工、使用或储存危险化学品，且危险化学品的数量等于或者超过临界量的单元（包括场所和设施）。

当单元中有多种物质时，如果各类物质量满足下式就是重大危险源：

$$\sum_{i=1}^{N}\frac{q_i}{Q_i}\geqslant 1$$

式中：q_i——单元中物质 i 的实际存在量；

Q_i——物质 i 的临界量；

N——单元中物质的种类数。

二、本质安全

本质安全是指通过设计等手段使生产设备或生产系统本身具有安全性，即使在误操作或发生故障时也不会造成事故，具体包括两方面的内容：

（1）失误—安全功能：操作者即使操作错误，也不会发生事故伤害；

（2）故障—安全功能：设备发生故障或损坏时，还能暂时维持正常工作或自动转变为安全状态。

本质安全应该是设备、设施和技术工艺固有的，即在其规划设计阶段就被纳入其中，而不是事后补偿的。

本质安全是安全生产管理“预防为主”的根本体现，也是安全生产管理的最高境界，是我们为之奋斗的目标。

第二节 事故致因原理及安全原理

一、事故致因原理

（一）事故频发倾向理论

少数具有事故频发倾向的人是事故频发倾向者。事故频发倾向者的存在是工业事故发生的原因。

（二）事故因果连锁理论

1. 海因里希事故因果连锁理论

海因里希将事故连锁过程影响因素概括为5个：遗传及社会环境、人的缺点、人的不安全行为或物的不安全状态、事故、伤害。这一事故连锁关系可以用多米诺骨牌来形象地加以描述。在多米诺骨牌系列中，一块骨牌被碰倒了，则将发生连锁反应，其余的几块骨牌相继被碰倒。如果移去中间的一块骨牌，则连锁被破坏，事故过程被中止。海因里希认为，企业安全工作的中心就是防止人的不安全行为，消除机械的或物质的不安全状态，中断事故连锁的进程而避免事故的发生。海因里希事故因果连锁理论如图1－1所示。

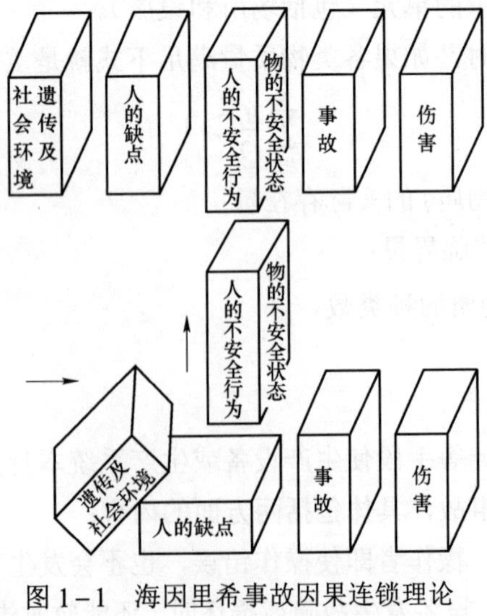

图1－1 海因里希事故因果连锁理论

2. 现代事故因果连锁理论

博德在海因里希事故因果连锁理论的基础上，提出了现代事故因果连锁理论，如

图 1－2 所示。现代事故因果连锁理论的主要观点包括以下 5 个方面。

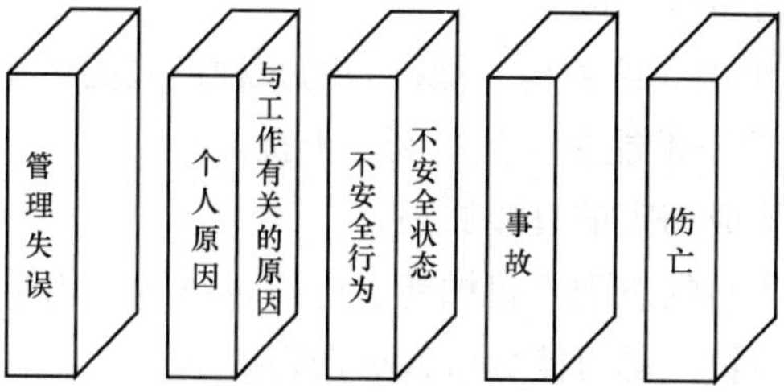

图 1－2　现代事故因果连锁理论

1）管理失误：控制不足

安全管理中的控制是指损失控制，包括对人的不安全行为和物的不安全状态的控制。它是安全管理工作的核心。

2）基本原因：起源论

基本原因包括个人原因及与工作有关的原因。个人原因包括缺乏知识或技能、动机不正确、身体上或精神上的问题等。与工作有关的原因包括操作规程不合适，设备、材料不合格，通常的磨损及异常的使用方法等，以及温度、压力、湿度、粉尘、有毒有害气体、蒸气、通风、噪声、照明、周围的状况等环境因素。只有找出这些基本原因，才能有效地预防事故的发生。

3）直接原因：征兆

不安全行为和不安全状态是事故的直接原因，这点是最重要的、必须加以追究的原因。但是，直接原因不过是基本原因的征兆，是一种表面现象。在实际工作中，如果只抓住作为表面现象的直接原因而不追究其背后隐藏的深层原因，就永远不能从根本上杜绝事故的发生。

4）事故：接触

防止事故就是防止接触。为了防止接触，可以通过改进装置、材料及设施，防止能量释放，通过训练提高工人识别危险的能力，佩戴个人保护用品等来实现。

5）受伤：损坏、损失

包括了工伤、职业病及对人员精神方面、神经方面或全身性的不利影响。

（三）能量意外释放理论

1. 能量意外释放理论概述

1）能量意外释放理论的提出

人受伤害的原因是某种能量的转移。

伤害分类：第一类伤害是由于施加了局部或全身性损伤阈值和能量引起的；第二类伤害是由于影响了局部或全身性能量交换引起的。

伤害的决定因素：能量大小、接触时间长短、频率、力的集中程度。

2）事故致因及其表现形式

（1）事故致因。伤害事故原因是：

① 接触了超过机体组织（或结构）抵抗力的某种形式的过量的能量；

② 机体与周围环境的正常能量交换受到了干扰。

各种形式的能量是构成伤害的直接原因。

（2）能量转移造成事故的表现。机械能、电能、热能、化学能、电离及非电离辐射、声能和生物能等形式的能量，都可能导致人员伤害。

2. 事故防范对策

防止能量或危险物质的意外释放，防止人体与过量的能量或危险物质接触。

在工业生产中经常采用的防止能量意外释放的屏蔽措施主要有下列 11 种。

（1）用安全的能源代替不安全的能源。例如，在容易发生触电的作业场所，用压缩空气动力代替电力，可以防止发生触电事故；还有用水力采煤代替火药爆破等。绝对安全的事物是没有的，以压缩空气做动力虽然避免了触电事故，但是压缩空气管路破裂、脱落的软管抽打等都带来了新的危害。

（2）限制能量。即限制能量的大小和速度，规定安全极限量，在生产工艺中尽量采用低能量的工艺或设备。这样，即使发生了意外的能量释放，也不致发生严重伤害。例如，利用低电压设备防止电击，限制设备运转速度以防止机械伤害，限制露天爆破装药量以防止个别飞石伤人等。

（3）防止能量蓄积。能量的大量蓄积会导致能量突然释放，因此，要及时泄放多余能量，防止能量蓄积。例如，应用低高度位能，控制爆炸性气体浓度，通过接地消除静电蓄积，利用避雷针放电保护重要设施等。

（4）控制能量释放。例如，建立水闸墙防止高势能地下水突然涌出。

（5）延缓释放能量。缓慢地释放能量可以降低单位时间内释放的能量，减轻能量对人体的作用。例如，采用安全阀、逸出阀控制高压气体；采用全面崩落法管理煤巷顶板，控制地压；用各种减振装置吸收冲击能量，防止人员受到伤害等。

（6）开辟释放能量的渠道。例如，安全接地可以防止触电，在矿山探放水可以防止透水，抽放煤体内瓦斯可以防止瓦斯蓄积爆炸等。

（7）设置屏蔽设施。屏蔽设施是一些防止人员与能量接触的物理实体，即狭义的屏蔽。屏蔽设施可以被设置在能源上，如安装在机械转动部分外面的防护罩；也可以被设置在人员与能源之间，如安全围栏等。人员佩戴的个体防护用品，可看作是设置在人员身上的屏蔽设施。

（8）在人、物与能源之间设置屏障，在时间或空间上把能量与人隔离。在生产过程中有两种或两种以上的能量相互作用引起事故的情况，例如，一台吊车移动的机械能作用于化工装置，使化工装置破裂，有毒物质泄漏，引起人员中毒。针对两种能量相互作用的情况，应该考虑设置两组屏蔽设施：一组设置于两种能量之间，防止能量间的相互作用；另一组设置于能量与人之间，防止能量达及人体，如设置防火门、防火密闭等。

（9）提高防护标准。例如，采用双重绝缘工具防止高压电能触电事故，对瓦斯连续监测和遥控遥测及增强对伤害的抵抗能力，用耐高温、耐高寒、高强度材料制作个体防护用具等。

（10）改变工艺流程。如改不安全流程为安全流程，用无毒少毒物质代替剧毒有害物质等。

（11）修复或急救。治疗、矫正以减轻伤害程度或恢复原有功能；做好紧急救护，进行自救教育；限制灾害范围，防止事态扩大等。

（四）轨迹交叉理论

（1）该理论的主要观点是：事故发展进程中，人的因素运动轨迹与物的因素运动轨迹的交点就是事故发生的时间和空间，如图 1－3 所示。人与物在事故发生中占有同样的地位。

（2）事故预防措施：避免人的不安全行为与物的不安全状态同时同地出现。

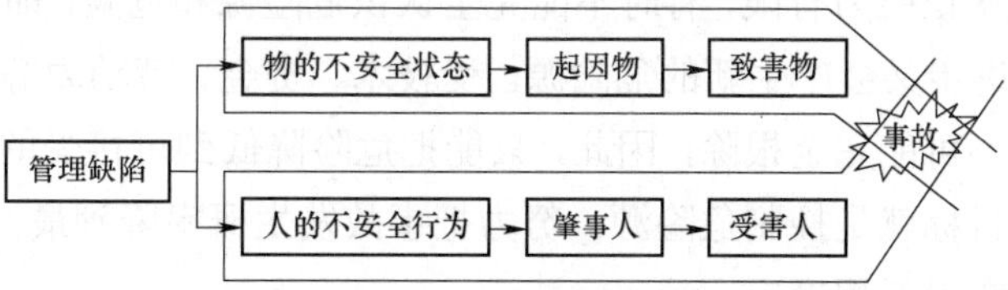

图 1－3　轨迹交叉理论

（3）人的不安全行为基于生理、环境、心理、行为几个方面而产生：

① 生理、先天身心缺陷；

② 社会环境、企业管理上的缺陷；

③ 后天的心理缺陷；

④ 视、听、嗅、味、触等感官能量分配上的差异；

⑤ 行为失误。

（4）生产过程各阶段都可能产生不安全状态：

① 设计上的缺陷，如用材不当、强度计算错误、结构完整性差、采矿方法不适应矿床围岩性质等；

② 制造、工艺流程上的缺陷；

③ 维修保养上的缺陷，降低了可靠性；

④ 使用上的缺陷；

⑤ 作业场所环境上的缺陷。

（五）系统安全理论

1. 系统安全理论的含义

系统安全，是指在系统寿命周期内应用系统安全管理及系统安全工程原理，识别危险源并使其危险减至最小，从而使系统在规定的性能、时间和成本范围内达到最佳的安全程度。

其基本原则是在一个新系统的构思阶段就必须考虑其安全性的问题，制订并开始执行安全工作规划——系统安全活动，并且把系统安全活动贯穿于系统寿命周期，直到系统报废为止。

2. 系统安全理论的主要观点

（1）在事故致因理论方面，改变了人们只注重操作人员的不安全行为而忽略硬件的故障在事故致因中作用的传统观念，开始考虑如何通过改善物的系统的可靠性来提高复杂系统的安全性，从而避免事故。

（2）没有任何一种事物是绝对安全的，任何事物中都潜伏着危险因素。通常所说的安全或危险只不过是一种主观的判断。

（3）不可能根除一切危险源和危险，可以减少来自现有危险源的危险性，应减少总的危险性而不是只消除几种选定的危险。

（4）由于人的认识能力有限，有时不能完全认识危险源和危险，即使认识了现有的危险源，随着技术的进步又会产生新的危险源。受技术、资金、劳动力等因素的限制，对于认识了的危险源也不可能完全根除，因此，只能把危险降低到可接受的程度，即可接受的危险。安全工作的目标就是控制危险源，努力把事故发生概率降到最低，万一发生事故，把伤害和损失控制在最低程度上。

3. 系统安全中的人失误

人失误：指人的行为的结果超出了系统的某种可能接受的限度。人失误包括两方面：（1）由于工作条件设计不当，即由于设定的条件与人接受的限度不匹配引起的失误；（2）由于人的不恰当行为造成的失误。

二、安全原理

（一）系统原理

1. 系统原理的含义

它是指人们在从事管理工作时，运用系统的观点、理论和方法，对管理活动进行充分的系统分析，以达到管理的优化目标，即用系统的观点、理论和方法来认识和处理管理中出现的问题。

安全生产管理是全方位、全天候、全体人员的管理。

2. 运用系统原理的原则

（1）动态相关原则。构成管理系统的各要素是运动和发展的，它们相互联系又相互制约。如果管理系统的各要素都处于静止状态，就不会发生事故。

（2）整分合原则。高效的现代安全生产管理必须在整体规划下明确分工，在分工基础上有效综合。

（3）反馈原则。企业生产的内部条件和外部环境在不断变化，所以必须及时捕获、反馈各种安全生产信息，以便及时采取行动。

（4）封闭原则。在任何一个管理系统内部，只有管理手段、管理过程等构成一个连续封闭的回路，才能形成有效的管理活动。

（二）人本原理

1. 人本原理的含义

在管理中必须把人的因素放在首位，体现以人为本的指导思想。以人为本有两层含义，其一是一切管理活动都是以人为本展开的，人既是管理的主体，又是管理的客体；其二是管理活动中，作为管理对象的要素和管理系统各环节，都是需要人掌管、运作、推动和实施的。

2. 运用人本原理的原则

（1）动力原则。推动管理活动的基本力量是人，管理必须有能够激发人的工作能力的动力。对于管理系统，有三种动力，即物质动力、精神动力和信息动力。

（2）能级原则。单位和个人都具有一定的能量，并且可以按照能量的大小顺序排列，形成管理的能级。在管理系统中，建立一套合理能级，根据单位和个人能量的大小安排其工作，发挥不同能级的能量，保证结构的稳定性和管理的有效性。

（3）激励原则。管理中的激励就是利用某种外部诱因的刺激，调动人的积极性和创造性。以科学的手段激发人的内在潜力，使其充分发挥积极性、主动性和创造性。动力来源有：内在动力、外部压力、工作吸引力。

（4）行为原则。需要决定动机，动机产生行为，行为指向目标，目标完成需要得到满足，于是又产生新的需要、动机、行为，以实现新的目标。

（三）预防原理

1. 预防原理的含义

通过有效的管理和技术手段，减少和防止人的不安全行为和物的不安全状态，这就是预防原理。

2. 运用预防原理的原则

（1）偶然损失原则。事故后果及后果的严重程度，都是随机的、难以预测的。反复发生的同类事故，并不一定产生完全相同的后果。

（2）因果关系原则。事故的发生是许多因素互为因果连续发生的最终结果，只要诱发事故的因素存在，发生事故是必然的，只是时间或迟或早而已。

（3）3E 原则。造成人的不安全行为和物的不安全状态的原因可归结为技术原因、教育原因、身体和态度原因及管理原因 4 个方面。针对这 4 方面的原因，可以采取 3 种防止对策，即工程技术（engineering）对策、教育（education）对策和法制（enforcement）对策。

（4）本质安全化原则。本质安全化原则是指从一开始和从本质上实现安全化，从根本上消除事故发生的可能性，从而达到预防事故发生的目的。

（四）强制原理

1. 强制原理的含义

强制即绝对服从，指不必经被管理者同意便可采取克制行动。

采取强制管理手段控制人的意愿和行为，使个人活动行为受到约束，从而实现有效的安全管理。

2. 运用强制原理的原则

（1）安全第一原则。要求在进行生产和其他工作时把安全工作放在一切工作的首要位置。当生产和其他工作与安全发生矛盾时，要以安全为主，生产和其他工作要服从于安全。

（2）监督原则。指在安全工作中，为了使安全生产法律法规得到落实，必须明确安全生产监督职责，对企业生产中的守法和执法情况进行监督。

第三节　安全心理与安全行为

一、人的行为模式

人的行为模式如图 1–4 所示。

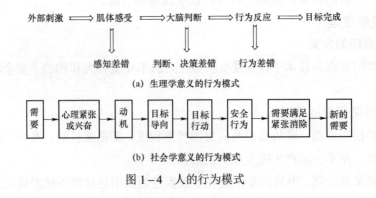

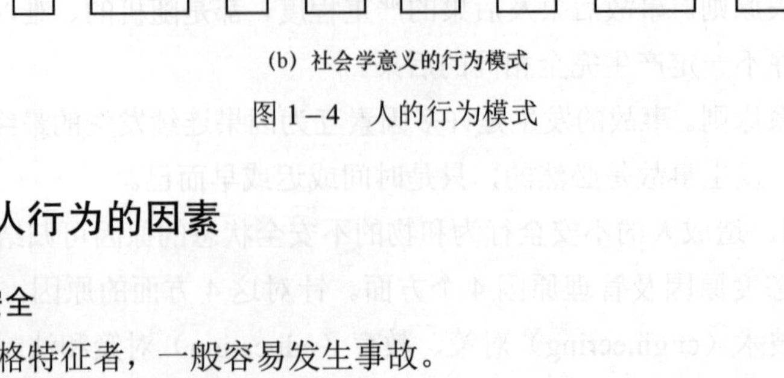

图 1–4　人的行为模式

二、影响人行为的因素

1. 性格与安全

具有以下性格特征者，一般容易发生事故。

（1）攻击型性格。妄自尊大，骄傲自满，喜欢冒险、挑衅，与他人闹无原则的纠纷，争强好胜，不易接纳他人的意见。这类人虽然一般技术都比较好，但也很容易出大事故。

（2）孤僻型性格。这种人性情孤僻、固执、心胸狭窄、对人冷漠，其性格多属内向，与同事关系较差。

（3）冲动型性格。性情不稳定，易冲动，情绪起伏波动很大，情绪长时间不易平静，易忽视安全工作。

（4）抑郁型性格。心境抑郁、浮躁不安，心情闷闷不乐，精神不振，易导致干什么事情都引不起兴趣，因此很容易出事故。

（5）马虎型性格。对待工作马虎、敷衍、粗心，常会引发各种事故。

（6）轻率型性格。这种人在紧急或困难条件下表现出惊慌失措、优柔寡断或轻率决定。在发生异常事件时，常不知所措或鲁莽行事，使一些本来可以避免的事故成为现实。

（7）迟钝型性格。感知、思维或运动迟钝，不爱活动、懒惰。在工作中反应迟钝、无所用心，亦常会导致事故发生。

（8）胆怯型性格。懦弱、胆怯、没有主见，遇事爱退缩，不敢坚持原则，人云亦云，不辨是非，不负责任，因此在某些特定情况下，也很容易发生事故。

平时应对具有上述性格特征的人加强安全教育和安全生产的检查督促。同时，尽可能安排他们在发生事故可能性较小的工作岗位上。因而，对某些特种作业或较易发生事故的工种，在招收新工人时，必须考虑与职业有关的良好性格特征。

为了取得安全教育的良好效果，对性格不同的职工进行安全教育时，应该采取不同的教育方法：对性格开朗，有点自以为是，又希望别人尊重他的职工，可以当面进行批评教育，甚至争论，但一定要坚持说理，就事论事，平等待人；对性格较固执，又不爱多说话的职工，适合多用事实、榜样教育或后果教育方法，让他自己进行反思和从中接受教训；对于自尊心强，又缺乏勇气性格的职工，适合先冷处理，后单独做工作；对于自卑、自暴自弃性格的职工，要多用暗示、表扬的方法，使其看到自己的优点和能力，增强勇气和信心，切不可过多苛责。

2. 气质与安全

（1）胆汁质的特征：对任何事物发生兴趣，具有很高的兴奋性，但其抑制能力差，行为上表现出不均衡性，工作表现忽冷忽热，带有明显的周期性。

（2）多血质的特征：思维、言语、动作都具有很高的灵活性，情感容易产生也容易发生变化，易适应当今世界变化多端的社会环境。

（3）黏液质的特征；突出的表现是安静、沉着、情绪稳定、平和，思维、言语、动作比较迟缓。

（4）抑郁质的特征：安静、不善于社交、喜怒无常、行为表现优柔寡断，一旦面临危险的情境，束手无策，感到十分恐惧。

交通心理学研究显示，具有胆汁质特征的人被认为是“马路第一杀手”，具有多血质特征的人排第二。具有多血质特征的人情绪比较容易受到压力的影响，不利于安全驾驶，他们比较粗心，时常疏忽对设备的定期检查，也给行车安全造成隐患。具有抑郁质特征的人思想比较狭窄，不易受外界刺激的影响，做事刻板、不灵活，积极性低，他们在驾车中容易疲劳。具有黏液质特征的人被认为是交通事故发生概率最少的群体，但是他们自信心不足，在遇到突然抉择时容易犹豫不决。

三、与行为安全密切相关的心理状态

常见的与行为安全密切相关的心理状态如下所述。

（1）省能心理。总是希望以最小的能量（或者说付出）获得最大效果。有了这种心理，就会产生简化作业的行为。省能心理还表现为嫌麻烦、怕费劲、图方便、得过且过的惰性心理。

（2）侥幸心理。生产中虽有某种危险因素存在，但只要人们充分发挥自己的自卫能力，切断事故链，就不会发生事故，因此事故是小概率事件。但有些人认为多数人违章操作也没发生事故，所以就产生了侥幸心理。在研究分析事故案例中可以发现，明知故犯的违章操作占有相当大的比例。

（3）逆反心理。某些条件下，某些个别人在好胜心、好奇心、求知欲、偏见、对抗、情绪等心理状态下，产生与常态心理相对抗的心理状态，偏偏去做不该做的事情。

（4）凑兴心理。凑兴心理是人在社会群体中产生的一种人际关系的心理反应，多见于精力旺盛、能量有余而又缺乏经验的青年人。从凑兴中得到心理上的满足或发泄剩余精力，常易导致不理智行为。

（5）好奇心理。好奇心理是由兴趣驱使的，兴趣是人的心理特征之一。青年工人和刚进厂的新工人对机械设备、环境等有一点恐惧心理，但更多的是好奇心理，他们对安全生产的内涵认识不足，于是将好奇心付诸行动，从而导致事故发生。

（6）骄傲、好胜心理。骄傲、好胜心理在工人中一般有两种类型，一种类型是经常表现为骄傲好胜的性格特征，总认为别人不如自己，满足于一知半解。另一种类型是在特定情况、特定环境下的表现，争强好胜，打赌、不认输。

（7）群体心理。社会是个大群体，工厂、车间、班组也是群体。群体内无论大小，都有群体自己的标准，也叫规范。人们通过模仿、暗示、服从等心理因素互相制约。有人违反这个标准，就受到群体的压力和“制裁”。群体中往往有非正式的“领袖”，他的言行常被别人效仿，因而有号召力和影响力。如果群体规范和“领袖”是符合目标期望的，就产生积极的效果，反之则产生消极效果。许多情况下，违反规程的行为无人反对，或有人带头违反规程，这个群体的安全状况就不会好。

第四节 安全生产管理理念

一、安全哲学观

（一）宿命论与被动型的安全哲学

面对事故对生命的残害与践踏，人类是无所作为的。

在天灾与人祸所造成的意外伤亡事故面前，人类的生命安全与健康是无法保障的，人们只能俯首跪罪，无能为力，只能是逆来顺受。

（二）经验论与事后型的安全哲学

人类对安全认识，以“吃一堑，长一智”的方法来教育自己，提高对安全的认识，此阶段人类进入了局部安全认识阶段。在实践中发现了 “亡羊补牢”的方法和手段，这是一种头痛医头、脚痛医脚的对策方式；尽管是“事后诸葛亮”式的，但毕竟是唯物主义的。这种安全哲学，被人们称之为传统安全管理。例如，事故处理所坚持的“四不放过” 原则，用统计分类的方法进行事故致因的理论研究，事后整改对策的完善，管理中的事故赔偿与事故保险制度等方法和措施，都是受经验论与事后型安全哲学的影响所形成的具有补救意义的办法。

（三）系统论与综合型的安全哲学

对事故的发生和分析采用了系统的综合方法来解决，认为人、机、环境、管理是事故产生的四大综合要素，主张将工程技术硬手段与教育、管理软手段等结合起来，采取综合措施。

（四）本质论与预防型的安全哲学

信息化时代，随着计算机技术、传感技术及人工智能技术等高技术的开发和应用，人类对安全有了更全面、更深刻的认识，以系统安全观为指导，提出了自组织思想，有了本质安全化的认识，其方法论是力求安全的超前性、预防性、应急性，实现本质安全化。具体表现在如下几个方面。

（1）从人的本质安全化入手。

（2）物和环境的本质安全化。

（3）研究和应用“三论”：安全系统论、安全控制论和安全信息论。

（4）坚持“三同时”“三同步”原则。

（5）开展“三不伤害”“6S”活动，“三不伤害”指不伤害他人、不伤害自己、不被别人伤害，“6S”指安全、整理、整顿、清扫、清洁、态度。

（6）职业安全健康管理体系的建立。

（7）科学、超前、预防事故。包括定置管理；“危险点、危害点、事故多发点”的控制工程；隐患的评估；应急预案的制订和实施等。

（8）应用现代安全管理方法。

二、安全风险管控观

（一）事故可预防论

事故存在如下的内在性质。

（1）事故存在的因果性。指事故是相互联系的多种因素共同作用的结果。

（2）事故随机性中的必然性。事故的随机性是指事故发生的时间、地点、事故后果的严重性是偶然的。但从事故的统计资料中可以找到事故发生的规律性。

（3）事故的潜伏性。表面上事故是一种突发事件，但是事故发生之前有一段潜伏期。在事故发生前，人、机、环等系统所处的这种状态是不稳定的，也就是说，系统存在事故隐患，具有危险性。如果这时有一触发因素出现，就会导致事故的发生。

（4）事故的可预防性。任何事故从理论和客观上讲都是可预防的。因此，应该通过各种合理的对策和努力，从根本上消除事故发生的隐患，把事故的发生降低到最小限度。

（二）系统的本质安全化

系统的本质安全化（广义的本质安全化）是指包括人－机－环境－管理这一系统表现出的安全性能。通过优化资源配置和提高其完整性，使得人－机－环境－管理系统在本质上具有最佳的安全品质。系统的本质安全是针对整个人机系统的，它具有如下特征：一是人的安全可靠性，二是物的安全可靠性，三是系统的安全可靠性，四是管理规范和持续改进。

系统的本质安全化包括人的本质安全化、物（机械设备）的本质安全化、环境的本质安全化、（人－机－环境系统）管理的本质安全化等。

（三）风险预控

风险预控体系重点管理内容包括以下几方面：一是风险辨识与管理，主要规定危险源辨识、风险评估流程和职责、风险控制措施的制定和落实及危险源监测、预警和消警等要求，其作用是将风险预控的思想和理念全面贯彻到体系运行的全过程；二是不安全行为控制，主要规定各岗位不安全行为的梳理、机理分析和管控纠正的要求，其作用是保障每个岗位能严格执行正确的安全程序和标准，防止人的失误而导致事故和伤害；三是生产系统控制，主要规定生产系统的管控要求，其作用是将安全生产的法律法规及安全生产标准化全面贯彻到生产各环节，实现动态达标；四是综合要素管理，主要规定生产系统以外的其他生产辅助系统安全管理的要求，其作用是实现安全管理全过程、全方位和全员参与；五是预控保障机制，主要规定体系运行组织机构及其安全责任制、体系方针和目标、体系文件化及体系评价等要求，其作用是保障体系能推动起来和运行下去。

风险预控管理体系具有以下优势和鲜明的特点。

一是建立科学的安全管理流程，主要通过全面辨识各生产系统、各作业环节、各工作岗位存在的不安全因素，明确安全管理的对象；对辨识出来的各种不安全因素进行风险评估，确定其危险程度，进一步明确各个环节安全管理的重点；依据国家法律法规等要求，结合生产实际，有针对性地制定管控标准和措施，明确安全管理的依据和手段；通过落实管控责任部门和责任人，保证管控标准和措施执行到位。

二是把安全生产责任落到实处，风险预控管理体系强调要建立全方位的安全生产责任制度，对体系中的每个管控元素进行细化分解、责任到人，形成“纵向到底、横向到边”的责任体系。

三是实现超前预防管理，风险预控管理体系要求全面开展危险源辨识和风险评估，制定风险控制标准和严密的保障措施，使安全管理由传统管理转变为“辨识和评估风险—降低和控制风险—预防和消除事故”的现代科学管理，实现关口前移和超前防范。

四是突出风险控制的重点和考核机制，开展系统重大危险源辨识与评估，落实整改措施，杜绝重特大事故；开展岗位危险源的辨识与评估，制定有针对性的管控措施，力争杜绝事故的发生。

五是建立循环闭合的运行体系，风险预控管理体系严格执行“PDCA”（Plan，计划；do，执行；Chek，检查；act，调整）循环管理方法，建立从管理对象、管理职责、管理流程、管理标准、管理措施直至管理目标的自动循环、闭环管理的长效机制。

风险预控管理体系是将安全管理重心下移，关口前移，变被动为主动，变事后查处为预防控制的系统的、循序渐进的安全管理方式。

三、安全发展观

（1）强化红线意识，实施安全发展战略。始终把人民群众的生命安全放在首位，发展决不能以牺牲人的生命为代价，这要作为一条不可逾越的红线。大力实施安全发展战略，绝不要带血的GDP。城镇发展规划及开发区、工业园的规划、设计和建设，都要遵循“安全第一”方针。把安全生产与转方式、调结构、促发展紧密结合起来，从根本上提高安全发展水平。

（2）抓紧建立、健全安全生产责任体系。安全生产工作不仅政府要抓，党委也要抓。党委要管大事，发展是大事，安全生产也是大事，没有安全发展就不能实现科学发展。要抓紧建立、健全“党政同责、一岗双责、齐抓共管”的安全生产责任体系，要把安全责任落实到岗位、落实到人头，切实做到管行业必须管安全、管业务必须管安全、管生产经营必须管安全，加强督促检查、严格考核奖惩，全面推进安全生产工作。

（3）强化企业主体责任落实。所有企业都必须认真履行安全生产主体责任，善于发现问题、及时解决问题，采取有力措施，做到安全投入到位、安全培训到位、基础管理到位、应急救援到位。特别是中央企业一定要提高管理水平，给全国企业做表率。

（4）加快安全监管方面改革创新。各地区、各部门、各类企业都要坚持安全生产高标准、严要求，招商引资、上项目要严把安全生产关，要加大安全生产指标考核权重，实行安全生产和重大事故风险“一票否决”。加快安全生产法治化进程，严肃事故调查处理和责任追究。采用“四不两直”（不发通知、不打招呼、不听汇报、不用陪同和接待，直奔基层、直插现场）方式暗查暗访，建立安全生产检查工作责任制，实行谁检查、谁签字、谁负责。

（5）全面构建长效机制。安全生产要坚持标本兼治、重在治本，建立长效机制，坚持“常、长”二字，经常、长期抓下去。要做到警钟长鸣，用事故教训推动安全生产工作，做到“一厂出事故、万厂受教育，一地有隐患、全国受警示”。要建立隐患排查治理、风险预防控制体系，做到防患于未然。

第五节 安全文化

一、安全文化的起源

安全文化的定义：安全文化是存在于单位和个人中的种种素质和态度的总和，它建立一种超出一切之上的观念，即核电厂的安全问题由于它的重要性要保证得到应有的重视。

二、安全文化的定义、基本特征与主要功能

（一）安全文化的定义

狭义的安全文化是指企业安全文化，分为三个层次：直观表层文化、企业安全管理体制的中层文化和安全意识形态的深层文化。

《企业安全文化建设导则》（AQ/T 9004—2008）给出了企业安全文化的定义：被企业组织的员工群体所共享的安全价值观、态度、道德和行为规范的统一体。

（二）企业安全文化的基本特征与主要功能

1. 基本特征

（1）安全文化是指企业生产经营过程中，为保障企业安全生产，保护员工身心安全与健康所涉及的种种文化实践及活动。

（2）企业安全文化与企业文化目标是基本一致的，即“以人为本”，以人的“灵性管理”为基础。

（3）企业安全文化更强调企业的安全形象、安全奋斗目标、安全激励精神、安全价值观和安全生产及产品安全质量、企业安全风貌及“商誉”效应等，是企业凝聚力的体现，对员工有很强的吸引力和无形的约束作用，能激发员工产生强烈的责任感。

（4）企业安全文化对员工有很强的潜移默化的作用，能影响人的思维，改善人的心智模式，改变人的行为。

2. 主要功能

（1）导向功能。企业安全文化所提出的价值观为企业的安全管理决策活动提供了为企业大多数职工所认同的价值取向，它们能将价值观内化为个人的价值观，将企业目标内化为自己的行为目标，使个体的目标、价值观、理想与企业的目标、价值观、理想有了高度一致性和同一性。

（2）凝聚功能。当企业安全文化所提出的价值观被企业职工内化为个体的价值观和目标后就会产生一种积极而强大的群体意识，将每个职工紧密地联系在一起。这样就形成了一种强大的凝聚力和向心力。

（3）激励功能。企业安全文化所提出的价值观向员工展示了工作的意义，员工在理解工作的意义后，会产生更大的工作动力，这一点已为大量的心理学研究所证实。一方面用企业的宏观理想和目标激励职工奋发向上；另一方面，它也为职工个体指明了成功的标准与标志，使其有了具体的奋斗目标。还可用典型、仪式等行为方式不断强化职工追求目标的行为。

（4）辐射和同化功能。企业安全文化一旦在一定的群体中形成，便会对周围群体产生强大的影响作用，迅速向周边辐射。而且，企业安全文化还会保持一个企业稳定的、独特的风格和活力，同化一批又一批新来者，使他们接受这种文化并继续保持与传播，使企业安全文化的生命力得以持久。

第二章　安全生产管理内容

第一节　安全生产责任制

一、建立安全生产责任制的要求

总的要求是：坚持"党政同责、一岗双责、失责追责"。

建立的安全生产责任制具体应满足如下要求：

（1）必须符合国家安全生产法律法规和政策、方针的要求；

（2）与生产经营单位管理体制协调一致；

（3）要根据本单位、部门、班组、岗位的实际情况制定，既明确、具体，又具有可操作性，防止形式主义；

（4）由专门的人员与机构制定和落实，并应适时修订；

（5）应有配套的监督、检查等制度，以保证安全生产责任制得到真正落实。

二、安全生产责任制的主要内容

安全生产责任制的内容主要包括两个方面。一是纵向方面，即从上到下所有类型人员的安全生产职责。二是横向方面，即各职能部门（包括党、政、工、团）的安全生产职责。

（一）生产经营单位主要负责人

生产经营单位主要负责人是本单位安全生产的第一责任者，对安全生产工作全面负责。《中华人民共和国安全生产法》第十八条将其职责规定为：

（1）建立、健全本单位安全生产责任制；

（2）组织制定本单位安全生产规章制度和操作规程；

（3）组织制定并实施本单位安全生产教育和培训计划；

（4）保证本单位安全生产投入的有效实施；

（5）督促、检查本单位的安全生产工作，及时消除生产安全事故隐患；

（6）组织制定并实施本单位的生产安全事故应急救援预案；

（7）及时、如实报告生产安全事故。

（二）安全生产管理人员

安全生产管理人员的职责为：

（1）组织或者参与拟定本单位安全生产规章制度、操作规程和生产安全事故应急救援预案；

（2）组织或者参与本单位安全生产教育和培训，如实记录安全生产教育和培训情况；

（3）督促落实本单位重大危险源的安全管理措施；

（4）组织或者参与本单位应急救援演练；

（5）检查本单位的安全生产状况，及时排查生产安全事故隐患，提出改进安全生产管理的建议；

（6）制止和纠正违章指挥、强令冒险作业、违反操作规程的行为；

（7）督促落实本单位安全生产整改措施。

三、生产经营单位的安全生产主体责任

（1）设备设施（或物质）保障责任。包括具备安全生产条件；依法履行建设项目安全设施“三同时”的规定；依法为从业人员提供劳动防护用品，并监督、教育其正确佩戴和使用。

（2）资金投入责任。包括按规定提取和使用安全生产费用，确保资金投入满足安全生产条件需要；按规定存储安全生产风险抵押金或者购买安全生产责任险；依法为从业人员缴纳工伤保险费；保证安全生产教育培训的资金。

（3）机构设置和人员配备责任。包括依法设置安全生产管理机构，配备安全生产管理人员；按规定委托和聘用注册安全工程师或者注册安全助理工程师为其提供安全管理服务。

（4）规章制度制定责任。包括建立、健全安全生产责任制和各项规章制度、操作规程、应急救援预案并督促落实。

（5）安全教育培训责任。包括开展安全生产宣传教育；依法组织从业人员参加安全生产教育培训，取得相关上岗资格证书。

（6）安全生产管理责任。包括主动获取国家有关安全生产法律法规并贯彻落实；依法取得安全生产许可；定期组织开展安全检查；依法对安全生产设施、设备或项目进行安全评价；依法对重大危险源实施监控，确保其处于可控状态；及时消除事故隐患；统一协调管理承包、承租单位的安全生产工作。

（7）事故报告和应急救援责任。包括按规定报告生产安全事故，及时开展事故抢险救援，妥善处理事故善后工作。

（8）法律法规、规章规定的其他安全生产责任。

第二节　安全生产规章制度

一、安全生产规章制度建设的原则

（1）“安全第一、预防为主、综合治理”的原则。
（2）主要负责人负责的原则。
（3）系统性原则。
（4）规范化和标准化原则。

二、安全生产规章制度体系的建立

（一）综合安全管理制度

（1）安全生产管理目标、指标和总体原则。
（2）安全生产责任制。
（3）安全管理定期例行工作制度。
（4）承包与发包工程安全管理制度。
（5）安全设施和费用管理制度。
（6）重大危险源管理制度。
（7）危险物品使用管理制度。
（8）消防安全管理制度。
（9）隐患排查和治理制度。
（10）交通安全管理制度。
（11）防灾减灾管理制度。
（12）事故调查报告处理制度。
（13）应急管理制度。
（14）安全奖惩制度。

（二）人员安全管理制度

（1）安全培训教育制度。
（2）劳动防护用品发放使用和管理制度。
（3）安全工器具的使用管理制度。
（4）特种作业及特殊危险作业管理制度。
（5）岗位安全规范。
（6）职业健康检查制度。
（7）作业现场安全管理制度。

（三）设备设施安全管理制度

（1）“三同时”制度。

（2）定期巡视检查制度。

（3）定期维护检修制度。

（4）定期检测、检验制度。

（5）安全操作规程。

（四）环境安全管理制度

（1）安全标志管理制度。

（2）作业环境管理制度。

（3）职业卫生管理制度。

三、安全规章制度的管理

（一）起草

根据生产经营单位安全生产责任制，由负责安全生产管理部门或相关职能部门负责起草。

（二）会签或公开征求意见

起草的规章制度，应通过正式渠道征得相关职能部门或员工的意见和建议，以利于规章制度颁布后的贯彻落实。当意见不能取得一致时，应由分管领导组织讨论，统一认识，达成一致。

（三）审核

制度签发前，应进行审核。一是由生产经营单位负责法律事务的部门进行合规性审查；二是专业技术性较强的规章制度应邀请相关专家进行审核；三是安全奖惩等涉及全员性的制度，应经过职工代表大会或职工代表进行审核。

（四）签发

技术规程、安全操作规程等技术性较强的安全生产规章制度，一般由生产经营单位主管生产的领导或总工程师签发，涉及全局性的综合管理制度应由生产经营单位的主要负责人签发。

（五）发布

生产经营单位的规章制度，应采用固定的方式进行发布，如红头文件形式、内部办公网络等。发布的范围涵盖应执行的部门、人员。有些特殊的制度还应正式送达相关人员，并由接收人员签字。

（六）培训

新颁布的安全生产规章制度、修订的安全生产规章制度，应组织进行培训，安全操作规程类规章制度还应组织相关人员进行考试。

（七）反馈

应定期检查安全生产规章制度执行中存在的问题，或者建立信息反馈渠道，及时掌握安全生产规章制度的执行效果。

（八）持续改进

生产经营单位应每年制定规章制度、修订计划，并应公布现行有效的安全生产规章制度清单。对安全操作规程类规章制度，除每年进行审查和修订外，每 3～5 年应进行一次全面修订，并重新发布，确保规章制度的建设和管理有序进行。

第三节 安全操作规程

一、安全操作规程的编制

编制依据如下所述：

（1）现行国家、行业安全技术标准和规范、安全规程等；

（2）设备的使用说明书、工作原理资料，以及设计、制造资料；

（3）曾经出现过的危险、事故案例及与本项操作有关的其他不安全因素；

（4）作业环境条件、工作制度、安全生产责任制等。

二、安全操作规程的内容

（1）操作前的准备。包括操作前做哪些检查，机器设备和环境应当处于什么状态，应做哪些调整，准备哪些工具等。

（2）劳动防护用品的穿戴要求。应该或禁止穿戴的防护用品种类，以及防护用品如何穿戴等。

（3）操作的先后顺序、方式。

（4）操作过程中机器设备的状态，如手柄、开关所处的位置等。

（5）操作过程需要进行哪些测试和调整，如何进行测试和调整。

（6）操作人员所处的位置和操作时的规范姿势。

（7）操作过程中有哪些必须禁止的行为。

（8）一些特殊要求。

（9）异常情况的处理。

（10）其他要求。

三、安全操作规程的撰写

安全操作规程的格式一般可分为全式和简式。前者一般由总则或适用范围、引用标准、名词说明、操作安全要求构成，通常用于范围较广的规程，如行业性的规程。后者一般由操作安全要求构成，针对性强，企业内部制定安全操作规程通常采用简式，规程的文字应简明。

四、注意事项

（1）要考虑并罗列所有危险有害因素，有针对性地禁止操作工人去接触这些危险有害因素部位，防止产生不良后果。

（2）要考虑因各岗位员工的不安全行为而导致的不安全问题。

（3）要考虑提醒员工注意安全，防止意外事故发生。

（4）要考虑因设备出现故障停车后，操作工人要弄清楚通知的对象。

（5）要考虑作业中每个工作细节可能出现的不安全问题。

第四节 安全生产教育培训

一、对安全生产教育培训的基本要求

生产经营单位的主要负责人和安全生产管理人员必须具备与本单位所从事的生产经营活动相应的安全生产知识和管理能力。

危险物品的生产、经营、储存单位及矿山、金属冶炼、建筑施工、道路运输单位的主要负责人和安全生产管理人员，应当由主管的负有安全生产监督管理职责的部门对其安全生产知识和管理能力进行考核并达到合格要求。

生产经营单位应当对从业人员进行安全生产教育和培训，保证从业人员具备必要的安全生产知识，熟悉有关的安全生产规章制度和安全操作规程，掌握本岗位的安全操作技能，了解事故应急处理措施，知悉自身在安全生产方面的权利和义务。未经安全生产教育和培训合格的从业人员，不得上岗作业。

生产经营单位使用被派遣劳动者的，应当将被派遣劳动者纳入本单位从业人员统一管理，对被派遣劳动者进行岗位安全操作规程和安全操作技能的教育与培训。劳务派遣单位应当对被派遣劳动者进行必要的安全生产教育和培训。

生产经营单位接收中等职业学校、高等学校学生实习的，应当对实习学生进行相应的安全生产教育和培训，提供必要的劳动防护用品。学校应当协助生产经营单位对实习学生进行安全生产教育和培训。

生产经营单位应当建立安全生产教育和培训档案，如实记录安全生产教育和培训的时间、内容、参加人员及考核结果等情况。

生产经营单位采用新工艺、新技术、新材料或者使用新设备，必须了解、掌握其安全

技术特性，采取有效的安全防护措施，并对从业人员进行专门的安全生产教育和培训。

生产经营单位的特种作业人员必须按照国家有关规定经专门的安全作业培训，取得相应资格后，方可上岗作业。

生产经营单位应当教育和督促从业人员严格执行本单位的安全生产规章制度和安全操作规程；并向从业人员如实告知作业场所和工作岗位存在的危险因素、防范措施及事故应急措施。

从业人员应当接受安全生产教育和培训，掌握本职工作所需的安全生产知识，提高安全生产技能，增强事故预防和应急处理能力。

二、安全生产教育培训的组织

应急管理部指导全国安全培训工作，依法对全国的安全培训工作实施监督管理。国家煤矿安全监察局（以下简称国家煤矿安监局）指导全国煤矿安全培训工作，依法对全国煤矿安全培训工作实施监督管理。国家安全生产应急救援指挥中心指导全国安全生产应急救援培训工作。县级以上地方各级人民政府安全生产监督管理部门依法对本行政区域内的安全培训工作实施监督管理。省、自治区、直辖市人民政府负责煤矿安全培训的部门、省级煤矿安全监察机构（以下统称省级煤矿安全培训监管机构）按照各自工作职责，依法对所辖区域煤矿安全培训工作实施监督管理。

应急管理部组织制定安全监管监察人员，危险物品的生产、经营、储存单位与非煤矿山、金属冶炼单位的主要负责人和安全生产管理人员、特种作业人员及从事安全生产工作的相关人员的安全培训大纲。国家煤矿安监局组织制定煤矿企业的主要负责人和安全生产管理人员、特种作业人员的培训大纲。除危险物品的生产、经营、储存单位和矿山、金属冶炼单位以外其他生产经营单位的主要负责人、安全生产管理人员及其他从业人员的安全培训大纲，由省级安全生产监督管理部门、省级煤矿安全培训监管机构组织制定。

应急管理部负责省级以上安全生产监督管理部门的安全生产监管人员、各级煤矿安全监察机构的煤矿安全监察人员的培训工作。省级安全生产监督管理部门负责市级、县级安全生产监督管理部门的安全生产监管人员的培训工作。生产经营单位的从业人员的安全培训，由生产经营单位负责。危险化学品登记机构的登记人员和承担安全评价、咨询、检测、检验的人员及注册安全工程师、安全生产应急救援人员的安全培训，按照有关法律、法规、规章的规定进行。

三、各类人员的培训

（一）对主要负责人的培训

1. 初次培训内容

（1）国家安全生产方针、政策和有关安全生产的法律、法规、规章及标准；

（2）安全生产管理基本知识、安全生产技术、安全生产专业知识；

（3）重大危险源管理、重大事故防范、应急管理和救援组织及事故调查处理的有关规定；

（4）职业危害及其预防措施；

（5）国内外先进的安全生产管理经验；

（6）典型事故和应急救援案例分析；

（7）其他需要培训的内容。

2. 再培训的主要内容

对已经取得上岗资格证书的有关领导，应定期进行再培训，再培训的主要内容是有关安全生产的法律法规、规章、规程、标准和政策，安全生产的新技术、新知识，安全生产的管理经验，典型事故案例。

3. 培训时间

煤矿、非煤矿山、危险化学品、烟花爆竹、金属冶炼等生产经营单位主要负责人初次安全培训时间不得少于 48 学时，每年再培训时间不得少于 16 学时。

其他单位主要负责人安全生产管理培训时间不得少于 32 学时，每年再培训时间不得少于 12 学时。

（二）对安全生产管理人员的培训

1. 初次培训的主要内容

（1）国家安全生产方针、政策和有关安全生产的法律、法规、规章及标准；

（2）安全生产管理、安全生产技术、职业卫生等知识；

（3）伤亡事故统计、报告及职业危害的调查处理方法；

（4）应急管理、应急预案编制及应急处置的内容和要求；

（5）国内外先进的安全生产管理经验；

（6）典型事故和应急救援案例分析；

（7）其他需要培训的内容。

2. 再培训的主要内容

对已经取得上岗资格证书的安全生产管理人员，应定期进行再培训，再培训的主要内容是有关安全生产的法律法规、规章、规程、标准和政策，安全生产的新技术、新知识，安全生产的管理经验，典型事故案例。

3. 培训时间

煤矿、非煤矿山、危险化学品、烟花爆竹、金属冶炼等生产经营单位安全生产管理人员初次安全培训时间不得少于 48 学时，每年再培训时间不得少于 16 学时。

其他单位安全生产管理人员的安全生产管理培训时间不得少于 32 学时，每年再培训时间不得少于 12 学时。

（三）对特种作业人员的培训

特种作业的范围包括：电工作业、焊接与热切割作业、高处作业、制冷与空调作业、煤矿安全作业、金属非金属矿山安全作业、石油天然气安全作业、冶金（有色）生产安全作业、危险化学品安全作业、烟花爆竹安全作业、应急管理部认定的其他作业。

特种作业操作证有效期为 6 年，在全国范围内有效。特种作业操作证由应急管理部统一式样、标准及编号。特种作业操作证每 3 年复审 1 次。特种作业人员在特种作业操作证有效期内，连续从事本工种 10 年以上，严格遵守有关安全生产法律法规的，经原考核发证机关或者从业所在地考核发证机关同意，特种作业操作证的复审周期可以延长至每 6 年 1 次。

特种作业操作证申请复审或者延期复审前，特种作业人员应当参加必要的安全培训并考试合格，安全培训时间不少于 8 学时。

（四）对其他从业人员安全生产的教育培训

1. 三级安全教育培训

（1）厂级安全教育培训重点是生产经营单位安全风险辨识、安全生产管理目标、规章制度、劳动纪律、安全考核奖惩、从业人员的安全生产权利和义务、有关事故案例等。

（2）车间级安全教育培训重点是本岗位工作及作业环境范围内的安全风险辨识、评价和控制措施，典型事故案例，岗位安全职责、操作技能及强制性标准，自救互救、急救方法、疏散和现场紧急情况的处理，安全设施、个人防护用品的使用和维护。

（3）班组级安全教育培训是在从业人员工作岗位确定后，由班组组织，班组长、班组技术员、安全员对其进行安全教育培训，除此之外，自我学习是重点。

进入班组的新从业人员，都应有具体的跟班学习、实习期，实习期间不得安排单独上岗作业。实习期满，通过安全规程、业务技能考试合格方可独立上岗作业。

班组级安全教育培训重点是岗位安全操作规程、岗位之间工作衔接配合、作业过程的安全风险分析方法和控制对策、事故案例等。

新从业人员安全教育培训时间不得少于 24 学时。煤矿、非煤矿山、危险化学品、烟花爆竹等生产经营单位新上岗的从业人员安全培训时间不得少于 72 学时，每年接受再培训的时间不得少于 20 学时。

2. 调整工作岗位或离岗后重新上岗安全教育培训

从业人员在本生产经营单位内调整工作岗位或离岗一年以上重新上岗时，应当重新接受车间（工段、区、队）和班组级的安全教育培训。

当生产经营单位采用新工艺、新技术、新材料或者使用新设备时，应当对有关从业人员重新进行有针对性的安全培训。

第五节　建设项目安全设施“三同时”

一、“三同时”的概念

生产经营单位新建、改建、扩建工程项目（以下统称建设项目）的安全设施，必须与主体工程同时设计、同时施工、同时投入生产和使用。安全设施投资应当纳入建设项目概算。

建设项目安全设施是指生产经营单位在生产经营活动中用于预防生产安全事故的设备、设施、装置、构（建）筑物和其他技术措施的总称。

建设项目安全设施未与主体工程同时设计、同时施工或者同时投入使用的，安全生产监督管理部门对与此有关的行政许可一律不予审批，同时责令生产经营单位立即停止施工、限期改正违法行为，对有关生产经营单位和人员依法给予行政处罚。

二、监管责任

（一）非煤矿矿山建设项目

下列建设项目，安全设施设计审查和竣工验收，由国家应急管理部负责实施：

（1）海洋石油天然气建设项目、企业投资年产 100 万吨及以上的陆上新油田开发项目、企业投资年产 20 亿立方米及以上的陆上新气田开发项目；

（2）设计生产能力 300 万吨/年以上或者设计最大开采深度 1 000 米以上的金属、非金属地下矿山建设项目；

（3）设计生产能力 1 000 万吨/年以上或者设计边坡 200 米以上的金属、非金属露天矿山建设项目；

（4）设计总库容 1 亿立方米或者设计总坝高 200 米以上的尾矿库建设项目。

（二）其他行业建设项目

县级以上地方各级安全生产监督管理部门对本行政区域内的建设项目安全设施“三同时”实施综合监督管理，并在本级人民政府规定的职责范围内承担本级人民政府及其有关主管部门审批、核准或者备案的建设项目安全设施“三同时”的监督管理。

跨两个及两个以上行政区域的建设项目安全设施“三同时”由其共同的上一级人民政府安全生产监督管理部门实施监督管理。

上一级人民政府安全生产监督管理部门根据工作需要，可以将其负责监督管理的建设项目安全设施“三同时”工作委托下一级人民政府安全生产监督管理部门实施监督管理。

三、建设项目安全设施设计审查

（一）安全设施设计审查要求

非煤矿矿山建设项目，生产、储存危险化学品（包括使用长输管道输送危险化学品，下同）的建设项目，生产、储存烟花爆竹的建设项目及金属冶炼建设项目安全设施设计完成后，生产经营单位应当向安全生产监督管理部门提出审查申请，并提交下列文件资料：

（1）建设项目审批、核准或者备案的文件；

（2）建设项目安全设施设计审查申请；

（3）设计单位的设计资质证明文件；

（4）建设项目安全设施设计；

（5）建设项目安全预评价报告及相关文件资料；
（6）法律、行政法规、规章规定的其他文件资料。

（二）安全设施设计内容

（1）设计依据；
（2）建设项目概述；
（3）建设项目潜在的危险、有害因素和危险、有害程度及周边环境安全分析；
（4）建筑及场地布置；
（5）重大危险源分析及检测监控；
（6）安全设施设计采取的防范措施；
（7）安全生产管理机构设置或者安全生产管理人员配备要求；
（8）从业人员教育培训要求；
（9）工艺、技术和设备、设施的先进性和可靠性分析；
（10）安全设施专项投资概算；
（11）安全预评价报告中的安全对策及建议采纳情况；
（12）预期效果及存在的问题与建议；
（13）可能出现的事故预防及应急救援措施；
（14）法律、法规、规章、标准规定需要说明的其他事项。

四、施工竣工验收

（一）施工和建设要求

建设项目安全设施的施工应当由取得相应资质的施工单位进行，并与建设项目主体工程同时施工。施工单位应当在施工组织设计中编制安全技术措施和施工现场临时用电方案，同时对危险性较大的分部分项工程依法编制专项施工方案，并附具安全验算结果，经施工单位技术负责人、总监理工程师签字后实施。

施工单位应当严格按照安全设施设计和相关施工技术标准、规范施工，并对安全设施的工程质量负责。施工单位发现安全设施设计文件有错漏的，应当及时向生产经营单位、设计单位提出。生产经营单位、设计单位应当及时处理。

当施工单位发现安全设施存在重大事故隐患时，应当立即停止施工并报告生产经营单位进行整改。整改合格后，方可恢复施工。

工程监理单位应当审查施工组织设计中的安全技术措施或者专项施工方案是否符合工程建设强制性标准。

工程监理单位在实施监理过程中，发现存在事故隐患的，应当要求施工单位整改；情况严重的，应当要求施工单位暂时停止施工，并及时报告生产经营单位。施工单位拒不整改或者不停止施工的，工程监理单位应当及时向有关主管部门报告。

建设项目安全设施建成后，生产经营单位应对安全设施进行检查，对发现的问题及时整改。建设项目竣工后，根据规定建设项目需要试运行的，应当在正式投入生产或者使用前进行试运行。试运行时间应当不少于 30 日，最长不得超过 180 日，国家有关部门有规定或者特殊要求的行业除外。

生产、储存危险化学品的建设项目和化工建设项目，应当在建设项目试运行前将试运行方案报负责建设项目安全许可的安全生产监督管理部门备案。

（二）竣工验收要求

非煤矿矿山建设项目，生产、储存危险化学品（包括使用长输管道输送危险化学品，下同）的建设项目，生产、储存烟花爆竹的建设项目，金属冶炼建设项目，使用危险化学品从事生产并且使用量达到规定数量的化工建设项目（属于危险化学品生产的除外，下同）及法律、行政法规和国务院规定的其他建设项目，建设项目安全设施竣工或者试运行完成后，生产经营单位应当委托具有相应资质的安全评价机构对安全设施进行验收评价，并编制建设项目安全验收评价报告。

建设项目竣工投入生产或者使用前，生产经营单位应当组织对安全设施进行竣工验收，并形成书面报告备查。安全设施竣工验收合格后，方可投入生产和使用。

第六节　重大危险源

一、重大危险源基础知识

重大危险源：长期地或临时地生产、储存、使用和经营危险化学品，且危险化学品的数量等于或超过临界量的单元。单元指涉及危险化学品的生产、储存装置、设施或场所，分为生产单元和存储单元。

我国关于危险化学品重大危险源监督管理的基本要求参考《危险化学品重大危险源监督管理暂行规定》。

二、危险化学品重大危险源的辨识标准

生产单元：对危险化学品的生产、加工及使用等的装置及设施，当装置及设施之间有切断阀时，以切断阀作为分隔界限划分为独立的单元。

储存单元：用于储存危险化学品的储罐或仓库组成的相对独立的区域，储罐区以罐区防火堤为界限划分为独立的单元，仓库以独立库房（独立建筑物）为界限划分为独立的单元。

单元内存在的危险化学品的数量根据危险化学品种类的多少区分为以下两种情况。

（1）单位内存在的危险化学品为单一品种，则该危险化学品的数量若等于或超过相应的临界量，则定为重大危险源。

（2）如果场所存在多种危险物质，这时可利用下式判断是否为重大危险源：

$$\frac{q_1}{Q_1}+\frac{q_2}{Q_2}+\cdots+\frac{q_n}{Q_n}\geqslant 1$$

式中：q_i——单元中物质 i（$i=1, 2, \cdots, n$）的实际存量；

Q_i——物质 i（$i=1, 2, \cdots, n$）的临界量；

n——单元中物质的种类数。

危险化学品储罐及其他容器、设备或仓储区的危险化学品的实际存在量按设计最大量确定。

对于危险化学品混合物，如果混合物与其纯物质属于相同危险类别，则视混合物为纯物质，按混合物整体进行计算；如果混合物与其纯物质不属于相同危险类别，则应按新危险类别考虑其临界量。

三、重大危险源的评价

1. 分级指标

采用单元内各种危险化学品实际存在量与其相对应的临界量比值，经校正系数校正后的比值之和 R 作为分级指标，即

$$R=\alpha\left(\beta_1\frac{q_1}{Q_1}+\beta_2\frac{q_2}{Q_2}+\cdots+\beta_n\frac{q_n}{Q_n}\right)$$

式中：R——重大危险源分级指标；

α——该危险化学品重大危险源厂区外暴露人员的校正系数；

$\beta_1, \beta_2, \cdots, \beta_n$——与每种危险化学品相对应的校正系数；

$q_1, q_2, \cdots, q_n$——每种危险化学品实际存在量，t；

$Q_1, Q_2, \cdots, Q_n$——与每种危险化学品相对应的临界量，t。

具体数据见《危险化学品重大危险源辨识》（GB 18218—2018）。

2. 现实危险性评价数学模型

现实危险性评价数学模型为

$$A=\left[\sum_{i=1}^{n}\sum_{j=1}^{m}(B_{111})_i W_{ij}(B_{112})_j\right]\times B_{12}\times\prod_{k=1}^{3}(1-B_{2k})$$

式中：A——现实危险性；

$(B_{111})_i$——第 i 种物质危险性的评价值；

$(B_{112})_j$——第 j 种工艺危险性的评价值；

W_{ij}——第 j 种工艺与第 i 种物质危险性的相关系数；

B_{12}——事故严重度评价值；

B_{21}——工艺、设备、容器、建筑结构抵消因子；

B_{22}——人员素质抵消因子；

B_{23}——安全管理抵消因子。

四、事故严重程度评价

为了对各种不同类别的危险物质可能出现的事故严重度进行评价，根据下面两个原则建立了物质子类别同事故形态之间的对应关系，每种事故形态用一种伤害模型来描述。

（1）最大危险原则。如果一种危险物具有多种事故形态，且它们的事故后果相差大，则按后果最严重的事故形态考虑。

（2）概率求和原则。如果一种危险物具有多种事故形态，且它们的事故后果相差不大，则按统计平均原理估计事故后果。

第七节　安全设施管理

一、安全设施的分类

安全设施分为预防事故设施、控制事故设施、减少与消除事故影响设施三类。

（一）预防事故设施

（1）检测、报警设施：包括压力、温度、液位、流量、组分等报警设施，可燃气体、有毒有害气体、氧气等检测和报警设施，用于安全检查和安全数据分析等检验检测设备、仪器。

（2）设备安全防护设施：包括防护罩、防护屏、负荷限制器、行程限制器，制动、限速、防雷、防潮、防晒、防冻、防腐、防渗漏等设施，传动设备安全锁闭设施，电器过载保护设施，静电接地设施。

（3）防爆设施：包括各种电气、仪表的防爆设施，抑制助燃物品混入（如氮封）、易燃易爆气体和粉尘形成等设施，阻隔防爆器材，防爆工器具。

（4）作业场所防护设施：包括作业场所的防辐射、防静电、防噪声、通风（除尘、排毒）、防护栏（网）、防滑、防灼烫等设施。

（5）安全警示标志：包括各种指示、警示作业安全和逃生避难及风向等警示标志。

（二）控制事故设施

（1）泄压和止逆设施：包括用于泄压的阀门、爆破片、放空管等设施，用于止逆的阀门等设施，真空系统的密封设施。

（2）紧急处理设施：包括紧急备用电源，紧急切断、分流、排放（火炬）、吸收、中和、冷却等设施，通入或者加入惰性气体、反应抑制剂等设施，紧急停车、仪表连锁等设施。

（三）减少与消除事故影响设施

（1）防止火灾蔓延设施：包括阻火器、安全水封、回火防止器、防油（火）堤，防爆墙、防爆门等隔爆设施，防火墙、防火门、蒸汽幕、水幕等设施，防火材料涂层。

（2）灭火设施：包括水喷淋、惰性气体、蒸汽、泡沫释放等灭火设施，消火栓、高压水枪（炮）、消防车、消防水管网、消防站等。

（3）紧急个体处置设施：包括洗眼器、喷淋器、逃生器、逃生索、应急照明等设施。

（4）应急救援设施：包括堵漏、工程抢险装备和现场受伤人员医疗抢救装备。

（5）逃生避难设施：包括逃生和避难的安全通道（梯）、安全避难所（带空气呼吸系统）、避难信号等。

（6）劳动防护用品和装备：包括头部，面部，视觉、呼吸、听觉器官，四肢，躯干防火、防毒、防灼烫、防腐蚀、防噪声、防光射、防高处坠落、防砸击、防刺伤等免受作业场所物理、化学因素伤害的劳动防护用品和装备。

二、安全设施管理总体要求

（1）建设项目安全设施必须与主体工程同时设计、同时施工、同时投入生产和使用。

（2）生产经营单位应确保安全设施配备符合国家有关规定和标准，做到：

① 在易燃易爆、有毒区域设置固定式可燃气体、有毒气体的检测报警设施，报警信号应发送至工艺装置、储运设施等控制室或操作室；

② 在可燃液体罐区设置防火堤，在酸、碱罐区设置围堤并进行防腐处理；

③ 在输送易燃物料的设备、管道安装防静电设施；

④ 在厂区安装防雷设施；

⑤ 配置消防设施和器材；

⑥ 设置电力装置；

⑦ 配备个体防护设施；

⑧ 在工艺装置上可能引起火灾、爆炸的部位设置超温、超压等检测仪表、声光报警和安全连锁装置等设施。

（3）设计危险化工工艺和重点监管危险化学品的化工生产装置要根据风险状况设置安全连锁或紧急停车系统等。

（4）安全设施实行安全监督和专业管理相结合的管理方法。

（5）要建立安全设施档案、台账，监督检查安全设施的配备、校验与完好情况，定期组织对安全设施的使用、维护、保养、校验情况进行专业性安全检查。

（6）在安全设施采购时应确保符合设计要求，保证质量，应选用工艺技术先进、产品成熟可靠、符合国家标准和规范、有政府部门颁发的生产经营许可的安全设施，其功能、结构、性能和质量应满足安全生产要求；不得选用国家明令淘汰、未经鉴定、带有试用性质的安全设施。

（7）严格执行建设项目“三同时”规定，确保安全设施与主体工程同时施工，必须按照批准的安全设施设计施工，并对安全设施的工程质量负责，施工结束后，要组织安全设施的检验调试、竣工验收，确保竣工资料齐全和安全设施性能良好，并与主体工程同时投入使用。

（8）对建设项目中消防、气防设施“三同时”制度执行情况进行监督检查，做好消防、气防设施更新、停用（临时停用）、报废的审查备案，建立消防、气防设施档案和台账，组织编制和修订消防、气防设施安全操作规定，定期对相关岗位员工进行培训，确保正确使用。

（9）要制定安全设施更新、停用（临时停用）、拆除、报废管理制度，认真落实安全设施管理使用有关规定，严格执行安全设施更新、校验、检修、停用（临时停用）、拆除、报废申报程序。要按照用途及配备数量，将安全设施放置在规定的使用位置，确定管理人员和维护责任，不允许挪作他用，严禁擅自拆除、停用（临时停用）安全设施。要定期对安全设施进行检查，并配合校验及维护工作，确保完好，并经常组织对操作员工进行正确使用安全设施的技术培训，定期开展岗位练兵和应急演练，不断提高员工使用安全设施的技能。

（10）安全设施应编入设备检维修计划，定期检维修。安全设施不得随意拆除、挪用或弃置不用，因检维修拆除的，检维修完毕后应立即复原。

（11）在防爆场所选用的安全设施，应取得国家指定防爆检验机构发放的防爆许可证，并达到安装、使用场所的防爆等级要求。在设计安全设施的安装位置、方式时，应充分考虑员工操作、维护的安全需要。

（12）要建立安全连锁系统管理制度，严禁擅自拆除安全连锁系统进行生产。

（13）安全设施校验的单位和人员应取得国家和行业规定的相应资质，校验用校验仪器、校验方法和校验周期等符合标准、规范要求。

第八节 特种设备设施安全

一、特种设备的定义与分类

特种设备是指对人身和财产安全有较大危险性的锅炉、压力容器（含气瓶）、压力管道、电梯、起重机械、客运索道、大型游乐设施、场（厂）内专用机动车辆，以及法律、行政法规规定适用《特种设备安全法》的其他特种设备。

特种设备依据其主要工作特点，分为承压类特种设备和机电类特种设备。

（一）承压类特种设备

承压类特种设备是指承载一定压力的密闭设备或管状设备，主要包括锅炉、压力容器（含气瓶）、压力管道。

（1）锅炉，是指利用各种燃料、电或者其他能源，将所盛装的液体加热到一定的参数，并通过对外输出介质的形式提供热能的设备，其范围规定为设计正常水位容积大于或者等于 30 L，且额定蒸汽压力大于或等于 0.1 MPa（表压）的承压蒸汽锅炉；出口水压大于或等于 0.1 MPa（表压），且额定功率大于或等于 0.1 MW 的承压热水锅炉；额定功率大于或等于 0.1 MW 的有机热载体锅炉。

（2）压力容器，是指盛装气体或者液体，承载一定压力的密闭设备，其范围规定为最高工作压力大于或等于 0.1 MPa（表压）的气体、液化气体和最高工作温度高于或者等于标准沸点的液体、容积大于或者等于 30 L 且内直径（非圆形截面指截面内边界最大几何尺寸）大于或者等于 150 mm 的固定式容器和移动式容器；盛装公称工作压力大于或者等于 0.2 MPa（表压），且压力与容积的乘积大于或等于 1.0 MPa • L 的气体、液化气体和标准沸点等于或者低于 60℃ 液体的气瓶；氧舱等。

（3）压力管道，是指利用一定的压力，用于输送气体或者液体的管状设备。其范围规定为最高工作压力大于或等于 0.1 MPa（表压）的气体、液化气体、蒸汽介质或者可燃、易爆、有毒、有腐蚀性、最高工作温度高于或者等于标准沸点的液体，且公称直径大于或者等于 50 mm 的管道。公称直径小于 150 mm，且其最高工作压力小于 1.6 MPa（表压）的输送无毒、不可燃、无腐蚀性气体的管道和设备本体所属管道除外。

（二）机电类特种设备

机电类特种设备是指必须由电力牵引或者驱动的设备，包括电梯、起重机械、客运索道、大型游乐设施和场（厂）内专用机动车辆等。

（1）电梯，是指动力驱动，利用沿刚性导轨运行的箱体或者沿固定线路运行的梯级（踏步），进行升降或者平行运送人、货物的机电设备，包括载人（货）电梯、自动扶梯、自动人行道等。

（2）起重机械，是指用于垂直升降或者垂直升降并水平移动重物的机电设备，其范围规定为额定起重量大于或等于 0.5 t 的升降机；额定起重量大于或等于 3 t（或额定起重力矩大于或等于 40 t • m 的塔式起重机，或生产率大于或等于 300 t/h 的装卸桥），且提升高度大于或等于 2 m 的起重机，层数大于或等于 2 层的机械式停车设备。

（3）场（厂）内专用机动车辆，是指除道路交通、农用车辆以外仅在工厂厂区、旅游景区、游乐场所等特定区域使用的专用机动车辆。

特种设备包括其所用的材料、附属的安全附件、安全保护装置和与安全保护装置相关的设施。国家对特种设备实行目录管理。

二、特种设备的安全管理

（一）特种设备的使用

1. 使用合格产品

特种设备使用单位应当使用取得许可生产并经检验合格的特种设备。禁止使用国家明令淘汰和已经报废的特种设备。

国家按照分类监督管理的原则对特种设备生产实行许可制度。特种设备生产单位经负责特种设备安全监督管理的部门许可，方可从事生产活动。购置、选用特种设备应是许可厂家的合格产品，并随附安全技术规范要求的设计文件、产品质量合格证明、安装及使用维护保养说明、监督检验证明等相关技术资料和文件，并在特种设备显著位置设置产品铭牌、安全警示标志及其说明。

2. 使用登记

特种设备使用单位应当在特种设备投入使用前或者投入使用后 30 日内，向负责特种设备安全监督管理的部门办理使用登记，取得使用登记证书。登记标志应当置于该特种设备的显著位置。

特种设备进行登记时，使用单位要按照安全技术规范的要求，向负责使用登记的负责特种设备安全监督管理的部门提交特种设备的有关文件资料、使用单位的管理机构和人员情况、持证作业人员情况、各项规章制度建立情况等，并填写特种设备使用登记表，附产品数据表。符合规定的，方可进行登记。负责使用登记的特种设备安全监督管理的部门建立数据档案，并利用信息技术建立设备数据库。

特种设备使用单位应当将使用登记证明文件置于设备的显著位置，包括设备本体、附近或者操作间，如可置于锅炉房内墙上或者操作间内，可置于电梯轿厢内。也可将登记编号置于显著位置，如压力容器本体铭牌上留有标贴使用登记证编号的位置，气瓶可以在瓶体上加登记标签，移动式压力容器采用在罐体上喷涂使用登记证编号等方式。

（二）管理机构和人员配备要求

电梯、客运索道、大型游乐设施等为公众提供服务的特种设备的运营使用单位，应当对特种设备的使用安全负责，设置特种设备安全管理机构或者配备专职的特种设备安全管理人员；其他特种设备使用单位，应当根据情况设置特种设备安全管理机构或者配备专职、兼职的特种设备安全管理人员。

安全管理机构、安全管理人员应当履行以下职责：负责建立安全管理制度并检查各项制度的落实情况；负责制定并落实设备维护保养及安全检查计划；负责设备使用状况日常检查，纠正违规行为，排查事故隐患，发现问题应当停止使用设备，并及时报告本单位有关负责人；负责组织设备自检，申报使用登记和定期检验；负责组织应急救援演习，协助事故调查处理；负责组织本单位人员的安全教育和培训；负责技术档案的管理；其他法律法规、安全技术规范及相关标准对使用管理的要求。

无论是专职或者兼职安全管理人员，其职能和责任都是一样的，必须具备特种设备安全管理的专业知识和管理水平，按照国家有关规定取得相应资格。特种设备安全管理人员应当对特种设备使用状况进行经常性检查，发现问题应当立即处理；情况紧急时，可以决定停止使用特种设备并及时报告本单位有关负责人。

（三）安全管理制度和操作规程

特种设备使用单位应当建立岗位责任、隐患排查、应急救援等安全管理制度，制定操作规程，保证特种设备安全运行。

1. 岗位责任制

岗位责任制是指特种设备使用单位根据各个工作岗位的性质和所承担活动的特点，明确规定有关单位及人员的职责、权限，并按照规定的标准进行考核及奖惩而建立的制度。岗位责任制一般包括岗位职责制度、交接班制度、巡回检查制度等。实施岗位责任制一般应遵循能力与岗位相统一的原则、职责与权利相统一的原则、考核与奖惩相一致的原则，定岗到人，明确各种岗位的工作内容、数量和质量，应承担的责任等，以保证各项工作有秩序地进行。

2. 隐患排查制度

特种设备使用单位应加强对事故隐患的预防和管理，以防止、减少事故发生，保障员工生命财产安全为目的，建立隐患排查治理长效机制的安全管理制度。开展隐患排查一般按照“谁主管、谁负责”的原则，针对各岗位可能发生的隐患建立安全检查制度，在规定时间、内容和频次对该岗位进行检查，及时收集、查找并上报发现的事故隐患，并积极采取措施进行整改。

3. 应急救援制度

特种设备使用单位应结合本单位所使用的特种设备的主要失效模式及其失效后果，建立应急救援制度，即针对特种设备引起的突发、具有破坏力的紧急事件而有计划、有针对性和可操作性地建立预防、预备、应急处置、应急救援和恢复活动的安全管理制度。特种设备应急救援制度的内容，一般应当包括应急指挥机构、职责分工、设备危险性评估、应急响应方案、应急队伍及装备、应急演练及救援等。

4. 操作规程

特种设备操作规程是指特种设备使用单位为保证设备正常运行制定的具体作业指导文件和程序，内容和要求应当结合本单位的具体情况和设备的具体特性，符合特种设备使用维护保养说明书要求。特种设备使用安全管理人员和操作人员在操作这些特种设备时必须遵循这些文件或程序。建立特种设备操作规程，严格按照规程实施作业，是保证特种设备安全使用的一种具体实施措施。

（四）作业人员持证上岗

特种设备的作业人员及其相关管理人员统称特种设备作业人员。特种设备作业人员作业种类与项目目录由原国家质量监督检验检疫总局统一发布。从事特种设备作业的人员应当按照规定，经考核合格取得特种设备作业人员证，方可从事相应的作业或者管理工作。

特种设备作业人员应当遵守以下规定：作业时随身携带证件，并自觉接受用人单位的安全管理和质量技术监督部门的监督检查；积极参加特种设备安全教育和安全技术培训；严格执行特种设备操作规程和有关安全规章制度；拒绝违章指挥；发现事故隐患或者不安全因素应当立即向现场管理人员和单位有关负责人报告；其他有关规定。

（五）安全技术档案

特种设备使用单位应当建立特种设备安全技术档案。特种设备安全技术档案应当包括以下内容：

（1）特种设备的设计文件、产品质量合格证明、安装及使用维护保养说明、监督检验证明等相关技术资料和文件；

（2）特种设备的定期检验和定期自行检查记录；

（3）特种设备的日常使用状况记录；

（4）特种设备及其附属仪器仪表的维护保养记录；

（5）特种设备的运行故障和事故记录。

（六）维护保养和定期检验

特种设备使用单位应当对使用的特种设备进行经常性维护保养和定期自行检查，并做记录；同时，应当对特种设备安全附件、安全保护装置进行定期校验、检修，并做记录。

特种设备使用单位应当按照安全技术规范的要求，在检验合格有效期届满前一个月向特种设备检验机构提出定期检验的要求，并将定期检验标志置于该特种设备的显著位置。未经定期检验或者检验不合格的特种设备，不得继续使用。

（1）锅炉使用单位应当按照安全技术规范的要求进行锅炉水（介）质处理，并接受特种设备检验机构的定期检验。从事锅炉清洗，应当按照安全技术规范的要求进行，并接受特种设备检验机构的监督检验。

（2）电梯的维护保养应当由电梯制造单位或者依照《中华人民共和国特种设备安全法》取得许可的安装、改造、修理单位进行。电梯的维护保养单位应当在维护保养中严格执行安全技术规范的要求，保证其维护保养的电梯的安全性能，并负责落实现场安全防护措施，保证施工安全。电梯的维护保养单位应当对其维护保养的电梯的安全性能负责；接到故障通知后，应当立即赶赴现场，并采取必要的应急救援措施。

未经定期检验或者检验不合格的特种设备不得继续使用。

（七）变更登记

特种设备进行改造、修理，按照规定需要变更使用登记的，办理变更登记后，方可继续使用。

（八）应急管理

（1）特种设备安全监督管理部门应当制定特种设备重特大事故应急预案。特种设备使用单位应当制定事故应急专项预案，并定期进行应急演练。

（2）特种设备事故发生后，事故发生单位应当按照应急预案采取措施，组织抢救，防止事故扩大，减少人员伤亡和财产损失，保护事故现场和有关证据，并及时向事故发生地县以上特种设备安全监督管理部门和有关部门报告。

（3）电梯的日常维护保养单位，应当对其维护保养的电梯的安全性能负责。接到故障通知后，应当立即赶赴现场，并采取必要的应急救援措施。有关约定应当在维保合同中明确。

（九）报废

特种设备存在严重事故隐患，无改造、修理价值，或者达到安全技术规范规定的其他报废条件的，特种设备使用单位应当依法履行报废义务，采取必要措施消除该特种设备的使用功能，并向原登记的负责特种设备安全监督管理的部门办理使用登记证书注销手续。报废条件以外的特种设备，达到设计使用年限可以继续使用的，应当按照安全技术规范的要求通过检验或者安全评估，办理使用登记证书变更后，方可继续使用。允许继续使用的，应当采取加强检验、检测和维护保养等措施，确保使用安全。

第九节 安全技术措施

一、安全技术措施的类别

按照导致事故的原因，可分为防止事故发生的安全技术措施、减少事故损失的安全技术措施。

（一）防止事故发生的安全技术措施

常用的防止事故发生的安全技术措施有消除危险源、限制能量或危险物质、隔离等。

（1）消除危险源。消除系统中的危险源，可以从根本上防止事故的发生。但是，按照现代安全工程的观点，彻底消除所有危险源是不可能的。因此，人们往往首先选择危险性较大、在现有技术条件下可以消除的危险源，作为优先考虑的对象。可以通过选择合适的工艺技术、设备设施，合理的结构形式，选择无害、无毒或不能致人伤害的物料来彻底消除某种危险源。

（2）限制能量或危险物质。限制能量或危险物质可以防止事故的发生，如减少能量或危险物质的量，防止能量蓄积，安全地释放能量等。

（3）隔离。隔离是一种常用的控制能量或危险物质的安全技术措施。采取隔离技术，既可以防止事故的发生，也可以防止事故的扩大，减少事故的损失。

（4）故障—安全设计。在系统、设备设施的一部分发生故障或破坏的情况下，在一定时间内也能保证安全的技术措施称为故障—安全设计。

（5）减少故障和失误。通过增加安全系数、增加可靠性或设置安全监控系统等减轻物的不安全状态，减少物的故障或事故的发生。

（二）减少事故损失的安全技术措施

常用的减少事故损失的安全技术措施有隔离、设置薄弱环节、个体防护、避难与救援等。

（1）隔离。隔离是把被保护对象与意外释放的能量或危险物质等隔开。隔离措施按照被保护对象与可能致害对象的关系可分为隔开、封闭和缓冲等。

（2）设置薄弱环节。设置薄弱环节是利用事先设计好的薄弱环节，使事故能量按照人们的意图释放，防止能量作用于被保护的人或物，如锅炉上的易熔塞、电路中的熔断器等。

（3）个体防护。个体防护是把人体与意外释放能量或危险物质隔离开，是保护人身安全的最后一道防线。

（4）避难与救援。设置避难场所，当事故发生时，人员暂时躲避，免遭伤害或赢得救援的时间。事先选择撤退路线，当事故发生时，人员按照撤退路线迅速撤离。事故发生后，组织有效的应急救援力量，实施迅速的救护，是减少事故人员伤亡和财产损失的有效措施。

此外，安全监控系统作为防止事故发生和减少事故损失的安全技术措施，是发现系统故障和异常的重要手段。

二、安全技术措施计划

（一）安全技术措施计划的编制原则

编制安全技术措施计划具体应遵循以下 4 条原则。

1. 必要性和可行性原则

编制计划时，一方面要考虑安全生产的实际需要，如针对在安全生产检查中发现的隐患、可能引发伤亡事故和职业病的主要原因，新技术、新工艺、新设备等的应用，安全技术革新项目和职工提出的合理化建议等方面编制安全技术措施。另一方面，还要考虑技术可行性与经济承受能力。

2. 自力更生与勤俭节约的原则

编制计划时，要注意充分利用现有的设备和设施，挖掘潜力，讲求实效。

3. 轻重缓急与统筹安排的原则

对影响最大、危险性最大的项目应优先考虑，逐步有计划地解决。

4. 领导和群众相结合的原则

加强领导，依靠群众，使计划切实可行，以便顺利实施。

（二）安全技术措施计划的基本内容

1. 安全技术措施计划的项目范围

安全技术措施计划的项目范围大体可分为以下 4 类。

（1）安全技术措施，指以防止工伤事故和减少事故损失为目的的一切技术措施。

（2）卫生技术措施，指改善对职工身体健康有害的生产环境条件、防止职业中毒与职业病的技术措施。

（3）辅助措施，指保证工业卫生方面所必需的房屋及一切卫生性保障措施。

（4）安全宣传教育措施，指提高作业人员安全素质的有关宣传教育设备、仪器、教材和场所等。

2. 安全技术措施计划的编制内容

每一项安全技术措施计划至少应包括以下内容：

（1）措施应用的单位或工作场所；

（2）措施名称；

（3）措施目的和内容；

（4）经费预算及来源；

（5）实施部门和负责人；

（6）开工日期和竣工日期；

（7）措施预期效果及检查验收。

（三）安全技术措施计划的编制方法

1. 确定编制时间

年度安全技术措施计划一般应与同年度的生产、技术、财务、物资采购等计划同时编制。

2. 布置

企业领导应根据本单位具体情况向下属单位或职能部门提出编制安全技术措施计划的具体要求，并就有关工作进行布置。

3. 确定项目和内容

下属单位在认真调查和分析本单位存在的问题，并征求群众意见的基础上，确定本单位的安全技术措施计划项目和主体内容，报上级安全生产管理部门。安全生产管理部门对上报的安全技术措施计划进行审查、平衡、汇总后，确定安全技术措施计划项目，并报有关领导审批。

4. 编制

安全技术措施计划项目经审批后，由安全生产管理部门和下属单位组织相关人员编制具体的安全技术措施计划和方案，经讨论后，送上级安全生产管理部门和有关部门审查。

5. 审批

上级安全、技术、计划管理部门对上报的安全技术措施计划进行联合会审后，报单位有关领导审批。安全技术措施计划一般由生产经营单位主管生产的领导或总工程师审批。

6. 下达

单位主要负责人根据审批意见，召集有关部门和下属单位负责人审查、核定安全技术措施计划。审查、核定安全技术通过后，与生产计划同时下达到有关部门贯彻执行。

7. 实施

安全技术措施计划落实到各执行部门后，各执行部门应按要求实施计划。已完成的安全技术措施计划项目要按规定组织竣工验收。

对不能按期完成的项目，或者没有达到预期效果的项目，必须认真分析原因，制定出相应的补救措施。经上级部门审批的项目，还应上报上级相关部门。

8. 监督检查

安全技术措施计划落实到各有关部门和下属单位后，上级安全生产管理部门应定期进行检查。企业领导在检查生产计划的同时，应同时检查安全技术措施计划的完成情况。安全管理与安全技术部门应经常了解安全技术措施计划项目的实施情况，协助解决实施中的问题，及时汇报并督促有关单位按期完成。

第十节 作业现场环境安全管理

一、作业现场环境的危险和有害因素分类

根据《生产过程危险和有害因素分类与代码》（GB/T 13861—2009），生产作业现场环境的危险和有害因素包括以下 4 类。

（一）室内作业场所环境不良

室内作业涉及的作业环境不良的因素包括室内地面滑，室内作业场所狭窄，室内作业场所杂乱，室内地面不平，室内梯架缺陷，地面、墙和天花板上的开口缺陷，房屋地基下沉，室内安全通道缺陷，房屋安全出口缺陷，采光照明不良，作业场所空气不良，室内温度、湿度、气压不适，室内给排水不良，室内涌水，其他室内作业场所环境不良。

（二）室外作业场所环境不良

室外作业涉及的作业环境不良的因素包括恶劣气候与环境，作业场地和交通设施湿滑，作业场地狭窄，作业场地杂乱，作业场地不平，航道狭窄、有暗礁或险滩，脚手架、阶梯和活动梯架缺陷，地面开口缺陷，建筑物和其他结构缺陷，门和围栏缺陷，作业场地基础下沉，作业场地安全通道缺陷，作业场地安全出口缺陷，作业场地光照不良，作业场地空气不良，作业场地温度、湿度、气压不适，作业场地涌水，其他室外作业场所环境不良。

（三）地下（含水下）作业环境不良

地下（含水下）涉及的作业环境不良的因素包括隧道矿井顶面缺陷，隧道矿井正面或侧壁缺陷，隧道矿井地面缺陷，地下作业面空气不良，地下火，冲击地压，地下水，水下作业供氧不当，其他地下（含水下）作业环境不良。

（四）其他作业环境不良

其他作业环境不良包括强迫体位，综合性作业环境不良，以上未包括的其他作业环境不良。

二、危险作业的固有特点

（1）危险作业造成的后果有较大的危害性。由于危险作业涉及的危险因素较多，并且

作业过程中可能牵扯的能量较大，一旦发生事故，其后果具有较大的危害性。

（2）危险作业的事故风险具有一定的不可控性。危险作业造成的后果的不可控性体现在即使采取了相关的防护措施，危险作业仍有可能对周边环境和作业人员造成伤害，按现有社会科学技术发展水平，人们还不能完全控制或有效防止危险作业所带来的风险。

（3）危险作业的危害范围具有一定的不确定性。危险作业的危害的不确定性体现在危险作业的风险影响范围在某种程度上不能够被准确地划分，也难以有效控制，并且可能超过人们所认知的范围。

三、作业现场环境安全管理要求

（一）安全标志

安全标志用以表达特定的安全信息，由图形符号、安全色、几何形状（边框）或文字构成。根据《安全标志及其使用导则》（GB 2894—2008）的要求，国家规定了 4 类传递安全信息的安全标志。

1. 禁止标志

禁止标志是禁止人们不安全行为的图形标志。

如图 2-1（a）所示，禁止标志的几何图形是带斜杠的圆环，其中圆环与斜杠相连，用红色；图形符号用黑色，背景用白色。我国规定的禁止标志共有 40 个。

2. 警告标志

警告标志是提醒人们对周围环境引起注意，以避免可能发生危险的图形标志。

如图 2-1（b）所示，警告标志的几何图形是黑色的正三角形，图形符号用黑色，背景用黄色。我国规定的警告标志共有 39 个。

3. 指令标志

指令标志是强制人们必须做出某种动作或采用防范措施的图形标志。

如图 2-1（c）所示，指令标志的几何图形是圆形，背景用蓝色，图形符号用白色。我国规定的指令标志共有 16 个。

4. 提示标志

提示标志是向人们提供某种信息（如标明安全设施或场所等）的图形标志。

如图 2-1（d）所示，提示标志的几何图形是方形，背景用绿色，图形符号用白色，含有文字。我国规定的提示标志共有 8 个。

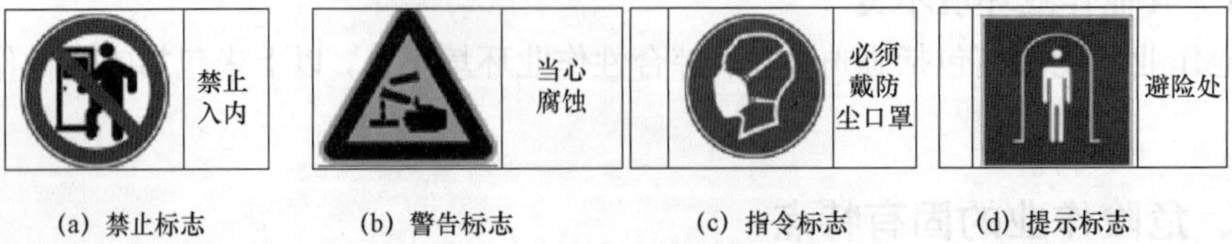

图 2-1　安全标志举例

（二）噪声

控制作业环境中的噪声的方式主要有源头控制、传播途径控制和作业人员个体防护 3 种。作业环境中的噪声危害分为轻度危害、中度危害、重度危害、极重危害 4 个级别。以每周工作 5 天，每天工作 8 小时的稳态作业环境接触为例，噪声的作业环境接触限值为 85 dB；在非稳态接触噪声的作业环境中，噪声的非稳态等效接触限值为 85 dB。

（三）温度

高温作业：指工作地点平均 WBGT（wet bulb globe temperature，湿球黑体温度）指数等于或大于 25 ℃的作业；

低温作业：在生产劳动过程中，其工作地点平均气温等于或低于 5 ℃的作业。

第十一节 安全生产投入与安全生产责任保险

一、对安全生产投入的基本要求

建立企业提取安全费用制度。为保证安全生产所需资金投入，形成企业安全生产投入的长效机制。企业安全费用的提取，要根据地区和行业的特点，分别确定提取标准，由企业自行提取，专户储存，专项用于安全生产。

安全生产费用应按照“企业提取、政府监管、确保需要、规范使用”的原则进行管理。

生产经营单位是安全生产的责任主体，也是安全生产费用提取、使用和管理的主体。安全生产投入的决策程序，一般由生产经营单位主管安全生产的部门牵头，工会、职业危害管理部门参加，共同制定安全技术措施计划（或安全技术劳动保护措施计划），经财务或生产费用主管部门审核，经分管领导审查后提交主要负责人或安全生产委员会审定。股份制生产经营单位一般在提交董事会讨论批准前，应经过董事会下属的财务管理委员会审查。个体经营的生产经营单位则由投资人决定。

二、安全生产费用的使用和管理

（一）法律依据与责任主体

安全生产投入资金具体由谁来保证，应根据企业的性质而定。一般来说，股份制企业、合资企业等安全生产投入资金由董事会予以保证；一般国有企业由厂长或者经理予以保证；个体工商户等个体经济组织由投资人予以保证。上述保证人承担由于安全生产所必需的资金投入不足而导致事故后果的法律责任。

（二）安全生产费用的提取标准

《企业安全生产费用提取和使用管理办法》明确规定了煤炭生产、非煤矿山开采、建设工程施工、危险品生产与储存、交通运输、烟花爆竹生产、冶金、机械制造、武器装备研制生产与试验（含民用航空及核燃料）等企业安全生产费用的提取标准。

（1）煤炭生产企业依据开采的原煤产量按月提取，各类煤矿原煤单位产量安全生产费用提取标准如下：

① 煤（岩）与瓦斯（二氧化碳）突出矿井、高瓦斯矿井吨煤 30 元；

② 其他井工矿吨煤 15 元；

③ 露天矿吨煤 5 元。

（2）非煤矿山开采企业依据开采的原矿产量按月提取，各类矿山原矿单位产量安全生产费用提取标准如下：

① 石油，每吨原油 17 元；

② 天然气、煤层气（地面开采），每千立方米原气 5 元；

③ 金属矿山，其中露天矿山每吨 5 元，地下矿山每吨 10 元；

④ 核工业矿山，每吨 25 元；

⑤ 非金属矿山，其中露天矿山每吨 2 元，地下矿山每吨 4 元；

⑥ 小型露天采石场，即年采剥总量 50 万吨以下，且最大开采高度不超过 50 米，产品用于建筑、铺路的山坡型露天采石场，每吨 1 元；

⑦ 尾矿库按入库尾矿量计算，三等及三等以上尾矿库每吨 1 元，四等及五等尾矿库每吨 1.5 元。

2012 年 2 月 14 日前已经实施闭库的尾矿库，按照已堆存尾砂的有效库容大小提取，库容 100 万立方米以下的，每年提取 5 万元；超过 100 万立方米的，每增加 100 万立方米增加 3 万元，但每年提取额最高不超过 30 万元。原矿产量不含金属、非金属矿山尾矿库和废石场中用于综合利用的尾砂和低品位矿石。地质勘探单位安全生产费用按地质勘查项目或者工程总费用的 2%提取。

（3）建设工程施工企业以建筑安装工程造价为计提依据，各建设工程类别安全生产费用提取标准如下：

① 矿山工程为 2.5%；

② 房屋建筑工程、水利水电工程、电力工程、铁路工程、城市轨道交通工程为 2.0%；

③ 市政公用工程、冶炼工程、机电安装工程、化工石油工程、港口与航道工程、公路工程、通信工程为 1.5%。

建设工程施工企业提取的安全生产费用列入工程造价，在竞标时，不得删减，列入标外管理。国家对基本建设投资概算另有规定的，从其规定。总包单位应当将安全生产费用按比例直接支付给分包单位并监督使用，分包单位不再重复提取。

（4）危险品生产与储存企业以上年度实际营业收入为计提依据，采取超额累退方式按照以下标准平均逐月提取：

① 营业收入不超过 1 000 万元的，按照 4%提取；

② 营业收入超过 1 000 万元至 1 亿元的部分，按照 2%提取；

③ 营业收入超过 1 亿元至 10 亿元的部分，按照 0.5%提取；

④ 营业收入超过 10 亿元的部分，按照 0.2%提取。

（5）交通运输企业以上年度实际营业收入为计提依据，按照以下标准平均逐月提取：

① 普通货运业务按照 1%提取；

② 客运业务、管道运输、危险品等特殊货运业务按照 1.5%提取。

（6）烟花爆竹生产企业以上年度实际营业收入为计提依据，采取超额累退方式按照以下标准平均逐月提取：

① 营业收入不超过 200 万元的，按照 3.5%提取；

② 营业收入超过 200 万元至 500 万元的部分，按照 3%提取；

③ 营业收入超过 500 万元至 1 000 万元的部分，按照 2.5%提取；

④ 营业收入超过 1 000 万元的部分，按照 2%提取。

（7）冶金企业以上年度实际营业收入为计提依据，采取超额累退方式按照以下标准平均逐月提取：

① 营业收入不超过 1 000 万元的，按照 3%提取；

② 营业收入超过 1 000 万元至 1 亿元的部分，按照 1.5%提取；

③ 营业收入超过 1 亿元至 10 亿元的部分，按照 0.5%提取；

④ 营业收入超过 10 亿元至 50 亿元的部分，按照 0.2%提取；

⑤ 营业收入超过 50 亿元至 100 亿元的部分，按照 0.1%提取；

⑥ 营业收入超过 100 亿元的部分，按照 0.05%提取。

（8）机械制造企业以上年度实际营业收入为计提依据，采取超额累退方式按照以下标准平均逐月提取：

① 营业收入不超过 1 000 万元的，按照 2%提取；

② 营业收入超过 1 000 万元至 1 亿元的部分，按照 1%提取；

③ 营业收入超过 1 亿元至 10 亿元的部分，按照 0.2%提取；

④ 营业收入超过 10 亿元至 50 亿元的部分，按照 0.1%提取；

⑤ 营业收入超过 50 亿元的部分，按照 0.05%提取。

（9）武器装备研制生产与试验企业以上年度军品实际营业收入为计提依据，采取超额累退方式按照以下标准平均逐月提取。

① 火炸药及其制品研制生产与试验企业（包括：含能材料，炸药、火药、推进剂，发动机，弹箭，引信、火工品等）：

- 营业收入不超过 1 000 万元的，按照 5%提取；
- 营业收入超过 1 000 万元至 1 亿元的部分，按照 3%提取；
- 营业收入超过 1 亿元至 10 亿元的部分，按照 1%提取；
- 营业收入超过 10 亿元的部分，按照 0.5%提取。

② 核装备及核燃料研制、生产与试验企业：

- 营业收入不超过 1 000 万元的，按照 3%提取；
- 营业收入超过 1 000 万元至 1 亿元的部分，按照 2%提取；
- 营业收入超过 1 亿元至 10 亿元的部分，按照 0.5%提取；
- 营业收入超过 10 亿元的部分，按照 0.2%提取；
- 核工程按照 3%提取（以工程造价为计提依据，在竞标时，列为标外管理）。

③ 军用舰船（含修理）研制、生产与试验企业：

- 营业收入不超过 1 000 万元的，按照 2.5%提取；
- 营业收入超过 1 000 万元至 1 亿元的部分，按照 1.75%提取；
- 营业收入超过 1 亿元至 10 亿元的部分，按照 0.8%提取；
- 营业收入超过 10 亿元的部分，按照 0.4%提取。

④ 飞船、卫星、军用飞机、坦克车辆、火炮、轻武器、大型天线等产品的总体、部分和元器件研制、生产与试验企业：

- 营业收入不超过 1 000 万元的，按照 2%提取；
- 营业收入超过 1 000 万元至 1 亿元的部分，按照 1.5%提取；
- 营业收入超过 1 亿元至 10 亿元的部分，按照 0.5%提取；
- 营业收入超过 10 亿元至 100 亿元的部分，按照 0.2%提取；
- 营业收入超过 100 亿元的部分，按照 0.1%提取。

⑤ 其他军用危险品研制、生产与试验企业：

- 营业收入不超过 1 000 万元的，按照 4%提取；
- 营业收入超过 1 000 万元至 1 亿元的部分，按照 2%提取；
- 营业收入超过 1 亿元至 10 亿元的部分，按照 0.5%提取；
- 营业收入超过 10 亿元的部分，按照 0.2%提取。

中小微型企业和大型企业上年末安全生产费用结余分别达到本企业上年度营业收入的 5%和 1.5%时，经当地县级以上安全生产监督管理部门、煤矿安全监察机构商财政部门同意，企业本年度可以缓提或者少提安全生产费用。

新建企业和投产不足一年的企业以当年实际营业收入为提取依据，按月计提安全生产费用。混业经营企业，如能按业务类别分别核算的，则以各业务营业收入为计提依据，按上述标准分别提取安全生产费用；如不能分别核算的，则以全部业务收入为计提依据，按主营业务计提标准提取安全生产费用。

（三）安全生产费用的使用

下面介绍煤炭生产、非煤矿山开采、建设工程施工、危险品生产与储存、交通运输、烟花爆竹生产、冶金、机械制造、武器装备研制生产与试验（含民用航空及核燃料）等企业安全生产费用的使用范围。

1. 煤炭生产企业安全生产费用的使用范围

（1）煤与瓦斯突出及高瓦斯矿井落实两个“四位一体”综合防突措施支出，包括瓦斯区域预抽、保护层开采区域防突措施、开展突出区域和局部预测、实施局部补充防突措施、更新改造防突设备和设施、建立突出防治实验室等支出。

（2）煤矿安全生产改造和重大隐患治理支出，包括“一通三防”（通风，防瓦斯、防煤尘、防灭火）、防治水、供电、运输等系统设备改造和灾害治理工程，实施煤矿机械化改造，实施矿压（冲击地压）、热害、露天矿边坡治理、采空区治理等支出。

（3）完善煤矿井下监测监控、人员定位、紧急避险、压风自救、供水施救和通信联络安全避险“六大系统”支出，应急救援技术装备、设施配置和维护保养支出，事故逃生和紧急避难设施设备的配置和应急演练支出。

（4）开展重大危险源和事故隐患评估、监控和整改支出。

（5）安全生产检查、评价（不包括新建、改建、扩建项目安全评价）、咨询、标准化建设支出。

（6）配备和更新现场作业人员安全防护用品支出。

（7）安全生产宣传、教育、培训支出。

（8）安全生产适用的新技术、新标准、新工艺、新装备的推广应用支出。

（9）安全设施及特种设备检测检验支出。

（10）其他与安全生产直接相关的支出。

2. 非煤矿山开采企业安全生产费用的使用范围

（1）完善、改造和维护安全防护设施设备（不含“三同时”要求初期投入的安全设施）和重大安全隐患治理支出，包括矿山综合防尘、防灭火、防治水、危险气体监测、通风系统、支护及防治边帮滑坡设备、机电设备、供配电系统、运输（提升）系统和尾矿库等完善、改造和维护支出及实施地压监测监控、露天矿边坡治理、采空区治理等支出。

（2）完善非煤矿山监测监控、人员定位、紧急避险、压风自救、供水施救和通信联络安全避险“六大系统”支出，完善尾矿库全过程在线监控系统和海上石油开采出海人员动态跟踪系统支出，应急救援技术装备、设施配置及维护保养支出，事故逃生和紧急避难设施设备的配置和应急演练支出。

（3）开展重大危险源和事故隐患评估、监控和整改支出。

（4）安全生产检查、评价（不包括新建、改建、扩建项目安全评价）、咨询、标准化建设支出。

（5）配备和更新现场作业人员安全防护用品支出。

（6）安全生产宣传、教育、培训支出。

（7）安全生产适用的新技术、新标准、新工艺、新装备的推广应用支出。

（8）安全设施及特种设备检测检验支出。

（9）尾矿库闭库及闭库后维护费用支出。

（10）地质勘探单位野外应急食品、应急器械、应急药品支出。

（11）其他与安全生产直接相关的支出。

3. 建设工程施工企业安全生产费用的使用范围

（1）完善、改造和维护安全防护设施设备（不含“三同时”要求初期投入的安全设施）支出，包括施工现场临时用电系统、洞口、临边、机械设备、高处作业防护、交叉作业防护、防火、防爆、防尘、防毒、防雷、防台风、防地质灾害、地下工程有害气体监测、通风、临时安全防护等设施设备支出。

（2）配备、维护、保养应急救援器材、设备支出和应急演练支出。

（3）开展重大危险源和事故隐患评估、监控和整改支出。

（4）安全生产检查、评价（不包括新建、改建、扩建项目安全评价）、咨询和标准化建设支出。

（5）配备和更新现场作业人员安全防护用品支出。

（6）安全生产宣传、教育、培训支出。

（7）安全生产适用的新技术、新标准、新工艺、新装备的推广应用支出。

（8）安全设施及特种设备检测检验支出。

（9）其他与安全生产直接相关的支出。

4. 危险品生产与储存企业安全生产费用的使用范围

（1）完善、改造和维护安全防护设施设备（不含“三同时”要求初期投入的安全设施）支出，包括车间、库房、罐区等作业场所的监控、监测、通风、防晒、调温、防火、灭火、防爆、泄压、防毒、消毒、中和、防潮、防雷、防静电、防腐、防渗漏、防护围堤或者隔离操作等设施设备支出。

（2）配备、维护、保养应急救援器材、设备支出和应急演练支出。

（3）开展重大危险源和事故隐患评估、监控和整改支出。

（4）安全生产检查、评价（不包括新建、改建、扩建项目安全评价）、咨询和标准化建设支出。

（5）配备和更新现场作业人员安全防护用品支出。

（6）安全生产宣传、教育、培训支出。

（7）安全生产适用的新技术、新标准、新工艺、新装备的推广应用支出。

（8）安全设施及特种设备检测检验支出。

（9）其他与安全生产直接相关的支出。

5. 交通运输企业安全生产费用的使用范围

（1）完善、改造和维护安全防护设施设备（不含“三同时”要求初期投入的安全设施）支出，包括道路、水路、铁路、管道运输设施设备和装卸工具安全状况检测及维护系统、运输设施设备和装卸工具附属安全设备等支出。

（2）购置、安装和使用具有行驶记录功能的车辆卫星定位装置、船舶通信导航定位和自动识别系统、电子海图等支出。

（3）配备、维护、保养应急救援器材、设备支出和应急演练支出。

（4）开展重大危险源和事故隐患评估、监控和整改支出。

（5）安全生产检查、评价（不包括新建、改建、扩建项目安全评价）、咨询和标准化建设支出。

（6）配备和更新现场作业人员安全防护用品支出。

（7）安全生产宣传、教育、培训支出。

（8）安全生产适用的新技术、新标准、新工艺、新装备的推广应用支出。

（9）安全设施及特种设备检测检验支出。

（10）其他与安全生产直接相关的支出。

6. 烟花爆竹生产企业安全生产费用的使用范围

（1）完善、改造和维护安全防护设备设施（不含“三同时”要求初期投入的安全设施）支出。

（2）配备、维护、保养防爆机械电气设备支出。

（3）配备、维护、保养应急救援器材、设备支出和应急演练支出。

（4）开展重大危险源和事故隐患评估、监控和整改支出。

（5）安全生产检查、评价（不包括新建、改建、扩建项目安全评价）、咨询和标准化建设支出。

（6）安全生产宣传、教育、培训支出。

（7）配备和更新现场作业人员安全防护用品支出。

（8）安全生产适用新技术、新标准、新工艺、新装备的推广应用支出。

（9）安全设施及特种设备检测检验支出。

（10）其他与安全生产直接相关的支出。

7. 冶金企业安全生产费用的使用范围

（1）完善、改造和维护安全防护设施设备（不含“三同时”要求初期投入的安全设施）支出，包括车间、站、库房等作业场所的监控、监测、防火、防爆、防坠落、防尘、防毒、防噪声与振动、防辐射和隔离操作等设施设备支出。

（2）配备、维护、保养应急救援器材、设备支出和应急演练支出。

（3）开展重大危险源和事故隐患评估、监控和整改支出。

（4）安全生产检查、评价（不包括新建、改建、扩建项目安全评价）、咨询和标准化建设支出。

（5）安全生产宣传、教育、培训支出。

（6）配备和更新现场作业人员安全防护用品支出。

（7）安全生产适用的新技术、新标准、新工艺、新装备的推广应用支出。

（8）安全设施及特种设备检测检验支出。

（9）其他与安全生产直接相关的支出。

8. 机械制造企业安全生产费用的使用范围

（1）完善、改造和维护安全防护设施设备（不含“三同时”要求初期投入的安全设施）支出，包括生产作业场所的防火、防爆、防坠落、防毒、防静电、防腐、防尘、防噪声与振动、防辐射或者隔离操作等设施设备支出，大型起重机械安装安全监控管理系统支出。

（2）配备、维护、保养应急救援器材、设备支出和应急演练支出。

（3）开展重大危险源和事故隐患评估、监控和整改支出。

（4）安全生产检查、评价（不包括新建、改建、扩建项目安全评价）、咨询和标准化建设支出。

（5）配备和更新现场作业人员安全防护用品支出。

（6）安全生产宣传、教育、培训支出。

（7）安全生产适用的新技术、新标准、新工艺、新装备的推广应用支出。

（8）安全设施及特种设备检测检验支出。

（9）其他与安全生产直接相关的支出。

9. 武器装备研制生产与试验企业安全生产费用的使用范围

（1）完善、改造和维护安全防护设施设备（不含“三同时”要求初期投入的安全设施）支出，包括研究室、车间、库房、储罐区、外场试验区等作业场所的监控、监测、防触电、防坠落、防爆、泄压、防火、灭火、通风、防晒、调温、防毒、防雷、防静电、防腐、防尘、防噪声与振动、防辐射、防护围堤或者隔离操作等设施设备支出。

（2）配备、维护、保养应急救援、应急处置、特种个人防护器材、设备、设施支出和应急演练支出。

（3）开展重大危险源和事故隐患评估、监控和整改支出。

（4）高新技术和特种专用设备安全鉴定评估、安全性能检验检测及操作人员上岗培训支出。

（5）安全生产检查、评价（不包括新建、改建、扩建项目安全评价）、咨询和标准化建设支出。

（6）安全生产宣传、教育、培训支出。

（7）军工核设施（含核废物）防泄漏、防辐射的设施设备支出。

（8）军工危险化学品、放射性物品及武器装备科研、试验、生产、储运、销毁、维修保障过程中的安全技术措施改造费和安全防护（不包括工作服）费用支出。

（9）大型复杂武器装备制造、安装、调试的特殊工种和特种作业人员培训支出。

（10）武器装备大型试验安全专项论证与安全防护费用支出。

（11）特殊军工电子元器件制造过程中有毒有害物质监测及特种防护支出。

（12）安全生产适用新技术、新标准、新工艺、新装备的推广应用支出。

（13）其他与武器装备安全生产事项直接相关的支出。

企业提取的安全生产费用应当专户核算，按规定范围安排使用，不得挤占、挪用。年度结余资金结转下年度使用，当年计提安全生产费用不足的，超出部分按正常成本费用渠道列支。

主要承担安全管理责任的集团公司经过履行内部决策程序，可以对所属企业提取的安全生产费用按照一定比例集中管理，统筹使用。

煤炭生产企业和非煤矿山企业已提取维持简单再生产费用的，应当继续提取维持简单再生产费用，但其使用范围不再包含安全生产方面的用途。矿山企业转产、停产、停业或者解散的，应当将安全生产费用结余转入矿山闭坑安全保障基金，用于矿山闭坑、尾矿库闭库后可能的危害治理和损失赔偿。危险品生产与储存企业转产、停产、停业或者解散的，应当将安全生产费用结余用于处理转产、停产、停业或者解散前的危险品生产或者储存设备、库存产品及生产原料支出。企业由于产权转让、公司制改建等变更股权结构或者组织形式的，其结余的安全生产费用应当继续按照本办法管理使用。

企业调整业务、终止经营或者依法清算，其结余的安全生产费用应当结转本期收益或者清算收益。

（四）安全生产费用的管理

企业应当建立健全内部安全生产费用管理制度，明确安全生产费用提取和使用的程序、职责及权限，按规定提取和使用安全生产费用。企业应当加强安全生产费用管理，编制年度安全生产费用提取和使用计划，纳入企业财务预算。企业年度安全生产费用使用计划和上一年安全生产费用的提取、使用情况按照管理权限报同级财政部门、安全生产监督管理部门、煤矿安全监察机构和行业主管部门备案。企业提取的安全生产费用属于企业自提自用资金，其他单位和部门不得采取收取、代管等形式对其进行集中管理和使用，国家法律、法规另有规定的除外。

企业未按规定提取和使用安全生产费用的，安全生产监督管理部门、煤矿安全监察机构和行业主管部门会同财政部门责令其限期改正，并依照相关法律法规进行处理、处罚。建设工程施工总承包单位未向分包单位支付必要的安全生产费用及承包单位挪用安全生产费用的，由建设、交通运输、铁路、水利、安全生产监督管理、煤矿安全监察等主管部门依照相关法规、规章进行处理、处罚。

三、工伤保险管理

（一）工伤保险基金的管理

工伤保险基金由用人单位缴纳的工伤保险费、工伤保险基金的利息和依法纳入工伤保险基金的其他资金构成。

工伤保险费根据以支定收、收支平衡的原则确定费率。国家根据不同行业的工伤风险程度确定行业的差别费率，并根据工伤保险费使用、工伤发生率等情况在每个行业内确定若干费率档次。行业差别费率及行业内费率档次由国务院社会保险行政部门制定，报国务院批准后公布施行。统筹地区经办机构根据用人单位工伤保险费使用、工伤发生率等情况，适用所属行业内相应的费率档次确定单位缴费费率。

工伤保险费由用人单位缴纳，职工个人不缴纳工伤保险费。用人单位缴纳工伤保险费的数额为本单位职工工资总额乘以单位缴费费率之积。对难以按照工资总额缴纳工伤保险费的行业，其缴纳工伤保险费的具体方式，由国务院社会保险行政部门规定。工伤保险基金逐步实行省级统筹，对于跨地区、生产流动性较大的行业，可以采取相对集中的方式异地参加统筹地区的工伤保险。

工伤保险基金存入社会保障基金财政专户，用于工伤保险待遇，劳动能力鉴定，工伤预防的宣传、培训等费用，以及法律、法规规定的用于工伤保险的其他费用的支付。

（二）工伤认定

（1）职工有下列情形之一的，应当认定为工伤：

① 在工作时间和工作场所内，因工作原因受到事故伤害的；

② 工作时间前后在工作场所内，从事与工作有关的预备性或者收尾性工作受到事故伤害的；

③ 在工作时间和工作场所内，因履行工作职责受到暴力等意外伤害的；

④ 患职业病的；

⑤ 因工外出期间，由于工作原因受到伤害或者发生事故下落不明的；

⑥ 在上、下班途中，受到非本人主要责任的交通事故或者城市轨道交通、客运轮渡、火车事故伤害的；

⑦ 法律、行政法规规定应当认定为工伤的其他情形。

（2）职工有下列情形之一的，视同工伤：

① 在工作时间和工作岗位，突发疾病死亡或者在 48 小时之内经抢救无效死亡的；

② 在抢险救灾等维护国家利益、公共利益活动中受到伤害的；

③ 职工原在军队服役，因战、因公负伤致残，已取得革命伤残军人证，到用人单位后旧伤复发的。

职工有第① 项、第② 项情形的，按照有关规定享受工伤保险待遇；职工有第③ 项情形的，按照有关规定享受除一次性伤残补助金以外的工伤保险待遇。

（3）职工符合前述规定，但是有下列情形之一的，不得认定为工伤或者视同工伤：

① 故意犯罪的；

② 醉酒或者吸毒的；

③ 自残或者自杀的。

职工发生事故伤害或者按照《中华人民共和国职业病防治法》规定被诊断、鉴定为职业病，所在单位应当自事故伤害发生之日或者被诊断、鉴定为职业病之日起 30 日内，向统筹地区社会保险行政部门提出工伤认定申请。遇有特殊情况，经报社会保险行政部门同意，申请时限可以适当延长。

用人单位未按规定提出工伤认定申请的，工伤职工或者其近亲属、工会组织在事故伤害发生之日或者被诊断、鉴定为职业病之日起 1 年内，可以直接向用人单位所在地统筹地区社会保险行政部门提出工伤认定申请。用人单位未在规定的时限内提交工伤认定申请，在此期间发生符合规定的工伤待遇等有关费用由该用人单位负担。

提出工伤认定申请应当提交下列材料：

① 工伤认定申请表；

② 与用人单位存在劳动关系（包括事实劳动关系）的证明材料；

③ 医疗诊断证明或者职业病诊断证明书（或者职业病诊断鉴定书）。

工伤认定申请表应当包括事故发生的时间、地点、原因及职工伤害程度等基本情况。

工伤认定申请人提供材料不完整的，社会保险行政部门应当一次性书面告知工伤认定申请人需要补正的全部材料。申请人按照书面告知要求补正材料后，社会保险行政部门应当受理。

社会保险行政部门受理工伤认定申请后，根据审核需要，可以对事故伤害进行调查核实，用人单位、职工、工会组织、医疗机构及有关部门应当予以协助。职业病诊断和诊断争议的鉴定，依照《中华人民共和国职业病防治法》的有关规定执行。对依法取得职业病诊断证明书或者职业病诊断鉴定书的，社会保险行政部门不再进行调查核实。职工或者其近亲属认为是工伤，用人单位不认为是工伤的，由用人单位承担举证责任。

社会保险行政部门应当自受理工伤认定申请之日起 60 日内作出工伤认定的决定，并书面通知申请工伤认定的职工或者其近亲属和该职工所在单位。社会保险行政部门对受理的事实清楚、权利义务明确的工伤认定申请，应当在 15 日内作出工伤认定的决定。作出工伤认定决定需要以司法机关或者有关行政主管部门的结论为依据的，在司法机关或者有关行政主管部门尚未作出结论期间，作出工伤认定决定的时限中止。

（三）劳动能力鉴定

劳动能力鉴定是指劳动功能障碍程度和生活自理障碍程度的等级鉴定。劳动功能障碍分为十个伤残等级，最重的为一级，最轻的为十级。生活自理障碍分为三个等级：生活完全不能自理、生活大部分不能自理和生活部分不能自理。

劳动能力鉴定由用人单位、工伤职工或者其近亲属向设区的市级劳动能力鉴定委员会提出申请，并提供工伤认定决定和职工工伤医疗的有关资料。省、自治区、直辖市劳动能力鉴定委员会和设区的市级劳动能力鉴定委员会分别由省、自治区、直辖市和设区的市级社会保险行政部门、卫生行政部门、工会组织、经办机构代表及用人单位代表组成。

劳动能力鉴定委员专家库的医疗卫生专业技术人员应当具备下列条件：

① 具有医疗卫生高级专业技术职务任职资格；

② 掌握劳动能力鉴定的相关知识；

③ 具有良好的职业品德。

设区的市级劳动能力鉴定委员会收到劳动能力鉴定申请后，应当从其建立的医疗卫生专家库中随机抽取 3 名或者 5 名相关专家组成专家组，由专家组提出鉴定意见。设区的市级劳动能力鉴定委员会根据专家组的鉴定意见作出工伤职工劳动能力鉴定结论，必要时，可以委托具备资格的医疗机构协助进行有关的诊断。设区的市级劳动能力鉴定委员会应当自收到劳动能力鉴定申请之日起 60 日内作出劳动能力鉴定结论，必要时，作出劳动能力鉴定结论的期限可以延长 30 日。劳动能力鉴定结论应当及时送达申请鉴定的单位和个人。

申请鉴定的单位或者个人对设区的市级劳动能力鉴定委员会作出的鉴定结论不服的，可以在收到该鉴定结论之日起 15 日内向省、自治区、直辖市劳动能力鉴定委员会提出再次鉴定申请。省、自治区、直辖市劳动能力鉴定委员会作出的劳动能力鉴定结论为最终结论。

自劳动能力鉴定结论作出之日起 1 年后，工伤职工或者其近亲属、所在单位或者经办机构认为伤残情况发生变化的，可以申请劳动能力复查鉴定。

（四）工伤保险待遇

工伤职工已经评定伤残等级并经劳动能力鉴定委员会确认需要生活护理的，从工伤保险基金按月支付生活护理费。生活护理费按照生活完全不能自理、生活大部分不能自理或者生活部分不能自理 3 个不同等级支付，其标准分别为统筹地区上年度职工月平均工资的 50%、40%或者 30%。

（1）职工因工致残被鉴定为一级至四级伤残的，保留劳动关系，退出工作岗位，享受以下待遇。

① 从工伤保险基金按伤残等级支付一次性伤残补助金，标准为：一级伤残为 27 个月的本人工资，二级伤残为 25 个月的本人工资，三级伤残为 23 个月的本人工资，四级伤残为 21 个月的本人工资。

② 从工伤保险基金按月支付伤残津贴，标准为：一级伤残为本人工资的 90%，二级伤残为本人工资的 85%，三级伤残为本人工资的 80%，四级伤残为本人工资的 75%。当伤残津贴实际金额低于当地最低工资标准的，由工伤保险基金补足差额。

③ 工伤职工达到退休年龄并办理退休手续后，停发伤残津贴，按照国家有关规定享受基本养老保险待遇。基本养老保险待遇低于伤残津贴的，由工伤保险基金补足差额。

职工因工致残被鉴定为一级至四级伤残的，由用人单位和职工个人以伤残津贴为基数，缴纳基本医疗保险费。

（2）职工因工致残被鉴定为五级、六级伤残的，享受以下待遇。

① 从工伤保险基金按伤残等级支付一次性伤残补助金，标准为：五级伤残为 18 个月的本人工资，六级伤残为 16 个月的本人工资。

② 保留与用人单位的劳动关系，由用人单位安排适当工作。难以安排工作的，由用人单位按月发给伤残津贴，标准为：五级伤残为本人工资的 70%，六级伤残为本人工资的 60%，并由用人单位按照规定为其缴纳应缴纳的各项社会保险费。伤残津贴实际金额低于当地最低工资标准的，由用人单位补足差额。

经工伤职工本人提出，该职工可以与用人单位解除或者终止劳动关系，由工伤保险基金支付一次性工伤医疗补助金，由用人单位支付一次性伤残就业补助金。一次性工伤医疗补助金和一次性伤残就业补助金的具体标准由省、自治区、直辖市人民政府规定。

（3）职工因工致残被鉴定为七级至十级伤残的，享受以下待遇。

① 从工伤保险基金按伤残等级支付一次性伤残补助金，标准为：七级伤残为 13 个月的本人工资，八级伤残为 11 个月的本人工资，九级伤残为 9 个月的本人工资，十级伤残为 7 个月的本人工资。

② 劳动、聘用合同期满终止，或者职工本人提出解除劳动、聘用合同的，由工伤保险基金支付一次性工伤医疗补助金，由用人单位支付一次性伤残就业补助金。一次性工伤医疗补助金和一次性伤残就业补助金的具体标准由省、自治区、直辖市人民政府规定。工伤职工工伤复发，确认需要治疗的，享受规定的工伤待遇。

（4）职工因工死亡，其近亲属按照下列规定从工伤保险基金领取丧葬补助金、供养亲属抚恤金和一次性工亡补助金。

① 丧葬补助金为 6 个月的统筹地区上年度职工月平均工资。

② 供养亲属抚恤金按照职工本人工资的一定比例发给由因工死亡职工生前提供主要生活来源、无劳动能力的亲属。标准为：配偶每月 40%，其他亲属每人每月 30%，孤寡老人或者孤儿每人每月在上述标准的基础上增加 10%。核定的各供养亲属的抚恤金之和不应高于因工死亡职工生前的工资。

③ 一次性工亡补助金标准为上一年度全国城镇居民人均可支配收入的 20 倍。

伤残职工在停工留薪期内因工伤导致死亡的，其近亲属享受丧葬补助金、供养亲属抚恤金和一次性工亡补助金的待遇。一级至四级伤残职工在停工留薪期满后死亡的，其近亲属可以享受丧葬补助金和供养亲属抚恤金的待遇。

职工因工外出期间发生事故或者在抢险救灾中下落不明的，从事故发生当月起 3 个月内照发工资，从第 4 个月起停发工资，由工伤保险基金向其供养亲属按月支付供养亲属抚恤金。生活有困难的，可以预支一次性工亡补助金的 50%。职工被人民法院宣告死亡的，按照职工因工死亡的规定处理。

（5）工伤职工有下列情形之一的，停止享受工伤保险待遇：

① 丧失享受待遇条件的；

② 拒不接受劳动能力鉴定的；

③ 拒绝治疗的。

用人单位分立、合并、转让的，承继单位应当承担原用人单位的工伤保险责任；原用人单位已经参加工伤保险的，承继单位应当到当地经办机构办理工伤保险变更登记。用人单位实行承包经营的，工伤保险责任由职工劳动关系所在单位承担。职工被借调期间受到工伤事故伤害的，由原用人单位承担工伤保险责任，但原用人单位与借调单位可以约定补偿办法。企业破产的，在破产清算时依法拨付应当由单位支付的工伤保险待遇费用。

职工被派遣出境工作，依据前往国家或者地区的法律应当参加当地工伤保险的，参加当地工伤保险，其国内工伤保险关系中止；不能参加当地工伤保险的，其国内工伤保险关系不中止。

职工再次发生工伤，根据规定应当享受伤残津贴的，按照新认定的伤残等级享受伤残津贴待遇。

四、企业安全生产责任保险

煤矿、非煤矿山、危险化学品、烟花爆竹、交通运输、建筑施工、民用爆炸物品、金属冶炼、渔业生产等高危行业领域的生产经营单位应当投保安全生产责任保险。

第十二节　安全生产检查与隐患排查治理

一、安全生产检查

（一）安全生产检查的类型

（1）定期安全生产检查：一般是以有计划、有组织、有目的的形式来实现的，由生产经营单位统一组织，具有规模大、检查范围广、有深度、能及时发现并解决问题的特点。

（2）经常性安全生产检查：由安全生产管理部门、车间、班组或者岗位组织的日常检查，包括交接班、班中、特殊检查等形式。

（3）季节性及节假日前安全生产检查：由生产经营单位统一组织，根据季节变化，按事故发生的规律对易发的潜在危险、突出重点进行季节检查。

（4）专业（项）安全生产检查：对某个专业（项）问题或在施工（生产）中存在的普遍性安全问题进行的单项定性或定量检查。如对危险性较大的在用设备、设施，作业场所环境条件的管理性或监督性定量检测检验则属专业（项）安全检查。

（5）综合性安全生产检查：由上级主管部门或政府相关部门组织。

（6）职工代表不定期的安全生产巡查。

（二）安全生产检查的内容

安全生产检查的内容包括软件系统和硬件系统。软件系统主要是查思想、查管理、查隐患、查整改、查事故处理。硬件系统主要是查生产设备、查辅助设施、查安全设施、查作业环境。

对非矿山企业，国家有关规定要求强制性检查的项目有：锅炉、压力容器、压力管道、高压医用氧舱、起重机、电梯、自动扶梯、施工升降机、简易升降机、防爆电气、厂内机动车辆、客运索道、游艺机及游乐设施等，作业场所的粉尘、噪声、振动、辐射、高温、低温、有毒物质的浓度等。

国家规定对矿山企业要求强制性检查的项目有：矿井风量、风质、风速及井下温度、湿度、噪声；瓦斯粉尘；矿山放射性物质及其他有毒有害物质；露天矿山边坡；尾矿坝；提升、运输、装载、通风、排水、瓦斯抽放、压缩空气和超重设备；各种防爆电气、电气安全保护装置；矿灯、钢丝绳等；瓦斯、粉尘及其他有毒有害物质检测仪器、仪表；自救器；救护设备；安全帽；防尘口罩或面罩；防护服、防护鞋；防噪声耳塞、耳罩等。

（三）安全生产检查的方法

1. 常规检查

常规检查通常是由安全管理人员作为检查工作的主体，到作业场所现场，通过感观或辅助一定的简单工具、仪表等，对作业人员的行为、作业场所的环境条件、生产设备设施等进行的定性检查。主要依靠安全检查人员的经验和能力，检查的结果直接受到检查人员个人素质的影响。

2. 安全检查表（SCL）法

安全检查表将个人对检查结果的影响减少到最小，一般包括检查项目、检查内容、检查标准、检查结果及评价、检查发现问题等内容。

3. 仪器检查及数据分析法

生产经营单位的设备、系统运行数据具有在线监视和记录的系统设计，通过系统对数据进行分析得出结论，如果没有在线监视和记录系统，通过仪器检查法进行检验测量。

（四）安全生产检查的工作程序

1. 安全检查准备

（1）确定检查的对象、目的及任务；

（2）查阅、掌握有关法规、标准及规程的要求；

（3）了解检查对象的工艺流程、生产情况、可能出现危险及危害的情况；

（4）制定检查计划，安排检查内容、方法及步骤；

（5）编写安全检查表或检查提纲；

（6）准备必要的检测工具、仪器、书写表格或记录本；

（7）挑选和训练检查人员并进行必要的分工等。

2. 实施安全检查

通过访谈、查阅文件和记录、现场观察、仪器测量的方式获得信息。

3. 综合分析

通过现场检查和数据分析后，对检查情况进行综合分析，提出检查结论和意见。

4. 结果反馈

将检查结论和意见反馈给被检查对象。可以现场反馈，也可以书面反馈。上级主管部门或地方政府负有安全生产监督管理职责的部门组织的安全检查，在作出正式结论和意见后，应通过书面反馈的形式将检查结论和意见反馈至被检查对象。

5. 提出整改要求

生产经营单位自行组织的安全检查，由安全管理部门会同有关部门，共同制定整改措施计划并组织实施；由上级主管部门或地方政府负有安全生产监督管理职责的部门组织的安全检查，检查组提出书面的整改要求后，生产经营单位组织相关部门制定整改措施计划。

6. 整改落实

对安全检查发现的问题和隐患，生产经营单位应制定整改计划，建立安全生产问题隐患台账，定期跟踪隐患的整改落实情况，确保隐患按要求整改完成，形成隐患整改的闭环管理。安全生产问题隐患台账应包括隐患分类、隐患描述、问题依据、整改要求、整改责任单位、整改期限等内容。

7. 信息反馈及持续改进

生产经营单位自行组织的安全检查，在整改措施计划完成后，安全管理部门应组织有关人员进行验收。对于上级主管部门或地方政府负有安全生产监督管理职责的部门组织的安全检查，在整改措施完成后，应及时上报整改完成情况，申请复查或验收。

二、隐患排查治理

（一）生产经营单位的主要职责

（1）生产经营单位应当依照法律、法规、规章、标准和规程的要求从事生产经营活动。严禁非法从事生产经营活动。

（2）生产经营单位是事故隐患排查、治理和防控的责任主体。

（3）生产经营单位应当建立、健全事故隐患排查治理和建档监控等制度，逐级建立并落实从主要负责人到每个从业人员的隐患排查治理和监控责任制。

（4）生产经营单位应当保证事故隐患排查治理所需的资金，建立资金使用专项制度。

（5）生产经营单位应当定期组织安全生产管理人员、工程技术人员和其他相关人员排查本单位的事故隐患。对排查出的事故隐患，应当按照事故隐患的等级进行登记，建立事故隐患信息档案，并按照职责分工实施监控治理。

（6）生产经营单位应当建立事故隐患报告和举报奖励制度，鼓励、发动职工发现和排除事故隐患，鼓励社会公众举报。对发现、排除和举报事故隐患的有功人员，应当给予物质奖励和表彰。

（7）生产经营单位将生产经营项目、场所、设备发包、出租的，应当与承包、承租单位签订安全生产管理协议，并在协议中明确各方对事故隐患排查、治理和防控的管理职责。生产经营单位对承包、承租单位的事故隐患排查治理负有统一协调和监督管理的职责。

（8）当安全监管监察部门和有关部门的监督检查人员依法履行事故隐患监督检查职责时，生产经营单位应当积极配合，不得拒绝和阻挠。

（9）生产经营单位应当每季、每年对本单位事故隐患排查治理情况进行统计分析，并分别于下一季度15日前和下一年1月31日前向安全监管监察部门和有关部门报送书面统计分析表。统计分析表应当由生产经营单位主要负责人签字。对于重大事故隐患，生产经营单位除依照上述要求报送外，还应当及时向安全监管监察部门和有关部门报告。

重大事故隐患报告内容应当包括：

① 隐患的现状及其产生原因；

② 隐患的危害程度和整改难易程度分析；

③ 隐患的治理方案。

（10）对于一般事故隐患，由生产经营单位（车间、分厂、区队等）负责人或者有关人员立即组织整改。

对于重大事故隐患，由生产经营单位主要负责人组织制定并实施事故隐患治理方案。重大事故隐患治理方案应当包括以下内容：治理的目标和任务；采取的方法和措施；经费和物资的落实；负责治理的机构和人员；治理的时限和要求；安全措施和应急预案。

（11）生产经营单位在事故隐患治理过程中，应当采取相应的安全防范措施，防止事故发生。事故隐患排除前或者排除过程中无法保证安全的，应当从危险区域内撤出作业人员，并疏散可能危及的其他人员，设置警戒标志，暂时停产停业或者停止使用；对暂时难以停产或者停止使用的相关生产储存装置、设施、设备，应当加强维护和保养，防止事故发生。

（12）生产经营单位应当加强对自然灾害的预防。对于因自然灾害可能导致事故灾难的隐患，应当按照有关规定要求排查治理，采取可靠的预防措施，制定应急预案。在接到有关自然灾害预报时，应当及时向下属单位发出预警通知；在发生自然灾害可能危及生产经营单位和人员安全的情况时，应当采取撤离人员、停止作业、加强监测等安全措施，并及时向当地人民政府及其有关部门报告。

（13）地方人民政府或者安全监管监察部门及有关部门挂牌督办并责令全部或者局部停产停业治理的重大事故隐患，治理工作结束后，有条件的生产经营单位应当组织本单位的技术人员和专家对重大事故隐患的治理情况进行评估；其他生产经营单位应当委托具备相应资质的安全评价机构对重大事故隐患的治理情况进行评估。

经治理后符合安全生产条件的，生产经营单位应当向安全监管监察部门和有关部门提出恢复生产的书面申请，经安全监管监察部门和有关部门审查同意后，方可恢复生产经营。申请报告应当包括治理方案的内容、项目和安全评价机构出具的评价报告等。

（二）监督管理

各级安全监管监察部门按照职责对所辖区域内生产经营单位排查治理事故隐患工作依法实施综合监督管理；各级人民政府有关部门在各自职责范围对生产经营单位排查治理事故隐患工作依法实施监督管理。

任何单位和个人发现事故隐患，均有权向安全监管监察部门和有关部门报告。

安全监管监察部门接到事故隐患报告后，应当按照职责分工立即组织核实并予以查处；发现所报告事故隐患应当由其他有关部门处理的，应当立即移送有关部门并记录备查。

安全监管监察部门应当指导、监督生产经营单位按照有关法律、法规、规章、标准和规程的要求，建立、健全事故隐患排查治理等各项制度。

安全监管监察部门应当建立事故隐患排查治理监督检查制度，定期组织对生产经营单位事故隐患排查治理情况开展监督检查；应当加强对重点单位的事故隐患排查治理情况的监督检查。对检查过程中发现的重大事故隐患，应当下达整改指令书，并建立信息管理台账。必要时，报告同级人民政府并对重大事故隐患实行挂牌督办。

安全监管监察部门应当配合有关部门做好对生产经营单位事故隐患排查治理情况开展的监督检查，依法查处事故隐患排查治理的非法和违法行为及其责任者。

安全监管监察部门发现属于其他有关部门职责范围内的重大事故隐患的，应该及时将有关资料移送有管辖权的有关部门，并记录备查。

已经取得安全生产许可证的生产经营单位，在其被挂牌督办的重大事故隐患治理结束前，安全监管监察部门应当加强监督检查。必要时，可以提请原许可证颁发机关依法暂扣其安全生产许可证。

安全监管监察部门应当会同有关部门把重大事故隐患整改纳入重点行业领域的安全专项整治中加以治理，落实相应责任。

对挂牌督办并采取全部或者局部停产停业治理的重大事故隐患，安全监管监察部门收到生产经营单位恢复生产的申请报告后，应当在10日内进行现场审查。审查合格的，对事故隐患进行核销，同意恢复生产经营；审查不合格的，依法责令改正或者下达停产整改指令。对整改无望或者生产经营单位拒不执行整改指令的，依法实施行政处罚；不具备安全生产条件的，依法提请县级以上人民政府按照国务院规定的权限予以关闭。

第十三节　劳动防护用品管理

一、劳动防护用品分类

按防护部位，劳动防护用品分为以下10大类：

（1）防御物理、化学和生物危险、有害因素对头部伤害的头部防护用品；

（2）防御缺氧空气和空气污染物进入呼吸道的呼吸防护用品；

（3）防御物理和化学危险、有害因素对眼面部伤害的眼面部防护用品；

（4）防噪声危害及防水、防寒等的听力防护用品；

（5）防御物理、化学和生物危险、有害因素对手部伤害的手部防护用品；

（6）防御物理和化学危险、有害因素对足部伤害的足部防护用品；

（7）防御物理、化学和生物危险、有害因素对躯干伤害的躯干防护用品；

（8）防御物理、化学和生物危险、有害因素损伤皮肤或引起皮肤疾病的护肤用品；

（9）防止高处作业劳动者坠落或者高处落物伤害的坠落防护用品；

（10）其他防御危险、有害因素的劳动防护用品。

二、劳动防护用品配置

（一）劳动防护用品管理要求

（1）用人单位应当健全管理制度，加强劳动防护用品配备、发放、使用等管理工作。

（2）用人单位应当安排专项经费用于配备劳动防护用品，不得以货币或者其他物品替代。该项经费计入生产成本，据实列支。

（3）用人单位应当为劳动者提供符合国家标准或者行业标准的劳动防护用品。使用进口的劳动防护用品，其防护性能不得低于我国相关标准。

（4）劳动者在作业过程中，应当按照规章制度和劳动防护用品使用规则，正确佩戴和使用劳动防护用品。

（5）用人单位使用的劳务派遣工、接纳的实习学生应当纳入本单位人员统一管理，并配备相应的劳动防护用品。对处于作业地点的其他外来人员，必须按照与进行作业的劳动者相同的标准，正确佩戴和使用劳动防护用品。

（二）劳动防护用品选用要求

（1）用人单位应按照识别、评价、选择的程序，结合劳动者作业方式和工作条件，并考虑其个人特点及劳动强度，选择防护功能和效果适用的劳动防护用品。

（2）同一工作地点存在不同种类的危险、有害因素的，应当为劳动者同时提供防御各类危害的劳动防护用品。需要同时配备的劳动防护用品，还应考虑其可兼容性。劳动者在不同地点工作，并接触不同的危险、有害因素，或者接触不同危害程度的有害因素的，为其选配的劳动防护用品应满足不同工作地点的防护需求。

（3）劳动防护用品的选择还应当考虑其佩戴的合适性和基本舒适性，根据个人特点和需求选择适合型号、式样。

（4）用人单位应当在可能发生急性职业损伤的有毒、有害工作场所配备应急劳动防护用品，放置于现场临近位置并有醒目标识。用人单位应当为巡检等流动性作业的劳动者配备随身携带的个人应急防护用品。

（三）劳动防护用品采购、发放、培训及使用

（1）用人单位应当根据劳动者工作场所中存在的危险、有害因素种类及危害程度、劳动环境条件、劳动防护用品有效使用时间制定适合本单位的劳动防护用品配备标准。

（2）用人单位应当根据劳动防护用品配备标准制定采购计划，购买符合标准的合格产品。

（3）用人单位应当查验并保存劳动防护用品检验报告等质量证明文件的原件或复印件。

（4）用人单位应当确保已采购劳动防护用品的存储条件，并保证其在有效期内。

（5）用人单位应当按照本单位制定的配备标准发放劳动防护用品，并做好登记。

（6）用人单位应当对劳动者进行劳动防护用品的使用、维护等专业知识的培训。

（7）用人单位应当督促劳动者在使用劳动防护用品前，对劳动防护用品进行检查，确保外观完好、部件齐全、功能正常。

（8）用人单位应当定期对劳动防护用品的使用情况进行检查，确保劳动者正确使用。

（四）劳动防护用品维护、更新及报废

（1）劳动防护用品应当按照要求妥善保存，及时更换。公用的劳动防护用品应当由车间或班组统一保管，定期维护。

（2）用人单位应当对应急劳动防护用品进行经常性的维护、检修，定期检测劳动防护用品的性能和效果，保证其完好有效。

（3）用人单位应当按照劳动防护用品发放周期定期发放，对工作过程中损坏的，用人单位应及时更换。

（4）安全帽、呼吸器、绝缘手套等安全性能要求高、易损耗的劳动防护用品，应当按照有效防护功能最低指标和有效使用期，到期强制报废。

第十四节　作业许可管理

一、作业许可管理要求

（一）项目负责人的基本要求

项目负责人是由属地主管委派的对指定的作业项目进行现场管理、对作业的安全、施工质量直接负责的人员，一般由技术人员担任。项目负责人可以委派有能力、有经验的专业技术人员或管理人员担任项目现场主管人，代表项目负责人具体负责作业现场管理。

项目负责人负责向监护人员、作业单位现场负责人、作业人员等有关人员进行交底。交底内容包括作业内容、安全注意事项、作业人员劳动保护装备、紧急情况的处理、应急逃生路线和救护方法等，并根据情况开具作业票。

项目现场主管人组织在作业现场悬挂安全警示牌、设置围挡、拉警戒线等隔离措施。

（二）作业单位现场负责人的基本要求

作业单位现场负责人是承担作业任务的作业单位安排在现场进行作业组织、指挥的最高负责人，对整个作业过程的安全负责，其职责有：

（1）熟悉作业内容、作业危害、安全措施要求，参与作业现场环境条件、安全措施的检查确认；

（2）取得有效的作业许可证；

（3）确保作业人员、本方监护人具有相应的作业资格；

（4）确保作业工器具符合安全标准、规范，为作业人员配备充分、适用的安全防护、救生用品；

（5）对作业全过程实施现场监督。

（三）作业人员的基本要求

作业人员对作业过程的安全负责，其职责包括但不限于以下方面：

（1）熟悉作业内容、地点、时间、要求，熟知作业中的危害因素、安全措施要求、逃生路线、与监护人的沟通方式等；

（2）各类人员具备作业要求的能力，取得政府部门颁发的作业资格证书；

（3）配备由项目现场主管人根据风险辨识结果确定的劳动防护用品；

（4）严格执行作业规程和有关规定，服从指挥，接受监护人监督，有权拒绝违章指挥；

（5）每次作业时间不宜过长，根据情况轮换作业或休息。

（四）监护人的基本要求

监护人必须具备以下条件：

（1）经培训考试，具有监护资格，掌握作业安全管理要求；

（2）检查作业人员个人防护用品佩戴；

（3）检查施工器具；

（4）监护过程不得离岗，并注意观察作业现场的异常现象，随时提醒作业人员任何危险情况；发现紧急情况，及时制止作业，通知作业人员离开作业现场；如需外部救援，立即呼救或报警。

二、动火作业许可管理

（一）动火作业的定义及分级

动火作业分为二级动火、一级动火、特殊动火三个级别。

遇节日、假日或其他特殊情况时，动火作业应升级管理。

二级动火作业是指除特殊动火作业和一级动火作业以外的动火作业。凡生产装置或系统全部停车，装置经清洗、置换、分析合格并采取安全隔离措施后，根据其火灾、爆炸危险性大小，经所在单位安全管理部门批准，动火作业可按二级动火作业管理。

一级动火作业是指在易燃易爆场所进行的除特殊动火作业以外的动火作业。厂区管廊上的动火作业按一级动火作业管理。

特殊动火作业是指在生产运行状态下的易燃易爆生产装置、输送管道、储罐、容器等部位上及其他特殊危险场所进行的动火作业。带压不置换动火作业按特殊动火作业管理。

（二）动火作业管理要求

1. 许可证管理

动火作业应办理动火作业许可证（以下简称动火证），实行一个动火点、一张动火证的动火作业管理，不得随意涂改和转让动火证，不得异地使用或扩大使用范围。

特殊动火、一级动火、二级动火的动火证应以明显标记加以区分。

特殊动火作业的动火证由主管厂长或总工程师审批，一级动火作业由安全管理部门审批，二级动火作业由动火点所在车间审批。

特殊动火作业和一级动火作业的动火证的有效期不超过8小时；二级动火作业的动火证有效期不超过72小时，每日动火前应进行动火分析。

动火作业超过有效期限，应重新办理动火证。

2. 动火作业安全措施

（1）动火作业应有专人监护，动火作业前应清除动火现场及周围的易燃物品，或者采取其他有效的安全防火措施，并配备消防器材，满足作业现场应急需求。

（2）凡在盛有或盛装过危险化学品的设备、管道等生产、储存装置及甲、乙类区域的生产设备上动火作业，应将其与生产系统彻底隔离，并进行清洗、置换，分析合格后方可作业。

（3）在生产、使用、储存氧气的设备上进行动火作业时，设备内氧含量不应超过23.5%。

（4）铁路沿线25 m以内的动火作业，如遇装有危险化学品的火车通过或停留，应立即停止。

（5）动火期间距动火点30 m内不应排放可燃气体；距动火点15 m内不应排放可燃液体。在动火点10 m范围内及动火点下方不应同时进行可燃溶剂清洗或喷漆等作业。

（6）当使用气焊、气割动火作业时，乙炔瓶应直立放置，氧气瓶与之间距不应小于5 m，二者与作业地点间距不应小于10 m，并应设置防晒设施。

（7）作业完毕应清理现场，确认无残留火种后方可离开。

（8）五级风以上（含五级）天气，原则上禁止露天动火作业。因生产确需动火，动火作业应升级管理。

三、受限空间作业许可管理

1. 受限空间作业许可证管理

受限空间作业应办理受限空间作业许可证。受限空间作业许可证由作业单位负责办理，由受限空间所在单位审批。

2. 受限空间作业安全措施

（1）作业前，应对受限空间进行安全隔绝，要求如下：

① 与受限空间连通的可能危及安全作业的管道应采取插入盲板或拆除一段管线进行隔绝；

② 与受限空间连通的可能危及安全作业的孔、洞应进行严密封堵；

③ 受限空间内的用电设备应停止运行并有效切断电源，在电源开关处上锁并加挂警示牌。

（2）作业前，应根据受限空间盛装（过）的物料的特性，对受限空间进行清洗或置换，保证氧含量为18%～21%，在富氧环境下氧含量不应超过23.5%。

（3）应保持受限空间空气流通良好，可采取以下措施：

① 打开人孔、手孔、料孔、风门、烟门等与大气相通的设施进行自然通风；

② 必要时，应采用风机强制通风或管道送风，管道送风前应对管道内介质和风源进行分析确认。

（4）应对受限空间内的气体浓度进行严格监测，监测要求如下：

① 作业前 30 min 内，应对受限空间进行气体分析，分析合格后方可入内，如现场条件不允许，时间可适当放宽，但不应超过 60 min；

② 监测点应有代表性，容积较大的受限空间，应对上、中、下各部位进行监测分析；

③ 分析仪器应在校验有效期内，使用前应保证其处于正常工作状态；

④ 监测人员深入或探入受限空间监测时应采取符合规定的个人防护措施；

⑤ 作业中应定时监测，至少每 2 h 监测一次，如监测分析结果有明显变化，应立即停止作业，撤离人员，对现场进行处理，分析合格后方可恢复作业；

⑥ 对可能释放有害物质的受限空间，应连续监测，情况异常时应立即停止作业，撤离人员，对现场进行处理，分析合格后方可恢复作业；

⑦ 涂刷具有挥发性溶剂的涂料时，应进行连续分析，并采取强制通风措施；

⑧ 作业中断时间超过 60 min 时，应重新进行分析。

（5）进入受限空间作业应采取以下相应的防护措施：

① 缺氧或有毒的受限空间经清洗或置换仍达不到安全要求的，应佩戴隔绝式呼吸器，必要时应拴带救生绳；

② 易燃易爆的受限空间经清洗或置换仍达不到安全要求的，应穿防静电工作服及防静电工作鞋，使用防爆型低压灯具及防爆工具；

③ 酸、碱等腐蚀性介质的受限空间，应穿戴防酸、碱防护服、防护鞋、防护手套等防腐蚀护品；

④ 有噪声产生的受限空间，应佩戴耳塞或耳罩等防噪声护具；

⑤ 有粉尘产生的受限空间，应佩戴防尘口罩、眼罩等防尘护具；

⑥ 高温的受限空间，进入时应穿戴高温防护用品，必要时采取通风、隔热、佩戴通信设备等防护措施；

⑦ 低温的受限空间，进入时应穿戴低温防护用品，必要时采取供暖、佩戴通信设备等措施。

（6）照明及用电安全要求如下：

① 受限空间照明电压应小于或等于 36 V，在潮湿容器、狭小容器内作业电压应小于或等于 12 V；

② 在潮湿容器中，作业人员应站在绝缘板上，同时保证金属容器接地可靠。

（7）作业监护要求如下：

① 在受限空间外应设有专人监护，作业期间监护人员不应离开；

② 在风险较大的受限空间作业时，应增设监护人员，并随时与受限空间作业人员保持联络；

③ 受限空间外应设置安全警示标志，保持出入口的畅通。

四、盲板抽堵作业许可管理

1. 盲板抽堵作业证管理

盲板抽堵作业实行一块盲板一张作业证的管理方式。

2. 盲板抽堵作业安全要求

（1）生产车间（分厂）应预先绘制盲板位置图，对盲板进行统一编号，并设专人统一指挥作业。

（2）应根据管道内介质的性质、温度、压力和管道法兰密封面的口径等选择相应材料、强度、口径和符合设计、制造要求的盲板及垫片。

（3）作业单位应按图进行盲板抽堵作业，并对每个盲板设标牌进行标识。

（4）作业时，作业点压力应降为常压，并设专人监护。

（5）在有毒介质的管道、设备上进行盲板抽堵作业时，作业人员应按要求选用防护用具。

（6）在易燃易爆场所进行盲板抽堵作业时，作业人员应穿防静电工作服、工作鞋，并应使用防爆灯具和防爆工具；距盲板抽堵作业地点 30 m 内不得有动火作业。

（7）在强腐蚀性介质的管道、设备上进行抽堵盲板作业时，作业人员应采取防止酸碱灼伤的措施。

（8）在介质温度较高、可能造成烫伤的情况下，作业人员应采取防烫措施。

（9）不应在同一管道上同时进行两处及两处以上的盲板抽堵作业。

（10）盲板抽堵作业结束，由作业单位、生产车间（分厂）专人共同确认。

五、高处作业许可管理

（一）高处作业分级

高处作业分为Ⅰ级、Ⅱ级、Ⅲ级和Ⅳ级高处作业。高处作业分为四个区段：$2\ \text{m} \leqslant h \leqslant 5\ \text{m}$，$5\ \text{m} < h \leqslant 15\ \text{m}$，$15\ \text{m} < h \leqslant 30\ \text{m}$，$h > 30\ \text{m}$，分别是Ⅰ，Ⅱ，Ⅲ，Ⅳ级。

（二）高处作业管理要求

高处作业安全要求与防护如下所述。

（1）作业人员应正确佩戴符合要求的安全带。带电高处作业应使用绝缘工具或穿均压服。

（2）高处作业应设专人监护，作业人员不应在作业处休息。

（3）在彩钢板屋顶、石棉瓦、瓦楞板等轻型材料上作业，应铺设牢固的脚手板并加以固定，脚手板上要有防滑措施。

（4）在临近排放有毒有害气体、粉尘的放空管线或烟囱等场所进行作业时，应预先与作业所在地有关人员取得联系、确定联络方式，并为作业人员配备必要的且符合相关国家标准的防护器具（如空气呼吸器、过滤式防毒面具或口罩等）。

（5）在雨天和雪天作业时，应采取可靠的防滑、防寒措施；遇有五级以上强风、浓雾等恶劣气候，不应进行高处作业、露天攀登与悬空高处作业；暴风雪、台风、暴雨后，应对作业安全设施进行检查，发现问题立即处理。

（6）作业使用的工具、材料、零件等应装入工具袋，上下时手中不应持物，不应投掷工具、材料及其他物品。当易滑动、易滚动的工具、材料堆放在脚手架上时，应采取防坠落措施。

（7）与其他作业交叉作业时，应按指定的路线上下，不应上下垂直作业，如果确需垂直作业，应采取可靠的隔离措施。

（8）因作业必需，临时拆除或变动安全防护设施时，应经作业审批人员同意，并采取相应的防护措施，作业后应立即恢复。

（9）作业人员在作业中如果发现异常情况，应及时发出信号，并迅速撤离现场。

（10）拆除脚手架、防护棚时，应设警戒区并派专人监护，不应上部和下部同时施工。

六、吊装作业许可管理

（一）吊装作业分级

吊装作业按吊装重物的质量 m 不同分为三级：

一级吊装作业：$m>100$ t；

二级吊装作业：40 t$\leqslant m \leqslant$100 t；

三级吊装作业：$m<40$ t。

（二）吊装作业管理要求

1. 许可证管理

一级吊装作业许可证，由作业单位申请办理，主管厂长或总工程师审批。

二级、三级吊装作业许可证，由作业单位申请办理，设备管理部门负责审批。

2. 作业要求

（1）三级以上的吊装作业，应编制吊装作业方案。

（2）吊装现场应设置安全警戒标志，并设专人监护。

（3）不应靠近输电线路进行吊装作业。

（4）大雪、暴雨、大雾及六级以上风时，不应露天作业。

（5）作业前，作业单位应对起重机械、吊具、索具、安全装置等进行检查，确保其处于完好状态。

（6）应按规定负荷进行吊装，吊具、索具应经计算选择使用，不应超负荷吊装。

（7）不应利用管道、管架、电杆、机电设备等作吊装锚点。

（8）起吊前应进行试吊，试吊中检查全部机具、地锚受力情况，发现问题应将吊物放回地面，排除故障后重新试吊，确认正常后方可正式吊装。

（9）指挥人员应佩戴明显的标志，并按联络信号进行指挥。起重机械操作人员、司索人员应遵守有关规定。

七、临时用电许可管理

（1）在运行的生产装置、罐区和具有火灾爆炸危险场所内不应接临时电源。

（2）各类移动电源及外部自备电源，不应接入电网。

（3）动力和照明线路应分路设置。

（4）在开关上接引、拆除临时用电线路时，其上级开关应断电上锁并加挂安全警示标牌。

（5）临时用电应设置保护开关，使用前应检查电气装置和保护设施的可靠性。所有的临时用电均应设置接地保护。

（6）临时用电时间一般不超过 15 天，特殊情况不应超过一个月。

八、动土作业许可管理

（1）作业前，应检查工具、现场支撑是否牢固、完好，发现问题应及时处理。

（2）作业现场应根据需要设置护栏、盖板或警告标志，夜间应悬挂警示灯。

（3）在破土开挖前，应先做好地面和地下排水，防止地面渗入作业层面造成塌方。

（4）动土作业应设专人监护。

九、断路作业许可管理

1. 许可证管理

断路证由所在单位办理，消防、安全管理部门审核或会签，工程管理部门审批。

2. 作业安全要求

（1）作业前，作业申请单位应会同本单位相关主管部门制订交通组织方案。

（2）作业单位应根据需要在断路的路口和相关道路上设置交通警示标志，在作业区附近设置路栏、道路作业警示灯、导向标等交通警示设施。

（3）在夜间或雨、雪、雾天进行作业应设置道路作业警示灯。

第十五节　承包商管理

一、生产经营单位及承包商的安全管理责任

（一）生产经营单位安全管理责任

生产经营单位发包工程项目，应以生产经营单位名义进行，严禁以某一部门的名义进

行发包。生产经营单位应明确发包工程归口管理部门，统一对发包工程进行管理。生产经营单位要建立、完善承包商安全管理制度，明确有关职能部门的管理责任。要对承包商进行资质审查，选择具备相应资质、安全业绩好的企业作为承包商，要对进入本单位的承包商人员进行全员安全教育，向承包商进行作业现场安全交底，对承包商的安全作业规程、施工方案和应急预案进行审查，对承包商的作业进行全过程监督。

生产经营单位应及时收集承包商的信息，建立安全表现评价准则，定期对承包商的安全业绩进行评价。同时将评价结果通过预先确定的渠道反馈给承包商管理层或上级部门，以促进其改进管理。对不能履行安全职责，甚至发生安全事故的承包商，要予以相应考核直至清退。

（二）承包商安全管理责任

承包商从事建设工程的新建、扩建、改建和拆除等活动，应当具备国家规定的注册资本、专业技术人员、技术装备和安全生产等条件，依法取得相应等级的资质证书，并在其资质等级许可的范围内承揽工程。

承包商主要负责人依法对本单位的安全生产工作全面负责。承包商应当建立、健全安全生产责任制度和安全生产教育培训制度，制定安全生产规章制度和操作规程，保证本单位安全生产条件所需资金的投入，对所承担的工程项目进行定期和专项安全检查，并做好检查记录。

承包商应确保员工开展各种作业之前，接受与工作有关的安全培训，确保其知道并掌握与作业有关的潜在安全风险和应急处置方案。作业之前，承包商应确保员工了解并执行操作规程等有关安全作业规程。

当同一工程项目或同一施工场所有多个承包商施工时，生产经营单位应与承包商签订专门的安全管理协议或者在承包合同中约定各自的安全生产管理职责，发包单位对各承包商的安全生产工作统一协调、管理。

二、承包商的准入管理

（一）承包商资质审查

生产经营单位应对各类承包商的准入进行审查，并办理临时或长期承包商准入许可相关手续。

承包商资质审查一般包括业务资质审查和安全资质审查两部分。生产经营单位承包商主管部门对承包商进行业务资质审查后，再由生产经营单位安全管理部门对其进行安全资质审查，审查合格后报主管领导审批。对于临时服务的承包商，经审批后发放临时承包商安全许可证，仅限当次服务使用。对于长期服务的承包商，经审批后可以发放长期承包商安全许可证，根据承包商服务具体情况规定有效期限。

（二）承包商的资质要求

对于国家有相关资质规定的承包商类别，承包商应取得国家规定相应的从业安全资质证书，建立安全管理机构，并配备不少于一定比例的专职安全管理人员。工程技术人员要达到其资质规定的数量要求。

（三）承包商资质审查应提供的资料

1. 业务资质审查

业务资质审查应提供的资料包括：

（1）承包商准入审查表；

（2）有效的企业资信证明，如有效的营业执照、法定代表人证明书、税务登记证、组织机构代码证、银行开户许可证、开立单位银行结算账户申请书等；

（3）企业资质证明，如施工资质证书、特种作业证书、安全生产许可证等；

（4）其他应提供的资料，如近期业绩和表现等有关资料。

2. 安全资质审查

安全资质审查应提供的资料包括：

（1）承包商安全资质审查表；

（2）安全资质证书，如安全生产许可证、职业安全健康管理体系认证证书等；

（3）主要负责人、项目负责人、安全生产管理人员经政府有关部门安全生产考核合格名单及证书；

（4）企业近两年的安全业绩，包括施工经历、重大安全事故情况档案、事故发生率及原始记录、安全隐患治理情况档案等；

（5）安全管理体系程序文件及有效评审报告。

三、现场安全管理要求

（一）设备和工具

承包商应建立针对作业过程所涉及设备和工具的管理程序。特种设备或现场安装的起重设备必须取得政府有关部门颁发的使用许可证后方可使用。涉及定期试验的工器具、绝缘用具、施工机具、安全防护用品，应具有检验、试验资质部门出具的合格的检验报告。应明确对设备和工具的定期检查、标识、修理和退出现场的要求。

（二）门禁管理

生产经营单位应针对承包商等外来人员实行门禁管理。对进出工作场所的人员进行身份确认和安全条件确认，并予以登记，防止无关人员进出作业现场。

（三）安全交底与危害告知

承包商作业人员进行施工作业前，生产经营单位应将与施工作业有关的安全技术要求向承包商作业人员作出详细说明，双方签字确认，未经安全技术交底，切勿进行作业。

针对作业要求，生产经营单位应对承包商作业方案和作业安全措施进行审查、细化和补充，告知承包商与作业相关的泄漏、火灾、爆炸、中毒、窒息、触电、坠落、物体打击和机械伤害等危害信息，保证作业人员的人身安全。

（四）施工方案制定

施工方案包括组织机构方案（各职能机构的构成、各自职责、相互关系等）、人员组成方案（项目负责人、各机构负责人、各专业负责人等）、技术方案（进度安排、关键技术预案、重大施工步骤预案等）、应急预案（安全总体要求、施工危险因素分析、安全措施、重大施工步骤应急预案）等。

（五）施工计划审查

施工计划审查的对象主要包括施工组织设计、施工方案、施工技术等内容。根据现场作业条件和施工工艺步骤制定预防措施，即应急预案、检查和评价计划、培训要求等。

（六）安全教育培训

在承包商队伍进入作业现场前，发包单位要对其进行消防安全、设备设施保护及社会治安方面的教育。在所有教育培训和考试完成后，办理准入手续，凭证件出入现场。证件上应有本人近期免冠照片和姓名、承包商名称、准入的现场区域等信息。

四、承包商作业过程控制

（一）现场危害确认

生产经营单位应与承包商就作业相关的泄漏、火灾、爆炸、中毒、窒息、触电、坠落、物体打击和机械伤害等危害进行确认，并明确作业许可的相关要求。

（二）作业过程监督

作业过程中，生产经营单位应派具备监督管理职能的人员对承包商作业现场进行监督检查，建立监督检查记录，及时协调作业过程中的事项，通报相关安全信息，督促作业过程中隐患的整改。

第十六节　企业安全文化建设

一、企业安全文化建设的基本内容

（一）企业安全文化建设的总体要求

企业在安全文化建设过程中，应充分考虑自身内部的和外部的文化特征，引导全体员工的安全态度和安全行为，实现在法律和政府监管要求基础上的安全自我约束，通过全员参与实现企业安全生产水平持续提高。

（二）企业安全文化建设的基本要素

1. 安全承诺

企业应建立包括安全价值观、安全愿景、安全使命和安全目标等在内的安全承诺。安全承诺应做到：切合企业特点和实际，反映共同安全志向；明确安全问题在组织内部具有最高优先权；声明所有与企业安全有关的重要活动都追求卓越；含义清晰明了，并被全体员工和相关方所知晓和理解。

领导者应做到：提供安全工作的领导力，坚持保守决策，以有形的方式表达对安全的关注；在安全生产上真正投入时间和资源；制定安全发展的战略规划，以推动安全承诺的实施；接受培训，在与企业相关的安全事务上具有必要的能力；授权组织的各级管理者和员工参与安全生产工作，积极质疑安全问题；安排对安全实践或实施过程的定期审查；与相关方进行沟通和合作。

各级管理者应做到：清晰界定全体员工的岗位安全责任；确保所有与安全相关的活动均采用了安全的工作方法；确保全体员工充分理解并胜任所承担的工作；鼓励和肯定在安全方面的良好态度，注重从差错中学习和获益；在追求卓越的安全绩效、质疑安全问题方面以身作则；接受培训，在推进和辅导员工改进安全绩效上具有必要的能力；保持与相关方的交流合作，促进组织部门之间的沟通与协作。

每个员工应做到：在本职工作上始终采取安全的方法；对任何与安全相关的工作保持质疑的态度；对任何安全异常和事件保持警觉并主动报告；接受培训，在岗位工作中具有改进安全绩效的能力；与管理者和其他员工进行必要的沟通。

企业应将自己的安全承诺传达到相关方，必要时应要求供应商、承包商等相关方提供相应的安全承诺。

2. 行为规范与程序

企业内部的行为规范是企业安全承诺的具体体现和安全文化建设的基础要求。企业应确保拥有能够达到和维持安全绩效的管理系统，建立清晰界定的组织结构和安全职责体系，有效控制全体员工的行为。行为规范的建立和执行应做到：体现企业的安全承诺；明确各级各岗位人员在安全生产工作中的职责与权限；细化有关安全生产的各项规章制度和操作程序；行为规范的执行者参与规范系统的建立，熟知自己在组织中的安全角色和责任；由正式文件予以发布；引导员工理解和接受建立行为规范的必要性，知晓由于不遵守规范所引发的潜在不利后果；通过各级管理者或被授权者观测员工行为，实施有效监控和缺陷纠正；广泛听取员工意见，建立持续改进机制。

程序是行为规范的重要组成部分。企业应建立必要的程序，以实现对与安全相关的所有活动进行有效控制的目的。程序的建立和执行应做到：识别并说明主要的风险，简单易懂，便于操作；程序的使用者（必要时包括承包商）参与程序的制定和改进过程，并应清楚理解不遵守程序可导致的潜在不利后果；由正式文件予以发布；通过强化培训，向员工阐明在程序中给出特殊要求的原因；对程序的有效执行保持警觉，即使在生产经营压力很大时，也不能容忍走捷径和违反程序；鼓励员工对程序的执行保持质疑的安全态度，必要时采取更加保守的行动并寻求帮助。

3. 安全行为激励

企业在审查和评估自身安全绩效时，除使用事故发生率等消极指标外，还应使用旨在对安全绩效给予直接认可的积极指标。员工应该受到鼓励，在任何时间和地点，挑战所遇到的潜在不安全实践，并识别所存在的安全缺陷。对员工所识别的安全缺陷，企业应给予及时处理和反馈。

企业应建立员工安全绩效评估系统，建立将安全绩效与工作业绩相结合的奖励制度。审慎对待员工的差错，避免过多关注错误本身，而应以吸取经验教训为目的。应仔细权衡惩罚措施，避免因处罚而导致员工隐瞒错误。企业宜在组织内部树立安全榜样或典范，发挥安全行为和安全态度的示范作用。

4. 安全信息传播与沟通

企业应建立安全信息传播系统，综合利用各种传播途径和方式，提高传播效果。企业应优化安全信息的传播内容，将组织内部有关安全的经验、实践和概念作为传播内容的组成部分。企业应就安全事项建立良好的沟通程序，确保企业与政府监管机构和相关方、各级管理者与员工、员工相互之间的沟通。沟通应满足：确认有关安全事项的信息已经发送，并被接受方所接收和理解；涉及安全事件的沟通信息应真实、开放；每个员工都应认识到沟通对安全的重要性，从他人处获取信息和向他人传递信息。

5. 自主学习与改进

企业应建立有效的安全学习模式，实现动态发展的安全学习过程，保证安全绩效的持续改进。企业应建立正式的岗位适任资格评估和培训系统，确保全体员工充分胜任所承担的工作。应制定人员聘任和选拔程序，保证员工具有岗位适任要求的初始条件；安排必要的培训及定期复训，评估培训效果；培训内容除有关安全知识和技能外，还应包括对严格遵守安全规范的理解，以及个人安全职责的重要意义和因理解偏差或缺乏严谨而产生失误的后果；除借助外部培训机构外，应选拔、训练和聘任内部培训教师，使其成为企业安全文化建设过程的知识和信息传播者。

企业应将与安全相关的任何事件，尤其是人员失误或组织错误事件，当作能够从中汲取经验教训的宝贵机会，从而改进行为规范和程序，获得新的知识和能力。应鼓励员工对安全问题予以关注，进行团队协作，利用既有知识和能力，辨识和分析可供改进的机会，对改进措施提出建议，并在可控条件下授权员工自主改进。经验教训、改进机会和改进过程的信息宜编写到企业内部培训课程或宣传教育活动的内容中，使员工广泛知晓。

6. 安全事务参与

全体员工都应认识到自己负有对自身和同事安全作出贡献的重要责任。员工对安全事务的参与是落实这种责任的最佳途径。企业组织应根据自身的特点和需要确定员工参与的形式。员工参与的方式可包括但不局限于以下类型：建立在信任和免责基础上的微小差错员工报告机制；成立员工安全改进小组，给予必要的授权、辅导和交流；定期召开有员工代表参加的安全会议，讨论安全绩效和改进行动；开展岗位风险预见性分析和不安全行为或不安全状态的自查自评活动。

所有承包商对企业的安全绩效改进均可作出贡献。企业应建立让承包商参与安全事务和改进过程的机制，将与承包商有关的政策纳入安全文化建设的范畴；应加强与承包商的沟通和交流，必要时给予培训，使承包商清楚企业的要求和标准；应让承包商参与工作准备、风险分析和经验反馈等活动；倾听承包商对企业生产经营过程中所存在的安全改进机会的意见。

7. 审核与评估

企业应对自身安全文化建设情况进行定期的全面审核，审核内容包括：领导者应定期组织各级管理者评审企业安全文化建设过程的有效性和安全绩效结果；领导者应根据审核结果确定并落实整改不符合、不安全实践和安全缺陷的优先次序，并识别新的改进机会；必要时，应鼓励相关方实施这些优先次序和改进机会，以确保其安全绩效与企业协调一致。在安全文化建设过程中及审核时，应采用有效的安全文化评估方法，关注安全绩效下滑的前兆，给予及时的控制和改进。

（三）推进与保障

1. 规划与计划

企业应充分认识安全文化建设的阶段性、复杂性和持续改进性，由企业领导人组织制定推动本企业安全文化建设的长期规划和阶段性计划。规划和计划应在实施过程中不断完善。

2. 保障条件

企业应充分提供安全文化建设的保障条件，明确安全文化建设的领导职能，建立领导机制；确定负责推动安全文化建设的组织机构与人员，落实其职能；保证必需的建设资金投入；配置适用的安全文化信息传播系统。

3. 推动骨干的选拔和培养

企业宜在管理者和普通员工中选拔和培养一批能够有效推动安全文化发展的骨干。这些骨干扮演员工、团队和各级管理者指导老师的角色，承担辅导和鼓励全体员工向良好的安全态度和行为转变的职责。

二、企业安全文化建设的操作步骤

（一）建立机构

领导机构可以定为安全文化建设委员会，必须由生产经营单位主要负责人亲自担任委员会主任，同时要确定一名生产经营单位高层领导人担任委员会的常务副主任。

其他高层领导可以任副主任，有关管理部门负责人任委员。其下还必须建立一个安全文化办公室，负责日常工作。

（二）制定规划

（1）对本单位的安全生产观念、状态进行初始评估。

（2）对本单位的安全文化理念进行定格设计。

（3）制定出科学的时间表及推进计划。

（三）培训骨干

培养骨干训练内容可包括理论、事例、经验和本企业应该如何实施的方法等。

（四）宣传教育

宣传、教育、激励、感化是传播安全文化，促进精神文明的重要手段。安全文化这种柔的东西往往能起到制度和纪律起不到的作用。

（五）努力实践

安全文化要在生产经营单位安全工作中真正发挥作用，必须让所倡导的安全文化理念深入到员工头脑里，落实到员工的行动上。在安全文化建设过程中，紧紧围绕“安全—健康—文明—环保”的理念，通过采取管理控制、精神激励、环境感召、心理调适、习惯培养等一系列方法，既推进安全文化建设的深入发展，又丰富安全文化的内涵。

三、企业安全文化建设评价

（一）评价指标

（1）基础特征：企业状态特征、企业文化特征、企业形象特征、企业员工特征、企业技术特征、监管环境、经营环境、文化环境。

（2）安全承诺：安全承诺内容、安全承诺表述、安全承诺传播、安全承诺认同。

（3）安全管理：安全权责、管理机构、制度执行、管理效果。

（4）安全环境：安全指引、安全防护、环境感受。

（5）安全培训与学习：重要性体现、充分性体现、有效性体现。

（6）安全信息传播：信息资源、信息系统、效能体现。

（7）安全行为激励：激励机制、激励方式、激励效果。

（8）安全事务参与：安全会议与活动、安全报告、安全建议、沟通交流。

（9）决策层行为：公开承诺、责任履行、自我完善。

（10）管理层行为：责任履行、指导下属、自我完善。

（11）员工层行为：安全态度、知识技能、行为习惯、团队合作。

（二）减分指标

减分指标包括死亡事故、重伤事故、违章记录。

（三）评价程序

（1）建立评价组织机构与评价实施机构。企业在开展安全文化评价工作时，首先应成立评价组织机构，并由其确定评价工作的实施机构。企业在实施评价时，由评价组织机构负责确定评价工作人员并成立评价工作组。必要时，企业可选聘有关咨询专家或咨询专家组。咨询专家（组）的工作任务和工作要求由评价组织机构明确。

（2）制订评价工作实施方案。《评价工作实施方案》中应包括所用评价方法、评价样本、访谈提纲、测评问卷、实施计划等内容，并应报送评价组织机构批准。

（3）下达评价通知书。在实施评价前，由评价组织机构向选定的样本单位下达评价通知书。评价通知书中应当明确评价的目的、用途、要求，应提供的资料及对所提供资料应负的责任，以及其他需要在评价通知书中明确的事项。

（4）调研、收集与核实基础资料。根据标准设计评价的调研问卷，根据《评价工作实施方案》收集整理评价基础数据和基础资料。资料收集可以采取访谈、问卷调查、召开座谈会、专家现场观测、查阅有关资料和档案等形式进行。评价人员要对评价基础数据和基础资料进行认真检查、整理，确保评价基础资料的系统性和完整性。评价工作人员应对接触的资料内容履行保密义务。

（5）数据统计分析。对调研结构和基础数据核实无误后，可借助统计软件进行数据统计，然后根据本标准建立的数学模型和实际选用的调研分析方法，对统计数据进行分析。

（6）撰写评价报告。统计分析完成后，评价工作组应该按照规范的格式撰写《企业安全文化建设评价报告》，报告评价结果。

（7）反馈企业征求意见。评价报告提出后，应反馈企业征求意见并作必要修改。

（8）提交评价报告。评价工作组修改完成评价报告后，经评价项目负责人签字，报送评价组织机构审核确认。

（9）进行评价工作总结。评价项目完成后，评价工作组要进行评价工作总结，将工作背景、实施过程、存在的问题和建议等形成书面报告，报送评价组织机构，同时建立好评价工作档案。

第十七节　安全生产标准化

一、安全生产标准化建设内容与要求

（一）安全生产标准化定义

企业安全生产标准化是指通过建立安全生产责任制，制定安全管理制度和操作规程，排查治理隐患和监控重大危险源，建立预防机制，规范生产行为，使各生产环节符合有关安全生产法律、法规和标准规范的要求，人、机、物、环处于良好的生产状态，并持续改进，不断加强企业安全生产规范化建设。

（二）安全生产标准化的内涵

安全生产标准化体现了“安全第一、预防为主、综合治理”的方针和“以人为本”的科学发展观、依法治国的基本方略，安全生产标准化包含目标职责、制度化管理、教育培训、现场管理、安全风险管控及隐患排查治理、应急管理、事故管理、持续改进 8 个方面。

企业安全生产标准化遵循“PDCA”动态管理理念，即实施“计划、执行、检查、调整”动态循环的模式，要求企业结合自身的特点，建立并保持安全生产标准化系统，实现以安全生产标准化为基础的企业安全生产管理体系有效运行；通过自我检查、自我纠正和自我完善，及时发现和解决安全生产问题，建立安全绩效持续改进的安全生产长效机制，不断提高安全生产水平。

（三）重点内容与要求

1. 目标职责

1）目标

主要内容：企业应根据自身安全生产实际，制定文件化的总体和年度安全生产与职业卫生目标，并纳入企业生产经营目标。明确目标的制定、分解、实施、考核等环节要求，并按照所属基层单位和部门在生产经营中的职能，将目标分解为指标，确保落实。企业应定期对安全生产与职业卫生目标、指标实施情况进行评估和考核，并结合实际及时进行调整。

2）机构设置

主要内容：企业应落实安全生产组织领导机构，成立安全生产委员会，并应按照有关规定设置安全生产和职业卫生管理机构，或者配备相应的专职或兼职安全生产和职业卫生管理人员，按照有关规定配备注册安全工程师，建立、健全从管理机构到基层班组的管理网络。

企业主要负责人全面负责安全生产和职业卫生工作，并履行相应责任和义务。分管负责人应对各自职责范围内的安全生产和职业卫生工作负责。各级管理人员应按照安全生产和职业卫生责任制的相关要求，履行其安全生产和职业卫生职责。

3）全员参与

主要内容：企业应建立、健全安全生产和职业卫生责任制，明确各级部门和从业人员的安全生产和职业卫生职责，并对职责的适宜性、履职情况进行定期评估和监督考核。

企业应为全员参与安全生产和职业卫生工作创造必要的条件，建立激励约束机制，鼓励从业人员积极建言献策，营造自下而上、自上而下全员重视安全生产和职业卫生的良好氛围，不断改进和提升安全生产与职业卫生管理水平。

4）安全生产投入

主要内容：企业应建立安全生产投入保障制度，按照有关规定提取和使用安全生产费用，并建立使用台账。企业应按照有关规定，为从业人员缴纳相关保险费用。企业宜投保安全生产责任保险。

5）安全文化建设

主要内容：企业应开展安全文化建设，确立本企业的安全生产和职业病危害防治理念及行为准则，并教育、引导全体从业人员贯彻执行。企业开展安全文化建设活动应符合《企业安全文化建设导则》（AQ/T 9004—2008）的规定。

6）安全生产信息化

主要内容：企业应根据自身实际情况，利用信息化手段加强安全生产管理工作，开展安全生产电子台账管理、重大危险源监控、职业病危害防治、应急管理、安全风险管控和隐患自查自报、安全生产预测预警等信息系统的建设。

2. 制度化管理

1）法规标准识别

主要内容：企业应建立安全生产和职业卫生法律法规、标准规范的管理制度，明确主管部门，确定获取的渠道、方式，及时识别和获取适用、有效的法律法规、标准规范，建立安全生产和职业卫生法律法规、标准规范清单和文本数据库。企业应将适用的安全生产和职业卫生法律法规、标准规范的相关要求及时转化为本单位的规章制度、操作规程，并及时传达给相关从业人员，确保相关要求落实到位。

2）规章制度

主要内容：企业应建立、健全安全生产和职业卫生规章制度，并征求工会及从业人员意见和建议，规范安全生产和职业卫生管理工作。企业应确保从业人员及时获取制度文本。

3）操作规程

主要内容：企业应按照有关规定，结合本企业生产工艺、作业任务特点及岗位作业安全风险与职业病防护要求，编制齐全适用的岗位安全生产和职业卫生操作规程，发放到相关岗位员工，并严格执行。企业应确保从业人员参与岗位安全生产和职业卫生操作规程的编制与修订工作。企业应在新技术、新材料、新工艺、新设备设施投入使用前，组织制修订相应的安全生产和职业卫生操作规程，确保其适宜性和有效性。

4）文档管理

主要内容：企业应建立文件和记录管理制度，明确安全生产和职业卫生规章制度、操作规程的编制、评审、发布、使用、修订、作废及文件和记录管理的职责、程序与要求。企业应建立、健全主要安全生产和职业卫生过程与结果的记录，应每年至少评估一次安全生产和职业卫生法律法规、标准规范、规章制度、操作规程的适宜性、有效性与执行情况。企业应根据评估结果、安全检查情况、自评结果、评审情况、事故情况等，及时修订安全生产和职业卫生规章制度、操作规程。

3. 教育培训

1）教育培训管理

主要内容：企业应建立、健全安全教育培训制度，按照有关规定进行培训，培训大纲、内容、时间应满足有关标准的规定。企业安全教育培训应包括安全生产和职业卫生的内容。企业应明确安全教育培训主管部门，定期识别安全教育培训需求，制定、实施安全教育培训计划，并保证必要的安全教育培训资源。企业应如实记录全体从业人员的安全教育和培训情况，建立安全教育培训档案和从业人员个人安全教育培训档案，并对培训效果进行评估和改进。

2）人员教育培训

（1）主要内容：企业的主要负责人和安全生产管理人员应具备与本企业所从事的生产

经营活动相适应的安全生产和职业卫生知识与能力。

（2）企业应对各级管理人员进行教育培训，确保其具备正确履行岗位安全生产和职业卫生职责的知识与能力。

（3）法律法规要求考核其安全生产和职业卫生知识与能力的人员，应按照有关规定经考核合格。

（4）企业应对从业人员进行安全生产和职业卫生教育培训，保证从业人员具备满足岗位要求的安全生产和职业卫生知识，熟悉有关的安全生产和职业卫生法律法规、规章制度、操作规程，掌握本岗位的安全操作技能和职业危害防护技能、安全风险辨识和管控方法，了解事故现场应急处置措施，并根据实际需要，定期进行复训考核。

4. 现场管理

1）设备设施管理

设备设施管理主要内容如下所述。

（1）企业总平面布置应符合《工业企业总平面设计规范》（GB 50187—2012）的规定，建筑设计防火和建筑灭火器配置应分别符合《建筑设计防火规范》（GB 50016—2014）和《建筑灭火器配置设计规范》（GB 50140—2005）的规定；建设项目的安全设施和职业病防护设施应与建设项目主体工程同时设计、同时施工、同时投入生产和使用。

（2）企业应按照有关规定进行建设项目安全生产、职业病危害评价，严格履行建设项目安全设施和职业病防护设施设计审查、施工、试运行、竣工验收等管理程序。企业应执行设备设施采购、到货验收制度，购置、使用设计符合要求、质量合格的设备设施。设备设施安装后企业应进行验收，并对相关过程及结果进行记录。

（3）企业应对设备设施进行规范化管理，建立设备设施管理台账。企业应有专人负责管理各种安全设施及检测与监测设备，定期检查维护并做好记录。企业应针对高温、高压和生产、使用、储存易燃易爆、有毒有害物质等高风险设备，以及海洋石油开采特种设备和矿山井下特种设备，建立运行、巡检、保养的专项安全管理制度，确保其始终处于安全可靠的运行状态。

（4）安全设施和职业病防护设施不应随意拆除、挪用或弃置不用；确因检维修拆除的，应采取临时安全措施，检维修完毕后立即复原。

（5）企业应建立设备设施检维修管理制度，制定综合检维修计划，加强日常检维修和定期检维修管理，落实“五定”原则，即定检维修方案、定检维修人员、定安全措施、定检维修质量、定检维修进度，并做好记录。

（6）检维修方案应包含作业安全风险分析、控制措施、应急处置措施及安全验收标准。检维修过程中应执行安全控制措施，隔离能量和危险物质，并进行监督检查，检维修后应进行安全确认。

（7）特种设备应按照有关规定，委托具有专业资质的检测、检验机构进行定期检测、检验。涉及人身安全、危险性较大的海洋石油开采特种设备和矿山井下特种设备，应取得矿用产品安全标志或相关安全使用证。

（8）企业应建立设备设施报废管理制度。设备设施的报废应办理审批手续，在报废设备设施拆除前应制定方案，并在现场设置明显的报废设备设施标志。报废、拆除涉及许可作业的，在作业前对相关作业人员进行培训和安全技术交底。报废、拆除应按方案和许可内容组织落实。

2）作业安全

（1）企业应事先分析和控制生产过程及工艺、物料、设备设施、器材、通道、作业环境等存在的安全风险。

（2）生产现场应实行定置管理，保持作业环境整洁。生产现场应配备相应的安全、职业病防护用品（具）及消防设施与器材，按照有关规定设置应急照明、安全通道，并确保安全通道畅通。

（3）企业应对临近高压输电线路作业、危险场所动火作业、有（受）限空间作业、临时用电作业、爆破作业、封道作业等危险性较大的作业活动，实施作业许可管理，严格履行作业许可审批手续。作业许可应包含安全风险分析、安全及职业病危害防护措施、应急处置等内容。作业许可实行闭环管理。

（4）企业应对作业人员的上岗资格、条件等进行作业前的安全检查，做到特种作业人员持证上岗，并安排专人进行现场安全管理，确保作业人员遵守岗位操作规程和落实安全及职业病危害防护措施。

（5）企业应采取可靠的安全技术措施，对设备能量和危险有害物质进行屏蔽或隔离。当两个以上作业队伍在同一作业区域内进行作业活动时，不同作业队伍相互之间应签订管理协议，明确各自的安全生产、职业卫生管理职责和采取的有效措施，并指定专人进行检查与协调。

（6）危险化学品生产、经营、储存和使用单位的特殊作业，应符合《化学品生产单位特殊作业安全规范》（GB 30871—2014）的规定。

（7）企业应依法合理进行生产作业组织和管理，加强对从业人员作业行为的安全管理，对设备设施、工艺技术及从业人员作业行为等进行安全风险辨识，采取相应的措施，控制作业行为安全风险。企业应监督、指导从业人员遵守安全生产和职业卫生规章制度、操作规程，杜绝违章指挥、违规作业和违反劳动纪律的"三违"行为。企业应为从业人员配备与岗位安全风险相适应的、符合《个体防护装备选用规范》（GB/T 11651—2008）规定的个体防护装备与用品，并监督、指导从业人员按照有关规定正确佩戴、使用、维护、保养和检查个体防护装备与用品。企业应建立班组安全活动管理制度，开展岗位达标活动，明确岗位达标的内容和要求。从业人员应熟练掌握本岗位安全职责、安全生产和职业卫生操作规程、安全风险及管控措施、防护用品使用、自救互救及应急处置措施。

（8）各班组应按照有关规定开展安全生产和职业卫生教育培训、安全操作技能训练、岗位作业危险预知、作业现场隐患排查、事故分析等工作，并做好记录。

（9）企业应建立承包商、供应商等安全管理制度，将承包商、供应商等相关方的安全生产和职业卫生纳入企业内部管理，对承包商、供应商等相关方的资格预审、选择，作业人员培训，作业过程检查、监督，提供的产品与服务，绩效评估，续用或退出等进行管理。企业应建立合格承包商、供应商等相关方的名录和档案，定期识别服务行为安全风险，并采取有效的控制措施。

（10）企业不应将项目委托给不具备相应资质或安全生产、职业病防护条件的承包商、供应商等相关方。企业应与承包商、供应商等签订合作协议，明确规定双方的安全生产及职业病防护的责任和义务。企业应通过供应链关系促进承包商、供应商等相关方达到安全生产标准化要求。

3）职业健康

（1）企业应为从业人员提供符合职业卫生要求的工作环境和条件，为接触职业病危害的从业人员提供个人使用的职业病防护用品，建立、健全职业卫生档案和健康监护档案。

（2）产生职业病危害的工作场所应设置相应的职业病防护设施，并符合《工业企业设计卫生标准》（GBZ 1—2010）的规定。

（3）企业应确保使用有毒有害物品的工作场所与生活区、辅助生产区分开，工作场所不应住人；将有害作业与无害作业分开，高毒工作场所与其他工作场所隔离。

（4）对可能导致发生急性职业病危害的有毒有害工作场所，应设置检测报警装置，制订应急预案，配置现场急救用品、设备，设置应急撤离通道和必要的泄险区，并定期检查监测。

（5）企业应组织从业人员进行上岗前、在岗期间、特殊情况应急后和离岗时的职业健康检查，将检查结果书面如实告知从业人员并存档。对检查结果异常的从业人员，应及时就医，并定期复查。企业不应安排未经职业健康检查的从业人员从事接触职业病危害的作业，不应安排有职业禁忌的从业人员从事禁忌作业。从业人员的职业健康监护应符合《职业健康监护技术规范》（GBZ 188—2014）的规定。

（6）各种防护用品、各种防护器具应定点存放在安全、便于取用的地方，建立台账，并有专人负责保管，定期校验、维护和更换。

（7）涉及放射工作场所和放射性同位素运输、贮存的企业，应配置防护设备和报警装置，为接触放射线的从业人员佩戴个人剂量计。

（8）企业与从业人员订立劳动合同时，应将工作过程中可能产生的职业病危害及其后果和防护措施如实告知从业人员，并在劳动合同中写明。

（9）企业应按照有关规定，在醒目位置设置公告栏，公布有关职业病防治的规章制度、操作规程、职业病危害事故应急救援措施和工作场所职业病危害因素检测结果。对存在或产生职业病危害的工作场所、作业岗位、设备设施，应在醒目位置设置警示标识和中文警示说明；使用有毒物品作业场所，应设置黄色区域警示线、警示标识和中文警示说明；高毒作业场所应设置红色区域警示线、警示标识和中文警示说明，并设置通信报警设备。高毒物品作业岗位职业病危害告知应符合《高毒物品作业岗位职业病危害告知规范》（GBZ/T 203—2007）的规定。

（10）企业应按照有关规定，及时、如实向所在地安全监管部门申报职业病危害项目，并及时更新信息。

（11）企业应改善工作场所职业卫生条件，控制职业病危害因素浓（强）度不超过标准等规定的限值。

（12）企业应对工作场所职业病危害因素进行日常监测，并保存监测记录。存在职业病危害的，应委托具有相应资质的职业卫生技术服务机构进行定期检测，每年至少进行一次全面的职业病危害因素检测；职业病危害严重的，应委托具有相应资质的职业卫生技术服务机构，每三年至少进行一次职业病危害现状评价。检测、评价结果存入职业卫生档案，并向安全监管部门报告，向从业人员公布。

（13）定期检测结果中职业病危害因素浓度或强度超过职业接触限值的，企业应根据职业卫生技术服务机构提出的整改建议，结合本单位的实际情况，制定切实有效的整改方案，立即进行整改。整改落实情况应有明确的记录并存入职业卫生档案备查。

4）警示标志

（1）企业应按照有关规定和工作场所的安全风险特点，在有重大危险源、较大危险因素和严重职业病危害因素的工作场所，设置明显的、符合有关规定要求的安全警示标志和职业病危害警示标识。安全警示标志和职业病危害警示标识应标明安全风险内容、危险程度、安全距离、防控办法、应急措施等内容；在有重大隐患的工作场所和设备设施上设置安全警示标志，标明治理责任、期限及应急措施；在有安全风险的工作岗位设置安全告知卡，告知从业人员本企业、本岗位主要危险、有害因素、后果、事故预防及应急措施、报告电话等内容。

（2）企业应定期对警示标志进行检查维护，确保其完好有效。

（3）企业应在设备设施施工、吊装、检维修等作业现场设置警戒区域和警示标志，在检维修现场的坑、井、渠、沟、陡坡等场所设置围栏和警示标志，进行危险提示、警示，告知危险的种类、后果及应急措施等。

5. 安全风险管控及隐患排查治理

1）安全风险管理

（1）企业应建立安全风险辨识管理制度，组织全员对本单位安全风险进行全面、系统的辨识。

（2）安全风险辨识范围应覆盖本单位的所有活动及区域，并考虑正常、异常和紧急三种状态及过去、现在和将来三种时态。安全风险辨识应采用适宜的方法和程序，且与现场实际相符。

（3）企业应对安全风险辨识资料进行统计、分析、整理和归档。

（4）企业应建立安全风险评估管理制度，明确安全风险评估的目的、范围、频次、准则和工作程序等。

（5）企业应选择合适的安全风险评估方法，定期对所辨识出的存在安全风险的作业活动、设备设施、物料等进行评估。在进行安全风险评估时，至少应从影响人、财产和环境三个方面的可能性和严重程度进行分析。

（6）矿山、金属冶炼和危险物品生产、储存企业，每三年应委托具备规定资质条件的专业技术服务机构对本企业的安全生产状况进行安全评价。

（7）企业应选择工程技术措施、管理控制措施、个体防护措施等，对安全风险进行控制。

（8）企业应根据安全风险评估结果及生产经营状况等，确定相应的安全风险等级，对其进行分级分类管理，实施安全风险差异化动态管理，制定并落实相应的安全风险控制措施。

（9）企业应将安全风险评估结果及所采取的控制措施告知相关从业人员，使其熟悉工作岗位和作业环境中存在的安全风险，掌握、落实应采取的控制措施。

（10）企业应制定变更管理制度。变更前应对变更过程及变更后可能产生的安全风险进行分析，制定控制措施，履行审批及验收程序，并告知和培训相关从业人员。

2）重大危险源辨识与管理

（1）企业应建立重大危险源管理制度，全面辨识重大危险源，对确认的重大危险源制定安全管理技术措施和应急预案。

（2）涉及危险化学品的企业应按照《危险化学品重大危险源辨识》（GB 18218—2018）的规定，进行重大危险源辨识和管理。

（3）企业应对重大危险源进行登记建档，设置重大危险源监控系统，进行日常监控，并按照有关规定向所在地安全监管部门备案。重大危险源安全监控系统应符合《危险化学品重大危险源安全监控通用技术规范》（AQ 3035—2010）的技术规定。

（4）含有重大危险源的企业应将监控中心（室）视频监控数据、安全监控系统状态数据和监测数据与有关安全监管部门监管系统联网。

3）隐患排查和治理

（1）企业应建立隐患排查治理制度，逐级建立并落实从主要负责人到每位从业人员的隐患排查治理和防控责任制。并按照有关规定组织开展隐患排查治理工作，及时发现并消除隐患，实行隐患闭环管理。

（2）企业应根据有关法律法规、标准规范等，组织制定各部门、岗位、场所、设备设施的隐患排查治理标准或排查清单，明确隐患排查的时限、范围、内容、频次和要求，并组织开展相应的培训。隐患排查的范围应包括所有与生产经营相关的场所、人员、设备设施和活动，包括承包商、供应商等相关方服务范围。

（3）企业应按照有关规定，结合安全生产的需要和特点，采用综合检查、专业检查、季节性检查、节假日检查、日常检查等不同方式进行隐患排查。对排查出的隐患，按照隐患的等级进行记录，建立隐患信息档案，并按照职责分工实施监控治理。组织有关专业技术人员对本企业可能存在的重大隐患作出认定，并按照有关规定进行管理。

（4）企业应将相关方排查出的隐患统一纳入本企业隐患管理。

（5）企业应根据隐患排查的结果，制定隐患治理方案，对隐患及时进行治理。

（6）企业应按照责任分工立即或限期组织整改一般隐患。主要负责人应组织制定并实施重大隐患治理方案。治理方案应包括目标和任务、方法和措施、经费和物资、机构和人员、时限和要求、应急预案。

（7）企业在隐患治理过程中，应采取相应的监控防范措施。隐患排除前或排除过程中无法保证安全的，应从危险区域内撤出作业人员，疏散可能危及的人员，设置警戒标志，暂时停产停业或停止使用相关设备设施。

（8）隐患治理完成后，企业应按照有关规定对治理情况进行评估、验收。重大隐患治理完成后，企业应组织本企业的安全管理人员和有关技术人员进行验收或委托依法设立的为安全生产提供技术、管理服务的机构进行评估。

（9）企业应如实记录隐患排查治理情况，至少每月进行统计分析，及时将隐患排查治理情况向从业人员通报。

（10）企业应运用隐患自查、自改、自报信息系统，通过信息系统对隐患排查、报告、治理、销账等过程进行电子化管理和统计分析，并按照当地安全监管部门和有关部门的要求，定期或实时报送隐患排查治理情况。

4）预测预警

企业应根据生产经营状况、安全风险管理及隐患排查治理、事故等情况，运用定量或定性的安全生产预测预警技术，建立体现企业安全生产状况及发展趋势的安全生产预测预警体系。

6. 应急管理

1）应急准备

（1）企业应按照有关规定建立应急管理组织机构或指定专人负责应急管理工作，建立与本企业安全生产特点相适应的专（兼）职应急救援队伍。按照有关规定可以不单独建立应急救援队伍的，应指定兼职救援人员，并与邻近专业应急救援队伍签订应急救援服务协议。

（2）企业应在开展安全风险评估和应急资源调查的基础上，建立生产安全事故应急预案体系，制定符合《生产经营单位生产安全事故应急预案编制导则》（GB/T 29639—2013）规定的生产安全事故应急预案，针对安全风险较大的重点场所（设施）制定现场处置方案，并编制重点岗位、人员应急处置卡。

（3）企业应按照有关规定将应急预案报当地主管部门备案，并通报应急救援队伍、周边企业等有关应急协作单位。

（4）企业应定期评估应急预案，及时根据评估结果或实际情况的变化进行修订和完善，并按照有关规定将修订的应急预案及时报当地主管部门备案。

（5）企业应根据可能发生的事故种类特点，按照有关规定设置应急设施，配备应急装备，储备应急物资，建立管理台账，安排专人管理，并定期检查、维护、保养，确保其完好、可靠。

（6）企业应按照《生产安全事故应急演练指南》（AQ/T 9007—2011）的规定定期组织公司（厂、矿）、车间（工段、区、队）、班组开展生产安全事故应急演练，做到一线从业人员参与应急演练全覆盖，并按照《生产安全事故应急演练评估规范》（AQ/T 9009—2015）的规定对演练进行总结和评估，根据评估结论和演练发现的问题，修订、完善应急预案，改进应急准备工作。

（7）矿山、金属冶炼等企业，生产、经营、运输、储存、使用危险物品或处置废弃危险物品的生产经营单位，应建立生产安全事故应急救援信息系统，并与所在地县级以上地方人民政府负有安全生产监督管理职责部门的安全生产应急管理信息系统互联互通。

2）应急处置

（1）发生事故后，企业应根据预案要求，立即启动应急响应程序，按照有关规定报告事故情况，并开展先期处置。

（2）发出警报，在不危及人身安全时，现场人员采取阻断或隔离事故源、危险源等措施；在严重危及人身安全时，迅速停止现场作业，现场人员采取必要的或可能的应急措施后撤离危险区域。

（3）立即按照有关规定和程序报告本企业有关负责人，有关负责人应立即将事故发生的时间、地点、当前状态等简要信息向所在地县级以上地方人民政府负有安全生产监督管理职责的有关部门报告，并按照有关规定及时补报、续报有关情况；情况紧急时，事故现场有关人员可以直接向有关部门报告；对可能引发次生事故灾害的，应及时报告相关主管部门。

（4）研判事故危害及发展趋势，将可能危及周边生命、财产、环境安全的危险性和防护措施等告知相关单位与人员；遇有重大紧急情况时，应立即封闭事故现场，通知本单位的从业人员和周边人员疏散，采取转移重要物资、避免或减轻环境危害等措施。

（5）请求周边应急救援队伍参加事故救援，维护事故现场秩序，保护事故现场证据。准备事故救援技术资料，做好向所在地人民政府及负有安全生产监督管理职责的部门移交救援工作指挥权的各项准备。

3）应急评估

企业应对应急准备、应急处置工作进行评估。矿山、金属冶炼等企业，生产、经营、运输、储存、使用危险物品或处置废弃危险物品的企业，应每年进行一次应急准备评估。完成险情或事故应急处置后，企业应主动配合有关组织开展应急处置评估。

7. 事故管理

1）报告

企业应建立事故报告程序，明确事故内外部报告的责任人、时限、内容等，并教育、指导从业人员严格按照有关规定的程序报告发生的生产安全事故。企业应妥善保护事故现场及相关证据。事故报告后出现新情况的，应当及时补报。

2）调查和处理

（1）企业应建立内部事故调查和处理制度，按照有关规定、行业标准和国际通行做法，将造成人员伤亡（轻伤、重伤、死亡等人身伤害和急性中毒）和财产损失的事故纳入事故调查与处理范畴。

（2）企业发生事故后，应及时成立事故调查组，明确其职责与权限，进行事故调查。事故调查应查明事故发生的时间、经过、原因、波及范围、人员伤亡情况及直接经济损失等。事故调查组应根据有关证据、资料，分析事故的直接原因、间接原因和事故责任，提出应吸取的教训、整改措施和处理建议，编制事故调查报告。

（3）企业应开展事故案例警示教育活动，认真吸取事故教训，落实防范和整改措施，防止类似事故再次发生。企业应根据事故等级，积极配合有关人民政府开展事故调查。

3）管理

企业应建立事故档案和管理台账，将承包商、供应商等相关方在企业内部发生的事故纳入本企业事故管理。

8. 持续改进

1）绩效评定

（1）企业每年至少应对安全生产标准化管理体系的运行情况进行一次自评，验证各项安全生产制度措施的适宜性、充分性和有效性，检查安全生产和职业卫生管理目标、指标的完成情况。

（2）企业主要负责人应全面负责组织自评工作，并将自评结果向本企业所有部门、单位和从业人员通报。自评结果应形成正式文件，并作为年度安全绩效考评的重要依据。企业应落实安全生产报告制度，定期向业绩考核等有关部门报告安全生产情况，并向社会公示。

（3）企业发生生产安全责任死亡事故，应重新进行安全绩效评定，全面查找安全生产标准化管理体系中存在的缺陷。

2）持续改进

企业应根据安全生产标准化管理体系的自评结果和安全生产预测预警系统所反映的趋势，以及绩效评定情况，客观分析企业安全生产标准化管理体系的运行质量，及时调整完善相关制度文件和过程管控，持续改进，不断提高安全生产绩效。

二、安全生产标准化评审管理

企业安全生产标准化达标等级分为一级、二级、三级，其中一级为最高。企业安全生产标准化建设以企业自主创建为主，程序包括自评、申请、评审、公告、颁发证书和牌匾。

企业在完成自评后，实行自愿申请评审。安全生产标准化一级企业由国家有关部门公告，证书、牌匾由其确定的评审组织单位发放；二级企业的公告、证书、牌匾的发放，由省级安全监管部门确定；三级企业的公告、证书、牌匾的发放，由地市级安全监管部门确定，经省级安全监管部门同意，也可以授权县级安全监管部门确定。

（一）自评

企业应自主开展安全生产标准化建设工作，成立由主要负责人任组长的自评工作组，对照相应评定标准开展自评，每年一次，形成自评报告并网上提交。每年自评报告应在企业内部进行公示。

（二）评审程序

1. 申请

采取企业自愿申请的原则，申请取得安全生产标准化等级证书的企业，在上报自评报告的同时，提出评审申请。申请安全生产标准化评审的企业应同时具备两个条件：一是设立有安全生产行政许可的，已依法取得国家规定的相应安全生产行政许可；二是申请评审之日的前一年内，无生产安全死亡事故。

申请安全生产标准化一级企业还应符合以下条件：

（1）在本行业内处于领先位置，原则上控制在本行业企业总数的1%以内；

（2）建立并有效运行安全生产隐患排查治理体系，实施自查自改自报，达到一类水平；

（3）建立并有效运行安全生产预测预控体系；

（4）建立并有效运行国际通行的生产安全事故和职业健康事故调查统计分析方法；

（5）相关行业规定的其他要求；

（6）省级安全监管部门推荐意见。

2. 评审

评审组织单位收到企业评审申请后，应在10个工作日内完成申请材料审查工作。经审查符合条件的，通知相应的评审单位进行评审；不符合申请要求的，书面通知申请企业，并说明理由。评审单位收到评审通知后，应按照有关评定标准的要求进行评审。评审完成后，将符合要求的评审报告，报评审组织单位审核。

评审结果未达到企业申请等级的，申请企业可在进一步整改完善后重新申请评审，或者根据评审实际达到的等级重新提出申请。评审工作应在收到评审通知之日起3个月内完成（不含企业整改时间）。

3. 公告

评审组织单位接到评审单位提交的评审报告后应当及时进行审查，并形成书面报告，报相应的安全监管部门；对不符合要求的评审报告，评审组织单位应退回评审单位并说明理由。相应安全监管部门同意后，对符合要求的企业予以公告，同时抄送同级工业和信息化主管部门、人力资源社会保障部门、国资委、工商行政管理部门、质量技术监督部门、银监局；对不符合要求的企业，书面通知评审组织单位，并说明理由。

4. 发放证书和牌匾

经公告的企业，由相应的评审组织单位颁发相应等级的安全生产标准化证书和牌匾，有效期为三年。证书和牌匾由应急管理部统一监制，统一编号。

5. 撤销

取得安全生产标准化证书的企业，在证书有效期内发生下列行为之一的，由原公告单位公告撤销其安全生产标准化企业等级：

（1）在评审过程中弄虚作假、申请材料不真实的；

（2）迟报、漏报、谎报、瞒报生产安全事故的；

（3）企业发生生产安全死亡事故的。

被撤销安全生产标准化等级的企业，自撤销之日起满 1 年后，方可重新申请评审。被撤销安全生产标准化等级的企业，应向原发证单位交回证书、牌匾。

6. 期满复评

取得安全生产标准化证书的企业，3 年有效期届满后，可自愿申请复评，换发证书、牌匾。

满足以下条件，期满后可直接换发安全生产标准化证书、牌匾。

（1）按照规定每年提交自评报告并在企业内部公示。

（2）建立并运行安全生产隐患排查治理体系。一级企业应达到一类水平，二级企业应达到二类及以上水平，三级企业应达到三类及以上水平，实施自查自改自报。

（3）未发生生产安全死亡事故。

（4）安全监管部门在周期性安全生产标准化检查工作中，未发现企业安全管理存在突出问题或者重大隐患。

（5）未改建、扩建或者迁移生产经营、储存场所，未扩大生产经营许可范围。

一、二级企业申请期满复评时，如果安全生产标准化评定标准已经修订，应重新申请评审。安全生产标准化达标企业提升达到高等级标准化企业要求的，可以自愿向相应等级评审组织单位提出申请评审。

三、企业开展安全生产标准化建设流程及注意事项

企业安全生产标准化建设流程包括策划准备及制定目标、教育培训、现状梳理、管理文件制修订、实施运行及整改、企业自评、评审申请、外部评审 8 个阶段。

1. 策划准备及制定目标

策划准备阶段首先要成立领导小组，由企业主要负责人担任领导小组组长，所有相关的职能部门的主要负责人作为成员，确保安全生产标准化建设组织保障；成立执行小组，由各部门负责人、工作人员共同组成，负责安全生产标准化建设过程中的具体问题。

制定安全生产标准化建设目标，并根据目标来制定推进方案，分解落实达标建设责任，

确保各部门在安全生产标准化建设过程中任务分工明确，顺利完成各阶段工作目标。

2. 教育培训

安全生产标准化建设需要全员参与。教育培训首先要解决企业领导层对安全生产标准化建设工作重要性的认识，加强其对安全生产标准化工作的理解，从而使企业领导层重视该项工作，加大推动力度，监督检查执行进度；其次要解决执行部门、人员操作的问题，培训评定标准的具体条款要求是什么，本部门、本岗位、相关人员应该做哪些工作，如何将安全生产标准化建设和企业日常安全管理工作相结合。

同时，要加大安全生产标准化工作的宣传力度，充分利用企业内部资源广泛宣传安全生产标准化的相关文件和知识，加强全员参与度，解决安全生产标准化建设的思想认识和关键问题。

3. 现状梳理

对照相应专业评定标准（或评分细则），对企业各职能部门及下属各单位安全管理情况、现场设备设施状况进行现状摸底，摸清各单位存在的问题和缺陷；对发现的问题，定责任部门、定措施、定时间、定资金，及时进行整改并验证整改效果。现状摸底的结果作为企业安全生产标准化建设各阶段进度任务的针对性依据。

企业要根据自身经营规模、行业地位、工艺特点及现状摸底结果等因素及时调整达标目标，注重建设过程真实有效可靠，不可盲目一味追求达标等级。

4. 管理文件制修订

安全生产标准化对安全管理制度、操作规程等的要求，核心在其内容的符合性和有效性，而不是对其名称和格式的要求。企业要对照评定标准，对主要安全管理文件进行梳理，结合现状摸底所发现的问题，准确判断管理文件亟待加强和改进的薄弱环节，提出有关文件的制修订计划；以各部门为主，自行对相关文件进行制修订，由标准化执行小组对管理文件进行把关。

5. 实施运行及整改

根据制修订后的安全管理文件，企业要在日常工作中进行实际运行。根据运行情况，对照评定标准的条款，按照有关程序，将发现的问题及时进行整改及完善。

6. 企业自评

企业在安全生产标准化系统运行一段时间后，依据评定标准，由标准化执行小组组织相关人员，开展自主评定工作。

企业对自主评定中发现的问题进行整改，整改完毕后，着手准备安全生产标准化评审申请材料。

7. 评审申请

企业要通过《冶金等工贸企业安全生产标准化达标信息管理系统》完成评审申请工作。企业在自评材料中，应当将每项考评内容的得分及扣分原因进行详细描述，要通过申请材料反映企业工艺及安全管理情况；根据自评结果确定拟申请的等级，按相关规定到属地或上级安全监管部门办理外部评审推荐手续后，正式向相应的评审组织单位（承担评审组织职能的有关部门）递交评审申请。

8. 外部评审

接受外部评审单位的正式评审，在外部评审过程中，积极主动配合，由参与安全生产标准化建设执行部门的有关人员参加外部评审工作。企业应对评审报告中列举的全部问题，形成整改计划，及时进行整改，并配合评审单位上报有关评审材料。外部评审时，可邀请属地安全监管部门派员参加，便于安全监管部门监督评审工作，掌握评审情况，督促企业整改评审过程中发现的问题和隐患。

第三章　安全评价

第一节　安全评价的分类、原则及依据

安全评价按照实施阶段不同分为3类：安全预评价、安全验收评价、安全现状评价。

（一）安全预评价

安全预评价是在建设项目可行性研究阶段、工业园区规划阶段或生产经营活动组织实施之前，根据相关的基础资料，辨识与分析建设项目、工业园区、生产经营活动潜在的危险、有害因素，确定其与安全生产法律法规、标准、行政规章、规范的符合性，预测发生事故的可能性及其严重程度，提出科学、合理、可行的安全对策措施建议，做出安全评价结论的活动。

（二）安全验收评价

安全验收评价是在建设项目竣工后正式生产运行前或工业园区建设完成后，通过检查建设项目安全设施与主体工程同时设计、同时施工、同时投入生产和使用的情况或工业园区内的安全设施、设备、装置投入生产和使用的情况，检查安全生产管理措施到位情况，检查安全生产规章制度健全情况，检查事故应急救援预案建立情况，审查确定建设项目、工业园区建设满足安全生产法律法规、标准规范要求的符合性，从整体上确定建设项目、工业园区的运行状况和安全管理情况，作出安全验收评价结论的活动。

（三）安全现状评价

安全现状评价是针对生产经营活动、工业园区的事故风险、安全管理等情况，辨识与分析其潜在的危险、有害因素，审查确定其与安全生产法律法规、规章、标准、规范要求的符合性，预测发生事故或造成职业危害的可能性及其严重程度，提出科学、合理、可靠的安全对策措施建议，作出安全现状评价结论的活动。

第二节　安全评价的程序和内容

一、安全评价的程序

安全评价的程序主要包括前期准备，辨识与分析危险、有害因素，划分评价单元，定性、定量评价，提出安全对策措施建议，作出安全评价结论，编制安全评价报告。

（一）前期准备

明确被评价对象，备齐有关安全评价所需的设备、工具，收集国内外相关法律法规、技术标准及工程、系统的技术资料。

（二）辨识与分析危险、有害因素

根据被评价对象的具体情况，辨识与分析危险、有害因素，确定危险、有害因素存在的部位、存在的方式和事故发生的途径及其变化的规律。

（三）划分评价单元

在辨识与分析危险、有害因素的基础上，划分评价单元。评价单元的划分应科学、合理，便于实施评价，相对独立且具有明显的特征界限。

（四）定性、定量评价

根据评价单元的特征，选择合理的评价方法，对评价对象发生事故的可能性及其严重程度进行定性、定量评价。

（五）提出安全对策措施建议

依据危险、有害因素辨识结果与定性、定量评价结果，遵循针对性、技术可行性、经济合理性的原则，提出消除或减弱危险、有害因素的技术和管理措施建议。

（六）作出安全评价结论

根据客观、公正、真实的原则，严谨、明确地作出评价结论。

（七）编制安全评价报告

依据安全评价的结果编制相应的安全评价报告。安全评价报告是安全评价过程的具体体现和概况性总结，是评价对象完善自身安全管理、应用安全技术等方面的重要参考资料；是由第三方出具的技术性咨询文件，可为政府安全生产监管部门和行业主管部门等相关单位对评价对象的安全行为进行法律法规、标准、行政规章、规范的符合性判别所用；是评价对象实现安全运行的技术性指导文件。

二、安全评价的内容

（一）安全预评价的内容

（1）前期准备工作应包括：明确评价对象和评价范围；组建评价组；收集国内外相关法律法规、标准、规章、规范；收集并分析评价对象的基础资料、相关事故案例；对类比工程进行实地调查等内容。

（2）辨识和分析评价对象可能存在的各种危险、有害因素；分析危险、有害因素发生作用的途径及其变化规律。

（3）评价单元划分应考虑安全预评价的特点，以自然条件、基本工艺条件、危险、有害因素分布及状况、便于实施评价为原则进行。

（4）根据评价的目的、要求和评价对象的特点、工艺、功能或活动分布，选择科学、合理、适用的定性、定量评价方法对危险、有害因素导致事故发生的可能性及其严重程度进行评价。

对于不同的评价单元，可根据评价的需要和单元特征选择不同的评价方法。

（5）为保障评价对象建成或实施后能安全运行，应从评价对象的总图布置、功能分布、工艺流程、设施、设备、装置等方面提出安全技术对策措施；从评价对象的组织机构设置、人员管理、物料管理、应急救援管理等方面提出安全管理对策措施；从保证评价对象安全运行的需要提出其他安全对策措施。

（6）评价结论。应概括评价结果，给出评价对象在评价时的条件下与国家有关法律法规、标准、规章、规范的符合性结论，给出危险、有害因素引发各类事故的可能性及其严重程度的预测性结论，明确评价对象建成或实施后能否安全运行的结论。

（二）安全验收评价的内容

（1）前期准备工作包括：明确评价对象及其评价范围；组建评价组；收集国内外相关法律法规、标准、规章、规范，安全预评价报告，初步设计文件，施工图，工程监理报告，工业园区规划设计文件，各项安全设施、设备、装置检测报告、交工报告、现场勘察记录、检测记录；查验特种设备使用、特种作业、从业等许可证明；通过实地调查收集典型事故案例、事故应急预案及演练报告、安全管理制度台账、各级各类从业人员安全培训落实情况等基础资料。

（2）参考安全预评价报告，根据周边环境、平立面布局、生产工艺流程、辅助生产设施、公用工程、作业环境、场所特点或功能分布，分析并列出危险、有害因素及其存在的部位、重大危险源的分布、监控情况。

（3）划分评价单元应符合科学、合理的原则。评价单元可按以下内容划分：法律、法规等方面的符合性；设施、设备、装置及工艺方面的安全性；物料、产品安全性能；公用工程、辅助设施配套性；周边环境适应性和应急救援有效性；人员管理和安全培训方面充分性等。评价单元的划分应能够保证安全验收评价的顺利实施。

（4）依据建设项目或工业园区建设的实际情况选择适用的评价方法。同时，要进行符合性评价和事故发生的可能性及其严重程度的预测。

（5）安全对策措施建议。根据评价结果，依照国家有关安全生产的法律法规、标准、规章、规范的要求，提出安全对策措施建议。安全对策措施建议应具有针对性、可操作性和经济合理性。

（6）安全验收评价结论。应包括：符合性评价的综合结果；评价对象运行后存在的危险、有害因素及其危险危害程度；明确给出评价对象是否具备安全验收的条件。对达不到安全验收要求的评价对象，明确提出整改措施建议。

（三）安全现状评价的内容

（1）全面收集评价所需的信息资料，采用合适的安全评价方法进行危险、有害因素识别与分析，给出安全评价所需的数据资料。

（2）对于可能造成重大事故后果的危险、有害因素，特别是事故隐患，采用合适的安全评价方法，进行定性、定量安全评价，确定危险、有害因素导致事故的可能性及其严重程度。

（3）对辨识出的危险源，按照危险性进行排序，按照可接受风险标准，确定可接受风险和不可接受风险；对于辨识出的事故隐患，根据其事故的危险性，确定整改的优先顺序。

（4）对于不可接受风险和事故隐患，提出整改措施。为了安全生产，提出安全管理对策措施。

第三节 危险、有害因素辨识

一、危险、有害因素的分类

（一）按导致事故的直接原因进行分类

根据《生产过程危险和有害因素分类与代码》（GB/T 13861—2009）的规定，将生产过程中的危险和有害因素分为以下 4 大类。

1. 人的因素

（1）心理、生理性危险和有害因素。

（2）行为性危险和有害因素。

2. 物的因素

（1）物理性危险和有害因素。

（2）化学性危险和有害因素。

（3）生物性危险和有害因素。

3. 环境因素

（1）室内作业场所环境不良。

（2）室外作业场地环境不良。

（3）地下作业环境不良。

（4）其他作业环境不良。

4. 管理因素

（1）职业安全卫生组织机构不健全。

（2）职业安全卫生责任制不落实。

（3）职业安全卫生管理规章制度不完善。

（4）职业安全卫生投入不足。

（5）职业健康管理不完善。

（6）其他管理因素缺陷。

（二）参照事故类别进行分类

参照《企业职工伤亡事故分类》（GB 6441—1986），综合考虑起因物、引起事故的诱导性原因、致害物、伤害方式等，将危险、有害因素分为以下 20 类。

（1）物体打击：指物体在重力或其他外力的作用下产生运动，打击人体，造成人身伤亡事故，不包括因机械设备、车辆、起重机械、坍塌等引发的物体打击。

（2）车辆伤害：指企业机动车辆在行驶中引起的人体坠落和物体倒塌、下落、挤压伤亡事故，不包括起重设备提升、牵引车辆和车辆停驶时发生的事故。

（3）机械伤害：指机械设备运动（静止）部件、工具、加工件直接与人体接触引起的夹击、碰撞、剪切、卷入、绞、碾、割、刺等伤害，不包括车辆、起重机械引起的机械伤害。

（4）起重伤害：指在进行各种起重作业（包括吊运、安装、检修、试验）中发生的挤压、坠落（吊具、吊重）、物体打击等。

（5）触电：指电击和电伤，包括雷击伤亡事故。

（6）淹溺：包括高处坠落淹溺，不包括矿山、井下透水淹溺。

（7）灼烫：指火焰烧伤、高温物体烫伤、化学灼伤（酸、碱、盐、有机物引起的体内外灼伤）、物理灼伤（光、放射性物质引起的体内外灼伤），不包括电灼伤和火灾引起的烧伤。

（8）火灾。

（9）高处坠落：指在高处作业中发生坠落造成的伤亡事故，不包括触电坠落事故。

（10）坍塌：指物体在外力或重力作用下，超过自身的强度极限或因结构稳定性破坏而造成的事故，如挖沟时的土石塌方、脚手架坍塌、堆置物倒塌等，不适用于矿山冒顶片帮和车辆、起重机械、爆破引起的坍塌。

（11）冒顶片帮。

（12）透水。

（13）放炮：指爆破作业中发生的伤亡事故。

（14）火药爆炸指火药、炸药及其制品在生产、加工、运输、储存中发生的爆炸事故。

（15）瓦斯爆炸。

（16）锅炉爆炸。

（17）容器爆炸。

（18）其他爆炸。

（19）中毒和窒息。

（20）其他伤害。

二、危险、有害因素辨识方法

（一）直观经验分析方法

此方法用于有可供参考的先例、以往经验可以借鉴的系统，不能用于没有可供参考先例的新开发系统。

（1）对照、经验法：指对照标准、法规、检查表或依靠人员的观察分析能力，借助经验和判断能力的方法。

（2）类比方法：指利用相同或相似工程系统或作业条件的经验和劳动安全卫生的统计资料来类推、分析评价的方法。

（二）系统安全分析方法

系统安全分析是用系统安全工程评价方法的部分方法进行危险、有害因素辨识。系统安全分析方法常用于复杂、没有事故经验的新开发系统。常用的系统安全分析法有事件树、事故树分析法等。

三、危险、有害因素识别的主要内容

在进行危险、有害因素的识别时，宜从厂址、总平面布置、道路运输、建（构）筑物、生产工艺、物流、主要设备装置、作业环境、安全管理措施等几方面进行。

（一）厂址

从厂址的工程地质、地形地貌、水文、气象条件、周围环境、交通运输条件及自然灾害、消防支持等方面进行分析、识别。

（二）总平面布置

从功能分区、防火间距和安全间距、风向、建筑物朝向、危险和有害物质设施、动力设施（氧气站、乙炔气站、压缩空气站、锅炉房、液化石油气站等）、道路、储运设施等方面进行分析、识别。

（三）道路运输

从运输、装卸、消防、疏散、人流、物流、平面交叉运输和竖向交叉运输等方面进行分析、识别。

（四）建（构）筑物

从厂房的生产火灾危险性分类、耐火等级、结构、层数、占地面积、防火间距、安全疏散等方面进行分析、识别。

从库房储存物品的火灾危险性分类、耐火等级、结构、层数、占地面积、防火间距、安全疏散等方面进行分析、识别。

（五）生产工艺

（1）对新建、改建、扩建项目设计阶段进行危险、有害因素的识别：

① 对设计阶段是否通过合理的设计进行考查，尽可能从根本上消除危险、有害因素；

② 当消除危险、有害因素有困难时，对是否采取了预防性技术措施进行考查；

③ 在无法消除危险或危险难以预防的情况下，对是否采取了减少危险、危害的措施进行考查；

④ 在无法消除、预防、减弱的情况下，对是否将人员与危险、有害因素隔离等进行考查；

⑤ 当操作者失误或设备运行一旦达到危险状态时，对是否能通过连锁装置来终止危险、危害的发生进行考查；

⑥ 在易发生故障和危险性较大的地方，对是否设置了醒目的安全色、安全标志和声、光警示装置等进行考查。

（2）对照行业和专业制定的安全标准、规程进行危险、有害因素的分析、识别。针对行业和专业的特点，可利用各行业和专业制定的安全标准、规程进行分析、识别。

（3）根据典型的单元过程（单元操作）进行危险、有害因素的识别。典型的单元过程是各行业中具有典型特点的基本过程或基本单元，这些单元过程的危险、有害因素已经归纳总结在许多手册、规范、规程和规定中，通过查阅均能得到。

（六）主要设备装置

（1）对于工艺设备，可从高温、低温、高压、腐蚀、振动、关键部位的备用设备、控制、操作、检修和故障、失误时的紧急异常情况等方面进行识别。

（2）对机械设备，可从运动零部件和工件、操作条件、检修作业、误运转和误操作等方面进行识别。

（3）对电气设备，可从触电、断电、火灾、爆炸、误运转和误操作、静电、雷电等方面进行识别。

（七）作业环境

注意识别存在各种职业病危害因素的作业部位。

（八）安全管理措施

可以从安全生产管理组织机构、安全生产管理制度、事故应急救援预案、特种作业人员培训、日常安全管理等方面进行识别。

第四节　安全评价方法

一、安全评价方法的分类

1. 定性安全评价法

如安全检查表法、专家现场询问观察法、因素图分析法、事故引发和发展分析、作业条件危险性评价法、故障类型和影响分析、危险和可操作性研究等。

2. 定量安全评价法

（1）概率风险评价法。事故树分析、逻辑树分析、概率理论分析、马尔可夫模型分析等。

（2）伤害（或破坏）范围评价法。如液体泄漏模型、气体泄漏模型、气体绝热扩散模型等。

（3）危险指数评价法。如道化学公司火灾爆炸危险指数评价法、蒙德火灾爆炸毒性指数评价法等。

二、常用的安全评价方法

（一）安全检查表法（safety checklist analysis，SCA）

为了查找工程、系统中各种设备设施、物料、工件、操作、管理和组织措施中的危险、有害因素，事先把检查对象加以分解，将大系统分割成若干小的子系统，以提问或打分的形式，将检查项目列表逐项检查，避免遗漏，这种表称为安全检查表，用安全检查表进行安全检查的方法称为安全检查表法。

安全检查项目依据相关的标准、规范，以及工程、系统中已知的危险类别、设计缺陷、一般工艺设备、操作、管理有关的潜在危险性和有害性进行设置。安全检查表法是系统安全工程的一种最基础、最简便、广泛应用的系统危险性评价方法。

（二）危险指数方法（risk rank，RR）

1. 道化学公司火灾爆炸危险指数法

道化学公司的火灾爆炸危险指数法是根据以往的事故统计资料、物质的潜在能量和现行的安全措施情况，利用系统工艺过程中的物质、设备、设备操作条件等数据，通过逐步推算的公式，对系统工艺装置及所含物料的实际潜在火灾、爆炸危险、反应性危险进行评价的方法。

该方法在各种评价类型中都可以使用，尤其在安全预评价中使用得最多。

2. 蒙德火灾爆炸毒性指数评价法

蒙德法是对道化学公司的方法进行了改进和补充，其中最重要的两个方面是：

（1）引进了毒性的概念，将道化学公司火灾爆炸指数扩展到包括物质毒性在内的火灾、爆炸、毒性指数的初期评价。

（2）发展了新的补偿系数，进行装置现实危险性水平再评价。

（三）预先危险分析方法（preliminary hazard analysis，PHA）

预先危险分析是一项实现系统安全危害分析的初步或初始工作，在设计、施工和生产前，首先对系统中存在的危险性类别、出现条件、导致事故的后果进行分析，其目的是识别系统中的潜在危险，确定危险等级，防止危险发展成事故。

1. 分析步骤

（1）通过经验判断、技术诊断或其他方法调查确定危险源（危险因素存在于哪个子系统中），对所需分析系统的生产目的、物料、装置及设备、工艺过程、操作条件及周围环境等，进行充分详细的了解。

（2）根据过去的经验教训及同类行业生产中发生的事故情况，对系统的影响、损坏程度，类比判断所要分析的系统中可能出现的情况，查找能够造成系统故障、物质损失和人员伤害的危险性，分析事故的可能类型。

（3）对确定的危险源分类，制成预先危险分析表。

（4）转化条件，即研究危险因素转变为危险状态的触发条件和危险状态转变为事故的必要条件，并进一步寻求对策措施，检验对策措施的有效性。

（5）进行危险性分级，排列出重点和轻重缓急次序，以便处理。

（6）制定事故的预防性对策措施。

2. 划分等级

为了评判危险、有害因素的危害等级及它们对系统破坏性的影响大小，预先危险分析方法给出了各类危险性的划分标准。该法将危险性划分为以下4个等级。

（1）安全的，不会造成人员伤亡及系统损坏。

（2）临界的，处于事故的边缘状态，暂时还不至于造成人员伤亡、系统破坏或降低系统性能，但应予以排除或采取控制措施。

（3）危险的，会造成人员伤亡和系统损坏，要立即采取防范措施。

（4）灾难性的，造成人员重大伤亡及系统严重破坏的灾难性事故，必须予以果断排除并进行重点防范。

3. 列出结果

预先危险分析的结果一般采用表格的形式列出，表格的格式和内容可根据实际情况确定。

（四）故障假设分析（what…if，WI）

故障假设分析是一种对系统工艺过程或操作过程的创造性分析方法。通常对工艺过程进行审查，一般要求评价人员用“what…if”作为开头对有关问题进行考虑，从进料开始沿着流程直到工艺过程结束。任何与工艺有关的问题，即使它与之不太相关，也可以提出加以讨论。故障假设分析结果将找出暗含在分析组所提出的问题和争论中的可能事故情况。这些问题和争论常常指出了故障发生的原因。通常要将所有的问题记录下来，然后进行分类。所提出的问题要考虑到任何与装置有关的不正常的生产条件，而不仅仅是设备故障或工艺参数变化。

（五）危险和可操作性研究（hazard and operability study，HAZOP）

1. 方法概述

危险和可操作性研究方法的基本过程是以关键词为引导，找出过程中工艺状态的变化（偏差），然后分析找出偏差的原因、后果及可采取的对策。其侧重点是工艺部分或操作步骤各种具体值。

危险和可操作性研究分析由一个小组完成。它所基于的原理是，背景各异的专家们若在一起工作，就能够在创造性、系统性和风格上互相影响和启发，能够发现和鉴别更多的问题，这样做要比他们独立工作并分别提供结果更为有效。

运用危险和可操作性研究方法，可以查出系统中存在的危险、有害因素，并能以危险、有害因素可能导致的事故后果确定设备、装置中的主要危险、有害因素。

2. 主要特征

危险和可操作性研究方法的主要特征包括以下几个方面。

（1）是一个创造性过程，通过应用一系列引导词来系统地辨识各种潜在的偏差，对确认的偏差，激励危险和可操作性研究小组成员思考该偏差发生的原因及可能产生的后果。

（2）是在一位训练有素、富有经验的分析组长引导下进行的，组长需通过逻辑分析思维确保对系统进行全面的分析。分析组长宜配有一名记录员，记录识别出来的各种危险和（或）操作扰动，以备进一步评估和决策。

（3）小组由多专业的专家组成，具备合适的技能和经验，有较好的直觉和判断能力。

（4）在积极思考和坦率讨论的氛围中进行，当识别出一个问题时，应做好记录以便后续的评估和决策。

3. 分析基本步骤

危险和可操作性研究方法的目的主要是调动生产操作人员、安全技术人员、安全管理人员和相关设计人员的想象性思维，使其能够找出设备、装置中的危险、有害因素，为制订安全对策措施提供依据。危险和可操作性研究分析包括 4 个基本步骤，如图 3－1 所示。

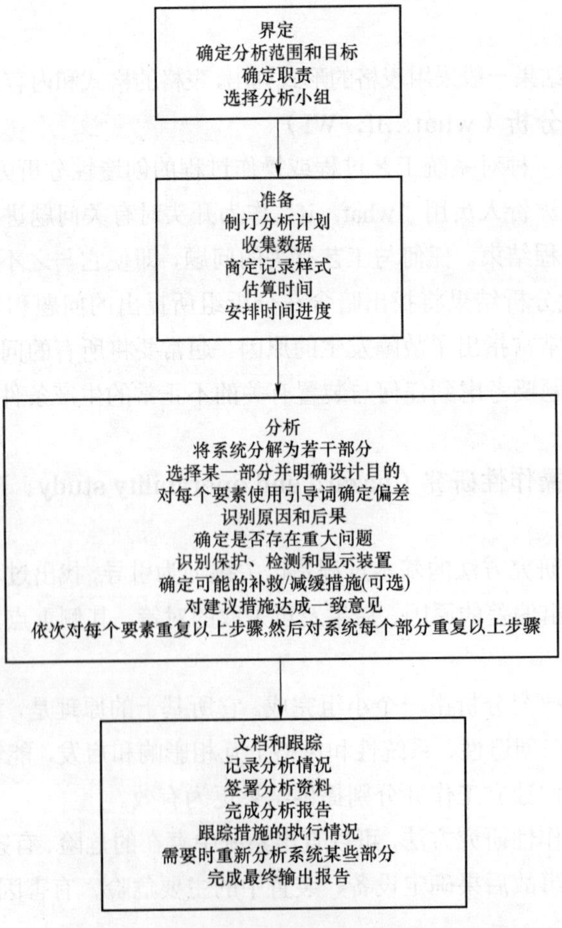

图 3－1　危险和可操作性研究分析基本步骤

（六）故障类型和影响分析方法（failure mode and effects analysis，FMEA）

故障类型和影响分析方法是系统安全工程的一种方法。根据系统可以划分为子系统、设备和元件的特点，按实际需要将系统进行分割，然后分析各自可能发生的故障类型及其产生的影响，以便采取相应的对策，提高系统的安全可靠性。

故障类型和影响分析的目的是辨识单一设备和系统的故障模式及每种故障模式对系统或装置的影响。故障类型和影响分析的步骤为：明确系统本身的情况，确定分析程度和水平，绘制系统图和可靠性框图，列出所有的故障类型并选出对系统有影响的故障类型，整理出造成故障的原因。在故障类型和影响分析中不直接确定人的影响因素，但像人失误、误操作等影响通常作为一个设备故障模式表示出来。

（七）故障树分析方法（fault tree analysis，FTA）

1. 方法概述

故障树分析方法采用逻辑方法，将事故因果关系形象地描述为一株有方向的“树”：把系统可能发生或已发生的事故（称为顶上事件）作为分析起点，将导致事故原因的事件按因果逻辑关系逐层列出，用树形图表示出来，构成一种逻辑模型，然后定性或定量地分析事件发生的各种可能途径及发生的概率，找出避免事故发生的各种方案并优选出最佳安全对策。

故障树模型是原因事件（故障）的组合（称为故障模式或失效模式），这种组合导致顶上事件。而这些故障模式称为割集，最小割集是原因事件的最小组合。若要使顶上事件发生，则要求最小割集中的所有事件必须全部发生。

2. 分析步骤

（1）熟悉分析系统。首先要详细了解要分析的对象，包括工艺流程、设备构造、操作条件、环境状况、控制系统和安全装置等，同时还可以广泛收集同类系统发生的事故。

（2）确定分析对象系统和分析的对象事件（顶上事件）。通过实验分析、事故分析及故障类型和影响分析确定顶上事件，明确对象系统的边界、分析深度、初始条件、前提条件和不考虑条件。

（3）确定分析边界。在分析之前要明确分析的范围和边界，系统内包含哪些内容。特别是化工等生产过程都具有连续化、大型化的特点，各工序、设备之间相互连接，如果不划定界限，得到的事故树将会非常庞大，不利于研究。

（4）确定系统事故发生概率、事故损失的安全目标值。

（5）调查原因事件。顶上事件确定之后，就要分析与之有关的原因事件，也就是找出系统的所有潜在危险因素的薄弱环节，包括设备元件等硬件故障、软件故障、人为差错及环境因素。凡是与事故有关的原因都找出来，作为故障树的原因事件。

（6）确定不予考虑的事件。与事故有关的原因各种各样，但是有些原因根本不可能发生或发生的概率很小，如飓风、地震等，编制故障树时一般都不予考虑，但要先加以说明。

（7）确定分析的深度。在分析原因事件时，要分析到哪一层为止，需要事先确定。分析得太浅可能发生遗漏；分析得太深，则事故树会过于庞大烦琐。所以，具体深度应视分析对象而定。

（8）编制故障树。从顶上事件起，一级一级往下找出所有原因事件直到最基本的事件为止，按其逻辑关系画出故障树。每一个顶上事件对应一株故障树。

（9）定量分析。按事故结构进行简化，求出最小割集和最小径集，求出概率重要度和临界重要度。

（10）得出结论。当事故发生概率超过预定目标值时，从最小割集着手研究降低事故发生概率的所有可能方案，利用最小径集找出消除事故的最佳方案；通过重要度分析确定采取对策措施的重点和先后顺序，从而得出分析、评价的结论。

（八）事件树分析方法（event tree analysis，ETA）

事件树分析方法是一种从原因到结果的自上而下的分析方法。从一个初始事件开始，交替考虑成功与失败的两种可能性，然后再以这两种可能性作为新的初始事件，如此继续分析下去，直到找到最后的结果。因此事件树分析是一种归纳逻辑树图，能够看到事故发生的动态发展过程，提供事故后果。

事件树分析从事故的初始事件开始，途经原因事件到结果事件为止，每一个事件都按成功和失败两种状态进行分析。成功或失败的分叉称为歧点，用树的上分支作为成功事件，下分支作为失败事件，按照事件发展顺序不断延续分析直至最后结果，最终形成一个在水平方向横向展开的树形图。

（九）作业条件危险性评价方法（job risk analysis，JRA）

作业条件危险性评价方法研究了人们在具有潜在危险环境中作业的危险性，提出了以所评价的环境与某些作为参考环境的对比为基础，将作业条件的危险性作为因变量（D），事故或危险事件发生的可能性（L）、暴露于危险环境的频率（E）及危险严重程度（C）作为自变量，确定了它们之间的函数式。根据实际经验，他们给出了三个自变量的各种不同情况的分数值，采取对所评价的对象根据情况进行打分的办法，然后根据公式计算出其危险性分数值，再在按经验将危险性分数值划分的危险程度等级表或图上，查出其危险程度。

（十）专家评议法和专家质疑法

（1）专家评议法。根据一定的规则，组织相关专家进行积极的创造性思维，对具体问题共同探讨、集思广益的一种专家评价方法。

（2）专家质疑法。该法需要进行两次会议，第一次会议是专家对具体的问题进行直接谈论，第二次会议是专家对第一次会议提出的设想进行质疑。

除前面介绍的安全评价方法外，还有定量风险评价法（quantity risk analysis，QRA）。

第四章 职业病危害预防和管理

第一节 职业病危害概述

一、职业病危害基本概念

（一）职业病危害因素分类

1. 按来源分类

各种职业病危害因素按其来源可分为以下 3 类。

1）生产过程中的危害因素

（1）化学因素，包括生产性粉尘和化学有毒物质。生产性粉尘，例如矽尘、煤尘、石棉尘、电焊烟尘等。化学有毒物质，例如铅、汞、苯、一氧化碳、硫化氢、甲醛、甲醇等。

（2）物理因素，例如异常气象条件（高温、高湿、低温）、异常气压、噪声、振动、辐射等。

（3）生物因素，例如附着于皮毛上的炭疽杆菌、甘蔗渣上的真菌，医务工作者可能接触到的生物传染性病原物等。

2）劳动过程中的危害因素

（1）劳动组织和制度不合理，劳动作息制度不合理等。

（2）精神性职业紧张。

（3）劳动强度过大或生产定额不当。

（4）个别器官或系统过度紧张，如视力紧张等。

（5）长时间不良体位或使用不合理的工具等。

3）生产环境中的危害因素

（1）自然环境中的因素，例如炎热季节的太阳辐射。

（2）作业场所建筑卫生学设计缺陷因素，例如照明不良、换气不足等。

2. 按有关规定分类

2015 年修订的《职业病危害因素分类目录》将职业病危害因素分为 6 大类：① 粉尘（52 种）；② 化学因素（375 种）；③ 物理因素（15 种）；④ 放射性因素（8 种）；⑤ 生物因素（6 种）；⑥ 其他因素（3 种）。

（二）职业病的分类

《职业病分类和目录》（国卫疾控发〔2013〕48 号）规定的职业病种类为 10 大类 132 种，具体包括：

① 职业性尘肺病及其他呼吸系统疾病（19 种），其中尘肺（13 种）、其他呼吸系统疾病（6 种）；

② 职业性皮肤病（9 种）；

③ 职业性眼病（3 种）；

④ 职业性耳鼻喉口腔疾病（4 种）；

⑤ 职业性化学中毒（60 种）；

⑥ 物理因素所致职业病（7 种）；

⑦ 职业性放射性疾病（11 种）；

⑧ 职业性传染病（5 种）；

⑨ 职业性肿瘤（11 种）；

⑩ 其他职业病（3 种）。

二、职业病危害预防与控制的工作方针与原则

职业病危害预防与控制的工作方针“预防为主、防治结合”。

“三级预防”的原则如下。

第一级预防，又称病因预防。是从根本上杜绝职业危害因素对人的作用，即改进生产工艺和生产设备，合理利用防护设施及个人防护用品，以减少工人接触的机会和程度。

第二级预防，又称发病预防。是早期检测和发现人体受到职业危害因素所致的疾病。环境监测、健康检查、危害评价、现场达标。

第三级预防，是指病人患职业病以后，合理进行康复处理。对病人进行治疗、康复和定期检查。

第一级预防是理想的方法，针对整体的或选择的人群，对人群健康和福利状态均能起根本的作用，一般所需投入比第二级预防和第三级预防少，且效果好。

第二节　职业病危害识别、评价与控制

一、职业病危害因素识别

（一）粉尘与尘肺

1. 生产性粉尘的来源

（1）固体物质的机械加工、粉碎，其所形成的尘粒，小者可视为超显微镜下可见的微

细粒子，大者肉眼即可看到。

（2）物质加热时产生的蒸汽可在空气中凝结成小颗粒，或者被氧化成颗粒状物质，其所形成的微粒直径多小于 1 μm。

（3）有机物质的不完全燃烧，其所形成的颗粒直径多在 0.5 μm 以下。

2. 生产性粉尘的分类

生产性粉尘根据其性质可分为 3 类。

（1）无机性粉尘，又可分为以下 3 类：

① 矿物性粉尘，如煤尘、硅石、石棉、滑石等；

② 金属性粉尘，如铁、锡、铝、铅等；

③ 人工无机性粉尘，如水泥、金刚砂、玻璃纤维等。

（2）有机性粉尘，又可分为以下 3 类：

① 植物性粉尘，如棉、麻、面粉、木材、烟草、茶等；

② 动物性粉尘，如兽毛、角质、骨质、毛发等；

③ 人工有机粉尘，如有机燃料、炸药、人造纤维等。

（3）混合性粉尘。

3. 生产性粉尘引起的职业病

生产性粉尘的种类繁多，理化性状不同，对人体所造成的危害也是多种多样的。就其病理性质可概括为以下几种：

（1）全身中毒性，如铅、砷化物等粉尘；

（2）局部刺激性，如生石灰、漂白粉、水泥、烟草等粉尘；

（3）变态反应性，如大麻、黄麻、面粉、羽毛、锌烟等粉尘；

（4）光感应性，如沥青粉尘；

（5）感染性，如破烂布屑、兽毛、谷粒等粉尘有时附有病原菌；

（6）致癌性，如铬、镣、砷、石棉及某些光感应性和放射性物质的粉尘；

（7）尘肺，如煤尘、矽尘、矽酸盐尘。

《职业病分类和目录》中尘肺的致病粉尘及易发工种如表 4－1 所示。

表 4－1 《职业病分类和目录》中尘肺的致病粉尘及易发工种

尘肺	致病粉尘	易发工种
矽肺	矽尘（一般指含游离二氧化硅10%以上的粉尘）	矽肺分布最广、发病人数最多，危害最严重。采矿、建材（耐火、玻璃、陶瓷）、铸造、石粉加工工业中的各种接尘工种均可发生。其中最典型的是由石英粉尘引起的矽肺，其发病率高，发病工龄短，进展快，病死率高，是危害最严重的尘肺
煤工尘肺	煤尘、煤岩混合尘	发病人数居第二位，主要发生在煤矿的采煤工、选煤工、煤炭运输工、岩巷掘进工、混合工（主要是采煤和岩石掘进的混合）中
石墨尘肺	石墨尘	石墨开采与石墨制品（地锅、电极电刷）各工种
炭黑尘肺	炭黑尘	生产和使用（橡胶、油漆、电池）炭黑各工种

续表

尘肺	致病粉尘	易发工种
石棉肺	石棉尘	主要是石棉厂、石棉制品厂的各工种，以及石棉矿的采矿工和选矿厂的选矿工
滑石尘肺	滑石尘	滑石开采选矿、粉碎各工种及使用滑石粉的工种
水泥尘肺	水泥尘	水泥厂及水泥制品厂中的接尘工种
云母尘肺	云母尘	开采云母和云母制品的各工种
陶工尘肺	陶瓷原料、坯料（混合料）及钵料粉尘	陶瓷厂中的原料工、成型工、干燥工、烧成工、出窑工等
铝尘肺	金属铝尘、氧化铝尘	氧化铝和电解铝生产，以及铝合金制品加工等工种
电焊工尘肺	电焊烟尘	各类工业中的电焊工，其中以造船厂、锅炉厂中在密闭场所作业的电焊工最易发
铸工尘肺	铸造尘（型砂尘）	主要有型砂工、选型工、清砂工、喷砂工
其他尘肺	其他粉尘	—

（二）物理性职业病危害因素及所致职业病

1. 噪声

1）生产性噪声的特性、种类及来源

生产性噪声可归纳为以下 3 类：

（1）空气动力噪声，由于气体压力变化引起气体扰动，气体与其他物体相互作用所致，例如各种风机、空气压缩机、风动工具、喷气发动机、汽轮机等因压力脉冲和气体排放发出的噪声。

（2）机械性噪声，指机械撞击、摩擦或质量不平衡旋转等机械力作用下引起固体部件振动所产生的噪声，例如各种车床、电锯、电刨、球磨机、砂轮机、织布机等发出的噪声。

（3）电磁噪声，由于磁场脉冲、磁致伸缩引起电气部件振动所致，例如电磁式振动台和振荡器、大型电动机、发电机和变压器等产生的噪声。

2）生产性噪声引起的职业病

生产性噪声引起的职业病通常为噪声聋。

2. 振动

生产过程中的生产设备、工具产生的振动称为生产性振动。生产中手臂所受到的局部振动，国家已将其导致的手臂振动病列为职业病。

3. 电磁辐射

1）非电离辐射

（1）高频作业、微波作业等辐射。射频辐射对人体的影响不会导致组织器官的器质性损伤，主要引起功能性改变，并具有可逆性特征，症状往往在停止接触数周或数月后可恢复。微波对机体的影响分致热效应和非致热效应两类。微波作业可选择性加热含水分组织而造成机体热伤害，非致热效应主要表现在神经、内分泌和心血管系统。

（2）红外线辐射。白内障是长期接触红外辐射而引起的常见职业病。职业性白内障已列入我国职业病名单。

（3）紫外线辐射。强烈的紫外线辐射可引起皮炎，皮肤接触沥青后再经紫外线照射，会发生严重的光感性皮炎，并伴有头痛、恶心、体温升高等症状。长期受紫外线照射，可发生湿疹、毛囊炎、皮肤萎缩、色素沉着，甚至可导致皮肤癌的发生。在作业场所比较多见的是紫外线对眼睛的损伤，即由电弧光照射所引起的职业病——电光性眼炎。此外，在雪地作业、航空航海作业时，受到大量太阳光中紫外线的照射，也可引起类似电光性眼炎的角膜、结膜损伤，称为太阳光眼炎或雪盲症。

（4）激光辐射。激光对健康的影响主要由其热效应和光化学效应造成，可引起机体内某些酶、氨基酸、蛋白质、核酸等的活性降低甚至失活。眼部受激光照射后，可突然出现眩光感、视力模糊等。激光意外伤害，除个别人会发生永久性视力丧失外，多数经治疗均有不同程度的恢复。激光对皮肤也可造成损伤。

2）电离辐射

电离辐射包括各种天然放射性核素和人工放射性核素、X 射线机等。

放射性疾病是人体受各种电离辐射照射而发生的各种类型和不同程度损伤（或疾病）的总称。它包括：① 全身性放射性疾病，如急、慢性放射病；② 局部放射性疾病，如急、慢性放射性皮炎，放射性白内障；③ 放射所致远期损伤，如放射所致白血病。

列为国家法定职业病的，包括急性外照射放射病、慢性外照射放射病、外照射皮肤放射损伤和内照射放射病四种。

4. 异常气象条件

异常气象条件引起的职业病如下所述。

（1）中暑。按病情轻重可分为先兆中暑、轻症中暑、重症中暑。中暑在临床上可分为 3 种类型，即热射病、热痉挛和热衰竭。重症中暑可出现昏倒或痉挛，皮肤干燥无汗，体温在 40 ℃以上等症状。

（2）减压病。急性减压病主要发生在潜水作业后，减压病的症状主要表现为：皮肤奇痒、灼热感、紫绀、大理石样斑纹，肌肉、关节和骨骼酸痛或针刺样剧烈疼痛，头痛、眩晕、失明、听力减退等。

（3）高原病。高原病是发生于高原低氧环境下的一种疾病。急性高原病分为急性高原反应、高原肺水肿、高原脑水肿等。

（三）职业性致癌因素

我国已将石棉、联苯胺、苯、氯甲基甲醚、砷、氯乙烯、焦炉烟气、铬酸盐等所致的肿瘤，列入职业病名单。职业性肿瘤的接触行业及接触工种见表 4-2。

表 4-2 职业性肿瘤的接触行业及接触工种

职业性肿瘤名称	接触行业及接触工种
石棉所致肺癌、间皮瘤	石棉纺织、石棉橡胶制品、石棉水泥制品，石棉的开采选矿运输，石棉制品应用等，接触青石棉更为严重

续表

职业性肿瘤名称	接触行业及接触工种
联苯胺所致膀胱癌	染料化工业中制造联苯胺及联苯胺生产染料的工人，此外在有机化学合成橡胶、塑料、印刷行业亦常见
苯所致白血病	橡胶、树脂、漆、脂的溶剂或稀释剂，以及药物、染料、洗涤剂、化肥、农药、苯酚、苯乙烯合成的原料
氯甲醚、双氯甲醚所致肺癌	用于甲基化和离子交换树脂的原料，甲醇、甲醛、氯化氢合成双氯甲醚、氯甲基甲醚、蚊香、造纸
砷及砷化物所致肺癌与皮肤癌	含砷矿开采、冶炼，制药、农药、铜和铝合金，应用三氧化二砷、五氧化三砷、砷酸盐、三氯化砷、雌黄、种子消毒、杀虫、木材防腐、颜料
氯乙烯所致肝血管肉瘤	生产和使用 VC 或 PVC
焦炉逸散物所致肺癌	炼焦、煤气及煤制品，炼焦干馏、熄焦
六价铬化合物所致肺癌	铬酸盐制造厂、镀铬、铬颜料生产、毛染色
毛沸石所致肺癌、胸膜间皮瘤	毛沸石的开采、选矿等
煤焦油、煤焦油沥青、石油沥青所致皮肤癌	煤焦油、煤焦油沥青、石油沥青的生产和使用
β－萘胺所致膀胱癌	涂料及颜料制造等

（四）生物因素

生物因素所致职业病是指劳动者在生产条件下，接触生物性职业性有害因素而出现的职业病。目前，我国将炭疽病、森林脑炎、布鲁氏菌病、艾滋病和莱姆病列为法定职业病。

1. 炭疽病

炭疽病是由炭疽菌引起的人畜共患的急性传染病。职业性高危人群主要是牧场工人、屠宰工、剪毛工、搬运工、皮革厂工人、毛纺工、缝皮工及兽医等。

2. 森林脑炎

森林脑炎是由病毒引起的自然疫源性疾病，是林区特有的疾病，传播媒介是硬蜱。主要见于从事森林工作有关的人员，例如森林调查队员、林业工人、筑路工人等。

3. 布鲁氏菌病

布鲁氏菌病是由布鲁氏杆菌病引起的人畜共患性传染病，传染源为羊、牛、猪病畜，因此病畜是皮毛加工等类型企业中职业性感染此病的主要途径。

4. 艾滋病

将艾滋病纳入法定职业病时，仅限于医疗卫生人员及人民警察。

5. 莱姆病

莱姆病是由伯氏疏螺旋体所致的自然疫源性疾病，又称莱姆疏螺旋体病，由扁虱（蜱）叮咬传播。本病职业性接触主要见于从事森林工作有关的人员，例如森林调查队员、林业工人等。

二、职业病危害评价

根据评价的目的和性质不同，可分为经常性（日常）职业病危害因素检测与评价和建设项目的职业病危害评价。建设项目的职业病危害评价又可分为新建、改建、扩建和技术改造与技术引进项目的职业病危害预评价、控制效果评价与生产运行中的职业病危害现状评价。

（一）评价的主要方法

1. 检查表法

该评价方法常用于评价拟建项目在选址、总平面布置、生产工艺与设备布局、车间建筑设计卫生要求、卫生工程防护技术措施、卫生设施、应急救援措施、个体防护措施、职业卫生管理等方面与法律法规、标准的符合性。该方法的优点是简洁、明了。

2. 类比法

通过与拟建项目同类和相似工作场所的检测、统计数据，健康检查与监护，职业病发病情况等，类推拟建项目作业场所职业病危害因素的危害情况。用于比较和评价拟建项目作业场所职业病危害因素浓度（强度）、职业病危害的后果、拟采用职业病危害防护措施的预期效果等。类比法的关键在于，类比现场的选择应与拟建项目在生产方式、生产规模、工艺路线、设备技术、职业卫生管理等方面有很好的可类比性。

3. 定量法

对建设项目工作场所职业病危害因素的浓度（强度）、职业病危害因素的固有危害性、劳动者接触时间等进行综合考虑，按国家职业卫生标准计算危害指数，确定劳动者作业危害程度的等级。

（二）评价的主要内容

1. 建设项目职业病危害预评价

对建设项目的选址、总体布局、生产工艺和设备布局、车间建筑设计卫生、职业病危害防护措施、应急救援措施、个人防护措施、职业卫生管理措施、职业健康监护等进行评价分析，通过职业病危害预评价，识别和分析建设项目在建成投产后可能产生的职业病危害因素及其主要存在环节，评价可能造成的职业病危害及程度，确定建设项目在职业病防治方面的可行性，为建设项目的设计提供必要的职业病危害防护对策和建议。

2. 建设项目职业病危害控制效果评价

对评价范围内生产或操作过程中可能存在的有毒有害物质、物理因素等职业病危害因素的浓度或强度，以及对劳动者健康的可能影响，对建设项目的生产工艺和设备布局、车间建筑设计卫生、职业病危害防护措施、应急救援措施、个体防护措施、职业卫生管理措施、职业健康监护等方面进行评价，从而明确建设项目产生的职业病危害因素，分析其危害程度及对劳动者健康的影响，评价职业病危害防护措施及其效果，对未达到职业病危害防护要求的系统或单元提出职业病危害预防控制措施的建议。

3. 生产运行中的职业病危害现状评价

根据评价的目的不同，生产运行过程中的现状评价可针对生产经营单位职业病危害预防控制工作的多个方面，主要内容是对作业人员职业病危害接触情况、职业病危害预防控制的工程控制情况、职业卫生管理等方面进行评价，在掌握生产经营单位职业病危害预防控制现状的基础上，找出职业病危害预防控制工作的薄弱环节或者存在的问题，并给生产经营单位提出予以改进的具体措施或建议。

三、职业病危害控制

职业病危害控制的主要技术措施包括工程技术措施、个体防护措施和组织管理措施等。

1. 工程技术措施

工程技术措施是指应用工程技术的措施和手段（如密闭、通风、冷却、隔离等），控制生产工艺过程中产生或存在的职业病危害因素的浓度或强度，使作业环境中有害因素的浓度或强度降至国家职业卫生标准容许的范围之内。例如，控制作业场所中存在的粉尘，常采用湿式作业或者密闭抽风除尘的工程技术措施，以防止粉尘飞扬，降低作业场所粉尘浓度；对于化学毒物的工程控制，则可以采取全面通风、局部送风和排出气体净化等措施；对于噪声危害，则可以采用隔离降噪、吸声等技术措施。

2. 个体防护措施

对于经工程技术治理后仍然不能达到限值要求的职业病危害因素，为避免其对劳动者造成健康损害，需要为劳动者配备有效的个体防护用品。针对不同类型的职业病危害因素，应选用合适的防尘、防毒或者防噪声等的个体防护用品。

3. 组织管理措施

在生产和劳动过程中，通过建立、健全职业病危害预防控制规章制度，确保职业病危害预防控制有关要素的良好与有效运行，是保障劳动者职业健康的重要手段，也是合理组织劳动过程、实现生产工作高效运行的基础。

第三节　职业病危害管理

一、建设项目职业病防护设施“三同时”

新建、扩建、改建建设项目和技术改造、技术引进项目（以下统称建设项目）可能产生职业病危害的，建设单位在可行性论证阶段应当进行职业病危害预评价。

医疗机构建设项目可能产生放射性职业病危害的，建设单位应当向卫生行政部门提交放射性职业病危害预评价报告。卫生行政部门应当自收到预评价报告之日起30日内，作出审核决定并书面通知建设单位。未提交预评价报告或者预评价报告未经卫生行政部门审核同意的，不得开工建设。

职业病危害预评价报告应当对建设项目可能产生的职业病危害因素及其对工作场所和劳动者健康的影响作出评价，确定危害类别和职业病防护措施。

建设项目的职业病防护设施所需费用应当纳入建设项目工程预算，并与主体工程同时设计、同时施工、同时投入生产和使用。

建设项目的职业病防护设施设计应当符合国家职业卫生标准和卫生要求，其中，医疗机构放射性职业病危害严重的建设项目的防护设施设计，应当经卫生行政部门审查同意后方可施工。

建设项目在竣工验收前，建设单位应当进行职业病危害控制效果评价。

当医疗机构可能产生放射性职业病危害的建设项目竣工验收时，其放射性职业病防护设施经卫生行政部门验收合格后，方可投入使用；其他建设项目的职业病防护设施应当由建设单位负责依法组织验收，验收合格后方可投入生产和使用。卫生行政部门应当加强对建设单位组织的验收活动和验收结果的监督核查。

国家对从事放射性、高毒、高危粉尘等作业实行特殊管理。

二、劳动过程中的防护和管理

（一）材料和设备管理

主要管理工作内容包括：优先采用有利于职业病防治和保护劳动者健康的新技术、新工艺、新设备、新材料；不生产、经营、进口和使用国家明令禁止使用的可能产生职业病危害的设备或者材料；生产经营单位原材料供应商的活动也必须符合安全健康要求；不采用有危害的技术、工艺和材料，不隐瞒其危害；可能产生职业病危害的设备有中文说明书；在可能产生职业病危害的设备醒目位置，设置警示标识和中文警示说明；使用、生产、经营可能产生职业病危害的化学品，要有中文说明书；使用放射性同位素和含有放射性物质、材料的，要有中文说明书；不转嫁职业病危害的作业给不具备职业病防护条件的单位和个人；不接受不具备防护条件的有职业病危害的作业；有毒物品的包装有警示标识和中文警示说明。

（二）作业场所管理

主要管理工作内容包括：职业病危害因素的强度或者浓度应符合国家职业卫生标准要求；生产布局合理；有害作业与无害作业分开；在可能发生急性职业损伤的有毒有害作业场所设置报警装置；在可能发生急性职业损伤的有毒有害作业场所配置现场急救用品；在可能发生急性职业损伤的有毒有害作业场所设置冲洗设备；对于可能发生急性职业损伤的有毒有害作业场所，应设应急撤离通道；在可能发生急性职业损伤的有毒有害作业场所设必要的泄险区；放射作业场所应设报警装置；放射性同位素的运输、储存应配置报警装置；一般有毒作业设置黄色区域警示线；高毒作业场所设红色区域警示线；高毒作业应设淋浴间、更衣室、物品存放专用间，还应为女工设冲洗间。

（三）作业环境职业病危害因素检测管理

主要管理工作内容包括：设专人负责职业病危害因素日常检测；按规定定期对作业场

所职业病危害因素进行检测与评价；检测、评价的结果存入生产经营单位的职业卫生档案。

（四）防护设备设施和个人防护用品管理

主要管理工作内容包括：职业病危害防护设施台账齐全；职业病危害防护设施配备齐全；职业病危害防护设施有效；有个人职业病危害防护用品计划，并组织实现；按标准配备符合防治职业病要求的个人防护用品；有个人职业病危害防护用品发放登记记录；及时维护、定期检测职业病危害防护设备、应急救援设施和个人职业病危害防护用品。

（五）履行告知义务

主要管理工作内容包括：在醒目位置公布有关职业病防治的规章制度；签订劳动合同时，在合同中载明可能产生的职业病危害及其后果，载明职业病危害防护措施和待遇；在醒目位置公布操作规程，公布职业病危害事故应急救援措施，公布作业场所职业病危害因素监测和评价的结果，告知劳动者职业病健康体检结果；对于患职业病或职业禁忌症的劳动者，企业应告知本人。

（六）职业健康监护

职业健康监护是职业病危害防治的一项主要内容。通过健康监护，不仅起到保护员工健康、提高员工健康素质的作用，也便于早期发现疑似职业病病人，使其早期得到治疗。职业健康监护工作的开展，必须有专职人员负责，并建立、健全职业健康监护档案。职业健康监护档案包括劳动者的职业史、职业病危害接触史、职业健康检查结果和职业病诊疗等有关个人健康资料。

1. 接触矽尘作业人员的职业健康检查周期

（1）劳动者接触二氧化硅粉尘浓度符合国家卫生标准，每 2 年 1 次；劳动者接触二氧化硅粉尘浓度超过国家卫生标准，每年 1 次。

（2）X 射线胸片表现为 0+ 的作业人员医学观察时间为每年 1 次，连续观察 5 年，若 5 年内不能确诊为矽肺患者，应按一般接触人群进行检查。

（3）矽肺患者每年检查 1 次。

2. 接触煤尘（包括煤矽尘）作业人员的职业健康检查周期

（1）劳动者接触煤尘浓度符合国家卫生标准，每 3 年 1 次；劳动者接触煤尘浓度超过国家卫生标准，每 2 年 1 次。

（2）X 射线胸片表现为 0+ 的作业人员医学观察时间为每年 1 次，连续观察 5 年，若 5 年内不能确诊为煤工尘肺患者，应按一般接触人群进行检查。

（3）煤工尘肺患者每 1～2 年检查 1 次。

3. 接触其他粉尘作业人员的职业健康检查周期

（1）劳动者接触其他粉尘浓度符合国家卫生标准，每 4 年 1 次，劳动者接触其他粉尘浓度超过国家卫生标准，每 2～3 年 1 次。

（2）X 射线胸片表现为 0+ 的作业人员医学观察时间为每年 1 次，连续观察 5 年，若 5 年内不能确诊为尘肺患者，应按一般接触人群进行检查。

（3）尘肺患者每1～2年检查1次。

（七）职业卫生培训

主要管理工作内容包括：生产经营单位的主要负责人、职业卫生管理人员应接受职业卫生培训；对上岗前的劳动者进行职业卫生培训；定期对劳动者进行在岗期间的职业卫生培训。

（八）职业病危害事故的应急救援、报告与处理

在发生或者可能发生急性职业病危害事故时，生产经营单位应当立即采取应急救援和控制措施，并及时报告所在地卫生行政部门和有关部门。卫生行政部门接到报告后，应当及时会同有关部门组织调查处理；必要时，可以采取临时控制措施。卫生行政部门应当组织做好医疗救治工作。

对遭受或者可能遭受急性职业病危害的劳动者，生产经营单位应当及时组织救治、进行健康检查和医学观察，所需费用由生产经营单位承担。

第五章　安全生产应急管理

第一节　安全生产预警预报体系

一、安全生产预警的目标、任务与特点

（一）预警的目标

预警的目标是通过对安全生产活动和安全管理进行监测与评价，警示安全生产过程中所面临的危害程度。

（二）预警的任务

预警需要完成的任务是对各种事故征兆的监测、识别、诊断与评价、及时报警，并根据预警分析的结果对事故征兆的不良趋势进行矫正与控制。

（三）预警的特点

快速性、准确性、公开性、完备性、连贯性。

二、预警系统的组成及功能

预警系统主要由预警分析系统和预控对策系统两部分组成。其中预警分析系统主要包括监测系统、预警信息系统、预警评价指标体系系统、预测评价系统等。监测系统是预警系统主要的硬件部分，其功能是采用各种监测手段获得有关信息和运行数据；预警信息系统负责对信息进行存储、处理、识别；预警评价指标体系系统主要完成指标的选取、预警准则和阈值的确定；预测评价系统主要是完成评价对象的选择，根据预警准则选择预警评价方法，给出评价结果，再根据危险级别状态进行报警。预控对策系统根据具体警情确定控制方案。其中监测系统、预警信息系统、预警评价指标体系系统、预测评价系统完成预警功能，预控对策系统完成对事故的控制功能。

（一）监测系统

监测系统主要完成实时信息采集，并将采集信息存入计算机，供预警信息系统分析使用。

（二）预警信息系统

预警信息系统完成将原始信息向征兆信息转换的功能。原始信息包括历史信息、现实和实时信息，同时包括国内外相关的事故信息。

预警信息系统主要由信息网、中央处理系统和信息判断系统组成。上述三个系统有机

地结合完成预警信息系统的以下活动。

1. 信息收集

通过对各种实时监测信息来源进行组合和相互印证，使零散信息转变为整体化的具有预报性的可靠信息。

2. 信息处理

对各种监测信息进行分类、整理与统计分析，使之成为可用于预警的有用信息。

3. 信息辨伪

由于某些信息只反映表面现象而不能反映实质，因时间滞后而导致信息过时；系统的非全息性使部分信息不能完全反映整体；信息传输环节过多导致失真，造成伪信息的出现。

伪信息往往会导致预警系统的误警和漏警现象发生，它所产生的风险比信息不全所产生的风险更加严重。因此对于初始信息必须加以辨识，去伪存真。信息辨伪的方法有以下 5 种。

（1）进行多种信息来源的比较印证，如果相互之间存在矛盾，则必定信息来源有误。

（2）分析信息传输过程，以弄清信息所反映的时间点，并分析传输中可能出现的失误。

（3）进行事理分析，如果信息与事理明显相悖，信息来源有误。

（4）进行反证性分析，即建立信息与目前事件状态之间的关系，然后由目前事件反证原有信息，若反证结果与原有信息偏误较大，则证明信息来源有误或过时。

（5）进行不利性反证，即假定信息为真，然后分析在这种假设下可能出现的不利情况，若这种不利情况很多、很严重，则这种信息应慎用。

4. 信息存储

信息存储的目的是进行信息积累以供备用，应不断更新与补充。

5. 信息推断

利用现有信息或缺乏的信息进行判断，并进行事故征兆的推断。由于预警信息系统完成将原始信息向征兆信息转换的功能，因此要求信息基础管理工作必须满足以下条件。

（1）规范化。每个工作岗位都需要有明确的责任和定量的要求，信息来源符合一致性要求。

（2）标准化。采集信息过程中的计量检测等都应有精确的技术标准。

（3）统一化。各类报表、台账、原始凭证都要有统一格式和内容，统一分类编码。

（4）程序化。数据的采集、传递和整理都要有明确的程序、期限和责任者。

（三）预警评价指标体系系统

建立预警评价指标体系的目的是使信息定量化、条理化和可操作化。预警指标按技术层次可分为潜在指标和显现指标两类。潜在指标主要用于对潜在因素或征兆信息的定量化，显现指标则主要用于对显现因素或现状信息的定量化。但在实际预警指标选取上主要考虑人、机、环、管等方面的有关因素。

1. 预警评价指标的确定

（1）人的安全可靠性指标，包括生理因素、心理因素、技术因素。其中，生理因素包括年龄、疾病、身体缺陷、疲劳、感知器官等，心理因素包括性格、气质、情绪、情感、思想等，技术因素包括经验、操作水平、紧急应变能力等。

（2）生产过程的环境安全性指标，包括内部环境、外部环境。其中，内部环境包括作业环境和内部社会环境，作业环境包括作业场所的温度、湿度、采光、照明、噪声、振动等，内部社会环境包括政治、经济、文化、法律等环境。外部环境包括自然环境和社会环境，其中自然环境包括自然灾害、季节因素、气候因素、时间因素、地理因素等，社会环境包括政治环境、经济环境、技术环境、法律环境、管理环境、家庭环境、社会风气等。

（3）安全管理有效性的指标，包括安全组织、安全法制、安全信息、安全技术、安全教育、安全资金。其中，安全组织包括安全计划、方针目标、行政管理，安全法制包括安全生产相关法规、规章制度、作业标准等，安全信息包括指令信息、动态信息、反馈信息等，安全技术包括管理方法、技术设备等，安全教育包括职业培训、安全知识宣传等，安全资金包括资金数量、资金投向、资金效益等。

（4）机（物）的安全可靠性指标，包括设备运行不良、材料缺陷、危险物质、能量、安全装置、保护用品、贮存与运输、各种物理参数（温度、压力、浓度等）指标。该类指标选择时，应根据具体行业确定。

2. 预警准则与预警方法

1）预警准则

预警准则的设置要把握尺度，如果预警准则设置过松，则会使得有危险而未能发出警报，即造成漏警现象，从而削弱了预警的作用；如果预警准则设置过严，则会导致不该发警报时却发出了警报，即导致误警，会使相关人员虚惊一场，多次误警会导致相关人员对报警信号失去信任。

2）预警方法

根据对评价指标的内在特性和了解程度，预警方法有指标预警、因素预警、综合预警三种形式，但在实际预警过程中往往出现第四种形式，即误警与漏警。

（1）指标预警。指根据预警指标数值大小的变动来发出不同程度的报警。

（2）因素预警。当某些因素无法采用定量指标进行报警时，可以采用因素预警。该预警方法相对于指标预警是一种定性预警，这是一种非此即彼的警报方式。

（3）综合预警。即将上述两种方法结合起来，并把诸多因素综合进行考虑而得出的一种综合报警模式。

（4）误警与漏警。误警有两种情况：一种是系统发出某事故警报，而该事故最终没有出现；另一种是系统发出某事故警报，该事故最终出现，但其发生的级别与预报的程度相差一个等级（如发出高等级警报，而实际上为初等警报）。误警原因主要是由于指标设置不当，警报准则过严（安全区设计过窄，危险区设计过宽），信息数据有误。漏警是预警系统未曾发出警报而事故最终发生的现象。其主要原因：一是小概率事件被排除在考虑之外，而这些小概率事件也有发生的可能；二是预警准则设计过松（安全区设计过宽，危险区设计过窄）。

（四）预测评价系统

1. 评价对象

从安全系统原理的角度出发，事故是由物的不安全状态、人的不安全行为、环境的不良状态及管理缺陷等方面的因素造成的。因此，预警系统中评价对象是导致事故发生的人、机、环、管等方面的因素。从事故的发展规律来看，评价对象亦是生产过程中“外部环境不良”和“内部管理不善”等方面因素的综合。这些因素构建了整个预警的信号系统。

2. 预测系统

预测系统的功能是进行必要的未来预测，主要包括：

（1）对现有信息的趋势预测；

（2）对相关因素的相互影响进行预测；

（3）对征兆信息的可能结果进行预测；

（4）对偶发事件的发生概率、发生时间、持续时间、作用高峰期及预期影响进行预测。

3. 预警系统信号输出及级别

预警信号一般采用国际通用的颜色表示不同的安全状况，按照事故的严重性和紧急程度，颜色依次为蓝色、黄色、橙色、红色，分别代表一般、较重、严重和特别严重 4 种级别（Ⅳ、Ⅲ、Ⅱ、Ⅰ级）。四级预警如下：

（1）Ⅰ级预警，表示安全状况特别严重，用红色表示；

（2）Ⅱ级预警，表示受到事故的严重威胁，用橙色表示；

（3）Ⅲ级预警，表示处于事故的上升阶段，用黄色表示；

（4）Ⅳ级预警，表示生产活动处于正常生产状态，用蓝色表示。

第二节　安全生产应急管理体系

一、事故应急救援的基本任务和特点

（一）事故应急救援的基本任务

（1）立即组织营救受害人员，组织撤离或者采取其他措施保护危害区域内的其他人员。

（2）迅速控制事态，并对事故造成的危害进行检测、监测，测定事故的危害区域、危害性质及危害程度。

（3）消除危害后果，做好现场恢复。

（4）查清事故原因，评估危害程度。

（二）事故应急救援的特点

事故应急救援具有不确定性、突发性，应急活动复杂，后果、影响易猝变、激化、放大等特点。

二、事故应急管理理论框架

现代应急管理主张对突发事件实施综合性应急管理。

突发事件应急管理强调全过程的管理，涵盖了突发事件发生前、中、后的各个阶段，包括为应对突发事件而采取的预先防范措施、事发时采取的应对行动、事发后采取的各种善后措施及减少损害的行为，包括预防、准备、响应和恢复等各个阶段，并充分体现“预防为主、常备不懈”的应急理念。

应急管理是一个动态的过程，包括预防、准备、响应和恢复四个阶段。尽管在实际情况中这些阶段往往是交叉的，但每一阶段都有其明确的目标，而且每一阶段又是构筑在前一阶段的基础之上的。因而，预防、准备、响应和恢复的相互关联，构成了重大事故应急管理的循环过程。

（一）预防

在应急管理中预防有两层含义：一是事故的预防工作，即通过安全管理和安全技术等手段，尽可能地防止事故的发生，实现本质安全；二是在假定事故必然发生的前提下，通过采取预防措施，达到降低或减缓事故的影响或后果的严重程度，如加大建筑物的安全距离、工厂选址的安全规划、减少危险物品的存量、设置防护墙及开展公众教育等。从长远看，低成本、高效率的预防措施是减少事故损失的关键。

（二）准备

准备是应急管理工作中的一个关键环节。应急准备是指为有效应对突发事件而事先采取的各种措施的总称，包括意识、组织、机制、预案、队伍、资源、培训演练等各种准备。在《突发事件应对法》中专设了“预防与应急准备”一章，其中包含了应急预案体系、风险评估与防范、救援队伍、应急物资储备、应急通信保障、培训、演练、捐赠、保险、科技等内容。

应急准备工作涵盖了应急管理工作的全过程。应急准备并不仅仅针对应急响应，它为预防、监测预警、应急响应和恢复等各项应急管理工作提供支撑，贯穿应急管理工作的整个过程。从应急管理的阶段看，应急准备工作体现在预防工作所需的意识准备和组织准备，监测预警工作所需的物资准备，响应工作所需的人员准备，恢复工作中所需的资金准备等各阶段的准备工作；从应急准备的内容看，其组织、机制、资源等方面的准备贯穿整个应急管理过程。

（三）响应

响应是指在突发事件发生以后所进行的各种紧急处置和救援工作。

《突发事件应对法》规定了事故灾难应对处置的具体要求，在自然灾害、事故灾难或者公共卫生事件发生后，履行统一领导职责的人民政府可以采取下列一项或者多项应急处置措施：

（1）组织营救和救治受害人员，疏散、撤离并妥善安置受到威胁的人员及采取其他救助措施；

（2）迅速控制危险源，标明危险区域，封锁危险场所，划定警戒区，实行交通管制及其他控制措施；

（3）立即抢修被损坏的交通、通信、供水、排水、供电、供气、供热等公共设施，向受到危害的人员提供避难场所和生活必需品，实施医疗救护和卫生防疫及其他保障措施；

（4）禁止或者限制使用有关设备、设施，关闭或者限制使用有关场所，中止人员密集的活动或者可能导致危害扩大的生产经营活动及采取其他保护措施；

（5）启用本级人民政府设置的财政预备费和储备的应急救援物资，必要时调用其他急需物资、设备、设施、工具；

（6）组织公民参加应急救援和处置工作，要求具有特定专长的人员提供服务；

（7）保障食品、饮用水、燃料等基本生活必需品的供应；

（8）依法从严惩处囤积居奇、哄抬物价、制假售假等扰乱市场秩序的行为，稳定市场价格，维护市场秩序；

（9）依法从严惩处哄抢财物、干扰破坏应急处置工作等扰乱社会秩序的行为，维护社会治安；

（10）采取防止发生次生、衍生事件的必要措施。

应急响应是应对突发事件的关键阶段、实战阶段，尤其需要解决好以下几个问题。一是要提高快速反应能力。响应速度越快，意味着越能减少损失。由于突发事件发生突然、扩散迅速，只有及时响应，控制住危险状况，防止突发事件的继续扩展，才能有效地减轻造成的各种损失。经验表明，建立统一的指挥中心或系统将有助于提高快速反应能力。二是加强协调组织能力。应对突发事件，特别是重大、特别重大突发事件，需要具有较强的组织动员能力和协调能力，使各方面的力量都参与进来，相互协作，共同应对。三是要为一线应急救援人员配备必要的防护装备，以提高危险状态下的应急处置能力，并保护好一线应急救援人员。

（四）恢复

恢复是指突发事件的威胁和危害得到控制或者消除后所采取的处置工作。恢复工作包括短期恢复和长期恢复。

从时间上看，短期恢复并非在应急响应完全结束之后才开始，恢复可能是伴随着响应活动随即展开的。很多情况下，应急响应活动开始后，短期恢复活动就立即开始了。短期恢复也可以理解为应急响应行动的延伸。

短期恢复工作包括向受灾人员提供食品、避难所、安全保障和医疗卫生等基本服务。《突发事件应对法》第五十八条规定："突发事件的威胁和危害得到控制或者消除后，履行统一领导职责或者组织处置突发事件的人民政府应当停止执行依照本法规定采取的应急处置措施，同时采取或者继续实施必要措施，防止发生自然灾害、事故灾难、公共卫生事件的次生、衍生事件或者重新引发社会安全事件。"

长期恢复的重点是经济、社会、环境和生活的恢复，包括重建被毁的设施和房屋，重新规划和建设受影响区域等。在长期恢复工作中，应汲取突发事件应急工作的经验教训，开展进一步的突发事件预防工作和减灾行动。

三、事故应急管理体系构建

（一）事故应急管理体系的基本构成

由于各种事故灾难种类繁多，情况复杂，突发性强，覆盖面大，应急活动又涉及从高层管理到基层人员各个层次，从公安、医疗到环保、交通等不同领域，这都给日常应急管理和事故应急救援指挥带来了许多困难。解决这些问题的唯一途径是建立起科学、完善的应急管理体系和实施规范有序的运作程序。

按照《全国安全生产应急救援体系总体规划方案》的要求，事故应急管理体系主要由组织体系、运行机制、法律法规体系及支持保障系统等部分构成。应急管理体系基本框架结构如图 5-1 所示。

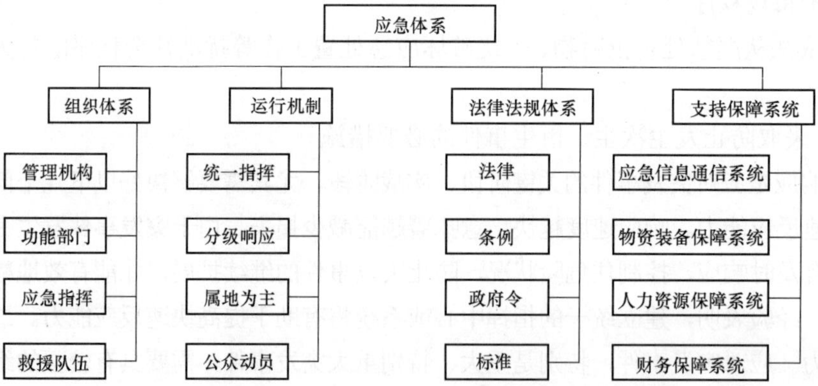

图 5-1 应急管理体系基本框架结构

1. 组织体系

组织体系是事故应急管理体系的基础，主要包括应急管理的管理机构、功能部门、应急指挥、救援队伍 4 个方面。应急管理的管理机构是指维持应急日常管理的负责部门；功能部门包括与应急活动有关的各类组织机构，如消防、医疗机构等；应急指挥是在应急预案启动后，负责应急救援活动场外与场内指挥的系统；救援队伍由专业和志愿人员组成。

2. 运行机制

运行机制是事故应急管理体系的重要保障，目标是实现统一领导、分级管理，条块结合、以块为主，分级响应、统一指挥，资源共享、协同作战，一专多能、专兼结合，防救结合、平战结合，以及动员公众参与，以切实加强安全生产应急管理体系内部的管理机制，明确和规范响应程序，保证应急救援体系运转高效、应急反应灵敏、取得良好的救援效果。

应急救援活动一般划分为应急准备、初级反应、扩大应急和应急恢复 4 个阶段，应急机制与这 4 个阶段的应急活动密切相关。运行机制主要由统一指挥、分级响应、属地为主和公众动员这 4 个基本机制组成。

统一指挥是应急活动的基本原则之一。应急指挥一般可分为集中指挥与现场指挥，或场外指挥与场内指挥等。无论采用哪一种指挥系统，都必须实行统一指挥的模式，无论应急救援活动涉及单位的行政级别高低还是隶属关系不同，都必须在应急指挥部的统一组织协调下行动，有令则行，有禁则止，统一号令，步调一致。

分级响应是指在初级响应到扩大应急的过程中实行的分级响应的机制。扩大或提高应急级别的主要依据是事故灾难的危害程度，影响范围和控制事态能力。影响范围和控制事态能力是“升级”的最基本条件。扩大应急救援主要是提高指挥级别、扩大应急范围等。

属地为主强调“第一反应”的思想和以现场应急、现场指挥为主的原则。

公众动员机制是应急机制的基础，也是整个应急体系的基础。

3. 法律法规体系

法律法规体系是应急体系的法制基础和保障，也是开展各项应急活动的依据，与应急有关的法律法规主要包括由立法机关通过的法律，政府和有关部门颁布的规章、规定，以及与应急救援活动直接有关的标准或管理办法等。

4. 支持保障系统

支持保障系统是事故应急管理体系的有机组成部分，是体系运转的物质条件和手段，主要包括应急信息通信系统、物资装备保障系统、人力资源保障系统、财务保障系统等。

应急信息通信系统要保证所有预警、报警、警报、报告、指挥等活动的信息交流快速、顺畅、准确，以及信息资源共享；物资装备保障系统不但要保证有足够的资源，而且还要实现快速、及时供应到位；人力资源保障系统包括专业队伍的加强、志愿人员及其他有关人员的培训教育；财务保障系统应建立专项应急科目，以保障应急管理运行和应急反应中各项活动的开支。

同时，应急管理体系还包括与其建设相关的资金、政策支持等，以保障应急管理体系建设和体系正常运行。

（二）事故应急管理体系的建设原则

事故应急管理体系的建设应遵循以下原则：

（1）统一领导，分级管理；

（2）条块结合，属地为主；

（3）统筹规划，合理布局；

（4）依托现有，资源共享；

（5）一专多能，平战结合；

（6）功能实用，技术先进；

（7）整体设计，分步实施。

（三）事故应急响应机制

典型的响应级别通常可分为以下 3 级。

1. 一级紧急情况

一级紧急情况指必须利用所有有关部门及一切资源的紧急情况，或者需要各个部门同外部机构联合处理的各种紧急情况，通常要宣布进入紧急状态。现场指挥部可在现场作出保护生命和财产及控制事态所必需的各种决定。解决整个紧急事件的决定，应该由紧急事务管理部门负责。

2. 二级紧急情况

二级紧急情况指需要两个或更多个部门响应的紧急情况。该事故的救援需要有关部门的协作，并且提供人员、设备或其他资源。该级响应需要成立现场指挥部来统一指挥现场的应急救援行动。

3. 三级紧急情况

三级紧急情况指能被一个部门正常可利用的资源处理的紧急情况。正常可利用的资源指在该部门权力范围内通常可以利用的应急资源，包括人力和物力等。必要时，该部门可以建立一个现场指挥部，所需的后勤支持、人员或其他资源增援由本部门负责解决。

（四）事故应急救援响应程序

事故应急救援响应程序按过程可分为接警、响应级别确定、应急启动、救援行动、事态控制、应急恢复和应急结束等几个过程，如图 5-2 所示。

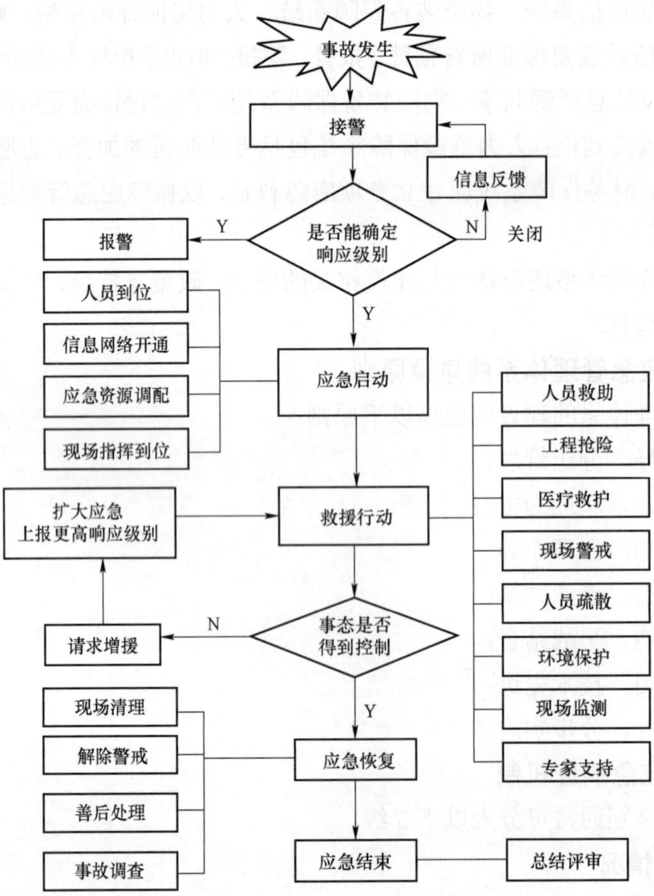

图 5-2 重大事故应急救援响应程序

1. 接警与响应级别确定

接到事故报警后，按照工作程序，对警情作出判断，初步确定相应的响应级别。如果事故性质和影响不足以启动应急救援体系的最低响应级别，响应关闭。

2. 应急启动

应急响应级别确定后，按所确定的响应级别启动应急程序，如通知应急中心有关人员到位、开通信息与通信网络、通知调配救援所需的应急资源（包括应急队伍和物资、装备等）、成立现场指挥部等。

3. 救援行动

有关应急队伍进入事故现场后，迅速开展事故侦测、警戒、疏散、人员救助、工程抢险等有关应急救援工作，专家组为救援决策提供建议和技术支持。当事态超出响应级别无法得到有效控制时，向应急中心请求实施更高级别的应急响应。

4. 应急恢复

该阶段主要包括现场清理、解除警戒、善后处理和事故调查等。

5. 应急结束

执行应急关闭程序，由事故总指挥宣布应急结束。

（五）现场应急指挥系统的组织结构

1. 事故指挥官

事故指挥官负责现场应急响应所有方面的工作，包括确定事故目标及实现目标的策略，批准实施书面或口头的事故行动计划，高效地调配现场资源，落实保障人员安全与健康的措施，管理现场所有的应急行动。

2. 行动部

行动部负责所有主要的应急行动，包括消防与抢险、人员搜救、医疗救治、疏散与安置等。

3. 策划部

策划部负责收集、评价、分析及发布与事故相关的战术信息，准备和起草事故行动计划，并对有关的信息进行归档。

4. 后勤部

后勤部负责为事故的应急响应提供设备设施、物资、人员、运输、服务等。

5. 资金/行政部

资金/行政部负责跟踪事故的所有费用并进行评估，承担其他职能未涉及的管理职责。

第三节 事故应急预案编制

一、事故应急预案的作用

（1）应急预案确定了应急救援的范围和体系，使应急管理不再无据可依、无章可循。

（2）应急预案有利于作出及时的应急响应，降低事故后果。

（3）应急预案是各类突发事故的应急基础。

（4）应急预案建立了与上级单位和部门应急救援体系的衔接。

（5）应急预案有利于提高风险防范意识。

二、事故应急预案体系

生产经营单位的事故应急预案体系主要由综合应急预案、专项应急预案和现场处置方案构成。生产经营单位应根据本单位组织管理体系、生产规模、危险源的性质及可能发生的事故类型确定应急预案体系，并可根据本单位的实际情况，确定是否编制专项应急预案。风险因素单一的小微型生产经营单位可只编写现场处置方案。

1. 综合应急预案

综合应急预案是生产经营单位应急预案体系的总纲，主要从总体上阐述事故的应急工作原则，包括生产经营单位的应急组织机构及职责、应急预案体系、事故风险描述、预警及信息报告、应急响应、保障措施、应急预案管理等内容。

2. 专项应急预案

专项应急预案是生产经营单位为应对某一类型或某几种类型事故，或者针对重要生产设施、重大危险源、重大活动等内容而定制的应急预案。专项应急预案主要包括事故风险分析、应急指挥机构及职责、处置程序和措施等内容。

3. 现场处置方案

现场处置方案是生产经营单位根据不同事故类型，针对具体的场所、装置或设施所制定的应急处置措施，主要包括事故风险分析、应急工作职责、应急处置和注意事项等内容。生产经营单位应根据风险评估、岗位操作规程及危险性控制措施，组织本单位现场作业人员及安全管理等专业人员共同编制现场处置方案。

三、事故应急预案编制程序

生产经营单位编制应急预案包括成立应急预案编制工作组，资料收集，事故风险辨识、评估，应急资源调查，编制应急预案和应急预案评审 6 个步骤。

1. 成立应急预案编制工作组

生产经营单位应结合本单位部门职能和分工，成立以单位主要负责人（或分管负责人）为组长，单位相关部门人员参加的应急预案编制工作组，明确工作职责和任务分工，制定工作计划，组织开展应急预案编制工作。

2. 资料收集

应急预案编制工作组应收集与预案编制工作相关的法律法规、技术标准、应急预案、国内外同行业企业事故资料，同时收集本单位安全生产相关技术资料、周边环境影响、应急资源等有关资料。

3. 事故风险辨识、评估

指针对不同事故种类及特点，识别存在的危险危害因素，分析事故可能产生的直接后果及次生、衍生后果，评估各种后果的危害程度和影响范围，提出防范和控制事故风险措施的过程。

事故风险辨识、评估的主要内容如下：

（1）分析生产经营单位存在的危险因素，确定事故危险源；

（2）分析可能发生的事故类型及后果，并指出可能产生的次生、衍生事故；

（3）评估事故的危害程度和影响范围，提出风险防控措施。

4. 应急资源调查

应急资源调查，是指全面调查本地区、本单位第一时间可以调用的应急资源状况和合作区域内可以请求援助的应急资源状况，并结合事故风险辨识、评估结论制定应急措施的过程。

5. 编制应急预案

依据生产经营单位事故风险辨识、评估及应急资源调查结果，组织编制应急预案。应急预案编制应注重系统性和可操作性，做到与相关部门和单位应急预案相衔接。

6. 应急预案评审

应急预案编制完成后，生产经营单位应组织评审。评审分为内部评审和外部评审，内部评审由生产经营单位主要负责人组织有关部门和人员进行，外部评审由生产经营单位组织外部有关专家和人员进行评审。应急预案评审合格后，由生产经营单位主要负责人（或分管负责人）签发实施，并进行备案管理。

四、事故应急预案的主要内容

（一）综合应急预案的主要内容

1. 总则

（1）编制目的。简述应急预案编制的目的。

（2）编制依据。简述应急预案编制所依据的法律法规、规章、标准和规范性文件及相关应急预案等。

（3）适用范围。说明应急预案适用的工作范围和事故类型、级别。

（4）应急预案体系。说明生产经营单位应急预案体系的构成情况，可用框图形式表述。

（5）应急工作原则。说明生产经营单位应急工作的原则，内容应简明扼要、明确具体。

2. 事故风险描述

简述生产经营单位存在或可能发生的事故风险种类、发生的可能性及严重程度和影响范围等。

3. 应急组织机构及职责

明确生产经营单位的应急组织形式及组成单位或人员，可用结构图的形式表示，明确构成部门的职责。应急组织机构根据事故类型和应急工作需要，可设置相应的应急工作小组，并明确各小组的工作任务及职责。

4. 预警及信息报告

（1）预警。根据生产经营单位监测监控系统数据变化状况、事故险情紧急程度和发展势态或有关部门提供的预警信息进行预警，明确预警的条件、方式、方法和信息发布的程序。

（2）信息报告。按照有关规定，明确事故及事故险情信息报告程序，主要包括以下内容。

① 信息接收与通报。明确 24 小时应急值守电话、事故信息接收、通报程序和责任人。

② 信息上报。明确事故发生后向上级主管部门或单位报告事故信息的流程、内容、时限和责任人。

③ 信息传递。明确事故发生后向本单位以外的有关部门或单位通报事故信息的方法、程序和责任人。

5. 应急响应

（1）响应分级。针对事故危害程度、影响范围和生产经营单位控制事态的能力，对事故应急响应进行分级，明确分级响应的基本原则。

（2）响应程序。根据事故级别和发展态势，描述应急指挥机构启动、应急资源调配、应急救援、扩大应急等响应程序。

（3）处置措施。针对可能发生的事故风险、事故危害程度和影响范围，制定相应的应急处置措施，明确处置原则和具体要求。

（4）应急结束。明确现场应急响应结束的基本条件和要求。

6. 信息公开

明确向有关新闻媒体、社会公众通报事故信息的部门、负责人和程序及通报原则。

7. 后期处置

主要明确污染物处理、生产秩序恢复、医疗救治、人员安置、善后赔偿、应急救援评估等内容。

8. 保障措施

（1）通信与信息保障。明确与可为本单位提供应急保障的相关单位或人员的通信联系方式和方法，并提供备用方案。同时，建立信息通信系统及维护方案，确保应急期间信息通畅。

（2）应急队伍保障。明确应急响应的人力资源，包括应急专家、专业应急队伍、兼职应急队伍等。

（3）物资装备保障。明确生产经营单位的应急物资和装备的类型、数量、性能、存放位置、运输及使用条件、管理责任人及其联系方式等内容。

（4）其他保障。根据应急工作需求而确定的其他相关保障措施，如经费保障、交通运输保障、治安保障、技术保障、医疗保障、后勤保障等。

9. 应急预案管理

（1）应急预案培训。明确对本单位人员开展的应急预案培训计划、方式和要求，使有关人员了解相关应急预案内容，熟悉应急职责、应急程序和现场处置方案。如果应急预案涉及社区和居民，要做好宣传教育和告知等工作。

（2）应急预案演练。明确生产经营单位不同类型应急预案演练的形式、范围、频次、内容及演练评估、总结等要求。

（3）应急预案修订。明确应急预案修订的基本要求，并定期进行评审，实现可持续改进。

（4）应急预案备案。明确应急预案的报备部门，并进行备案。

（5）应急预案实施。明确应急预案实施的具体时间、负责制定与解释的部门。

（二）专项应急预案的主要内容

1. 事故风险分析

针对可能发生的事故风险，分析事故发生的可能性以及严重程度、影响范围等。

2. 应急指挥机构及职责

根据事故类型，明确应急指挥机构总指挥、副总指挥及各成员单位或人员的具体职责。应急指挥机构可以设置相应的应急救援工作小组，明确各小组的工作任务及主要负责人职责。

3. 处置程序

明确事故及事故险情信息报告程序和内容，报告方式和责任人等内容。根据事故响应级别，具体描述事故接警报告和记录、应急指挥机构启动、应急指挥、资源调配、应急救援、扩大应急等应急响应程序。

4. 处置措施

针对可能发生的事故风险、事故危害程度和影响范围，制定相应的应急处置措施，明确处置原则和具体要求。

（三）现场处置方案的主要内容

1. 事故风险分析

（1）事故类型。

（2）事故发生的区域、地点或装置的名称。

（3）事故发生的可能时间、事故的危害严重程度及其影响范围。

（4）事故前可能出现的征兆。

（5）事故可能引发的次生、衍生事故。

2. 应急工作职责

根据现场工作岗位、组织形式及人员构成，明确各岗位人员的应急工作分工和职责。

3. 应急处置

（1）事故应急处置程序。根据可能发生的事故及现场情况，明确事故报警、各项应急措施启动、应急救护人员的引导、事故扩大及同生产经营单位应急预案的衔接的程序。

（2）现场应急处置措施。针对可能发生的火灾、爆炸、危险化学品泄漏、坍塌、水患、机动车辆伤害等，从人员救护、工艺操作、事故控制、消防、现场恢复等方面制定明确的应急处置措施。

（3）明确报警负责人，报警电话，上级管理部门、相关应急救援单位联络方式和联系人员及事故报告基本要求和内容。

4. 注意事项

（1）佩戴个人防护器具方面的注意事项。

（2）使用抢险救援器材方面的注意事项。

（3）采取救援对策或措施方面的注意事项。

（4）现场自救和互救注意事项。

（5）现场应急处置能力确认和人员安全防护等事项。

（6）应急救援结束后的注意事项。

（7）其他需要特别警示的事项。

第四节　应急演练

一、应急演练的类型

（一）按组织形式分类

按应急演练组织形式的不同，可分为桌面演练和现场演练两类。

（1）桌面演练。指针对事故情景，利用图纸、沙盘、流程图、计算机、视频等辅助手段，依据应急预案而进行交互式讨论或模拟应急状态下应急行动的演练活动。

（2）现场演练。指选择（或模拟）生产经营活动中的设备设施、装置或场所，设定事故情景，依据应急预案而模拟开展的演练活动。

（二）按演练内容分类

按应急演练内容的不同，可以分为单项演练和综合演练两类。

（1）单项演练。指针对应急预案中某项应急响应功能开展的演练活动。

（2）综合演练。指针对应急预案中多项或全部应急响应功能开展的演练活动。

二、应急演练的内容

（1）预警与报告。根据事故情景，向相关部门或人员发出预警信息，并向有关部门和人员报告事故情况。

（2）指挥与协调。根据事故情景，成立应急指挥部，调集应急救援队伍和相关资源，开展应急救援行动。

（3）应急通信。根据事故情景，在应急救援相关部门或人员之间进行音频、视频信号或数据信息互通。

（4）事故监测。根据事故情景，对事故现场进行观察、分析或测定，确定事故严重程度、影响范围和变化趋势等。

（5）警戒与管制。根据事故情景，建立应急处置现场警戒区域，实行交通管制，维护现场秩序。

（6）疏散与安置。根据事故情景，对事故可能波及范围内的相关人员进行疏散、转移和安置。

（7）医疗卫生。根据事故情景，调集医疗卫生专家和卫生应急队伍开展紧急医学救援，并开展卫生监测和防疫工作。

（8）现场处置。根据事故情景，按照相关应急预案和现场指挥部要求对事故现场进行控制和处理。

（9）社会沟通。根据事故情景，召开新闻发布会或事故情况通报会，通报事故有关情况。

（10）后期处置。根据事故情景，应急处置结束后，开展事故损失评估、事故原因调查、事故现场清理和相关善后工作。

（11）其他。根据相关行业（领域）安全生产特点开展其他应急工作。

三、综合演练的组织与实施

（一）演练计划

演练计划应包括演练目的、类型（形式）、时间、地点，演练主要内容，参加单位和经费预算等。

（二）演练准备

1. 成立演练组织机构

综合演练通常成立演练领导小组，下设策划组、执行组、保障组、评估组等专业工作组。根据演练规模大小，其组织机构可进行调整。

（1）领导小组。负责演练活动筹备和实施过程中的组织领导工作，具体负责审定演练工作方案、演练工作经费、演练评估总结及其他需要决定的重要事项等。

（2）策划组。负责编制演练工作方案、演练脚本、演练安全保障方案或应急预案、宣传报道材料、工作总结和改进计划等。

（3）执行组。负责演练活动筹备及实施过程中与相关单位、工作组的联络和协调、事故情景布置、参演人员调度和演练进程控制等。

（4）保障组。负责演练活动工作经费和后勤服务保障，确保演练安全保障方案或应急预案落实到位。

（5）评估组。负责审定演练安全保障方案或应急预案，编制演练评估方案并实施，进行演练现场点评和总结评估，撰写演练评估报告。

2. 编制演练文件

1）演练工作方案

演练工作方案内容主要包括：

（1）应急演练目的及要求；

（2）应急演练事故情景设计；

（3）应急演练规模及时间；

（4）参演单位和人员主要任务及职责；

（5）应急演练筹备工作内容；

（6）应急演练主要步骤；

（7）应急演练技术支撑及保障条件；

（8）应急演练评估与总结。

2）演练脚本

根据需要，可编制演练脚本。演练脚本是应急演练工作方案具体操作实施的文件，帮助参演人员全面掌握演练进程和内容。演练脚本一般采用表格形式，主要内容包括：

（1）演练模拟事故情景；

（2）处置行动与执行人员；

（3）指令与对白、步骤及时间安排；

（4）视频背景与字幕；

（5）演练解说词等。

3）演练评估方案

演练评估方案通常包括：

（1）演练信息：应急演练目的和目标、情景描述，应急行动与应对措施简介等；

（2）评估内容：应急演练准备、应急演练组织与实施、应急演练效果等；

（3）评估标准：应急演练各环节应达到的目标评判标准；

（4）评估程序：演练评估工作主要步骤及任务分工；

（5）附件：演练评估所需要用到的相关表格等。

4）演练保障方案

针对应急演练活动可能发生的意外情况制定演练保障方案或应急预案，并进行演练，做到相关人员应知应会，熟练掌握。演练保障方案应包括应急演练可能发生的意外情况、应急处置措施及责任部门，应急演练意外情况中止条件与程序等。

5）演练观摩手册

根据演练规模和观摩需要，可编制演练观摩手册。演练观摩手册通常包括应急演练时间、地点、情景描述、主要环节及演练内容、安全注意事项等。

3. 演练工作保障

（1）人员保障。按照演练方案和有关要求，策划、执行、保障、评估、参演等人员参加演练活动，必要时考虑替补人员。

（2）经费保障。根据演练工作需要，明确演练工作经费及承担单位。

（3）物资和器材保障。根据演练工作需要，明确各参演单位所准备的演练物资和器材等。

（4）场地保障。根据演练方式和内容，选择合适的演练场地。演练场地应满足演练活动需要，避免影响企业和公众正常生产、生活。

（5）安全保障。根据演练工作需要，采取必要安全防护措施，确保参演、观摩等人员及生产运行系统安全。

（6）通信保障。根据演练工作需要，采用多种公用或专用通信系统，保证演练通信信息通畅。

（7）其他保障。根据演练工作需要，提供其他保障措施。

（三）应急演练的实施

（1）熟悉演练任务和角色。组织各参演单位和参演人员熟悉各自参演任务和角色，并按照演练方案要求组织开展相应的演练准备工作。

（2）组织预演。在综合应急演练前，演练组织单位或策划人员可按照演练方案或脚本组织桌面演练或合成预演，熟悉演练实施过程的各个环节。

（3）安全检查。确认演练所需的工具、设备设施、技术资料及参演人员到位。对应急演练安全保障方案及设备设施进行检查确认，确保安全保障方案可行，所有设备设施完好。

（4）应急演练。应急演练总指挥下达演练开始指令后，参演单位和人员按照设定的事故情景实施相应的应急响应行动，直至完成全部演练工作。若演练实施过程中出现特殊或意外情况，演练总指挥可决定中止演练。

（5）演练记录。演练实施过程中，安排专门人员采用文字、照片和音像等手段记录演练过程。

（6）评估准备。演练评估人员根据演练事故情景设计及具体分工，在演练现场实施过程中展开演练评估工作，记录演练中发现的问题或不足，收集演练评估需要的各种信息和资料。

（7）演练结束。演练总指挥宣布演练结束，参演人员按预定方案集中进行现场讲评或者有序疏散。

四、应急演练的评估与总结

（一）应急演练的评估

（1）现场点评。应急演练结束后，在演练现场，评估人员或评估组负责人对演练中发现的问题、不足及取得的成效进行口头点评。

（2）书面评估。评估人员针对演练中观察、记录及收集的各种信息资料，依据评估标准对应急演练活动全过程进行科学分析和客观评价，并撰写书面评估报告。评估报告的重点是对演练活动的组织和实施、演练目标的实现、参演人员的表现及演练中暴露的问题进行评估。

（二）应急演练的总结

演练结束后，由演练组织单位根据演练记录、演练评估报告、应急预案、现场总结等材料，对演练进行全面总结，并形成演练书面总结报告。报告可对应急演练准备、策划等工作进行简要总结分析。参与单位也可对本单位的演练情况进行总结。演练总结报告的内容主要包括：

（1）演练基本概要；

（2）演练发现的问题，取得的经验和教训；

（3）应急管理工作建议。

（三）演练资料归档与备案

（1）应急演练活动结束后，将应急演练工作方案，应急演练评估、总结报告等文字资料，以及记录演练实施过程的相关图片、视频、音频等资料归档保存。

（2）对主管部门要求备案的应急演练资料，演练组织部门（单位）应将相关资料报主管部门备案。

五、应急演练的持续改进

1. 应急预案的修订完善

根据演练评估报告中对应急预案的改进建议，由应急预案编制部门按程序对预案进行修订完善。

2. 应急管理工作改进

（1）应急演练结束后，组织应急演练的部门（单位）根据应急演练评估报告、总结报告提出的问题和建议对应急管理工作（包括应急演练工作）进行持续改进。

（2）组织应急演练的部门（单位）督促相关部门和人员制定整改计划，明确整改目标，制定整改措施，落实整改资金，并应跟踪督查整改情况。

第六章 生产安全事故调查与分析

第一节 生产安全事故报告

一、事故的分类

按照事故造成的伤害程度划分，事故可分为轻伤事故、重伤事故和死亡事故。

轻伤事故：指受伤职工歇工在 1 个工作日以上，计算损失工作日低于 105 日的失能伤害。

重伤事故：指造成职工肢体残缺或视觉、听觉等器官受到严重损伤，一般能引起人体长期存在功能障碍，或损失工作日等于和超过 105 日（小于 6 000 个工作日），劳动能力有重大损失的失能伤害。

死亡事故：指事故发生后当即死亡（含急性中毒死亡）或负伤后在 30 日以内死亡的事故。

二、事故上报的时限和部门

事故发生后，事故现场有关人员应当立即向本单位负责人报告；单位负责人接到报告后，应当于 1 小时内向事故发生地县级以上人民政府安全生产监督管理部门和负有安全生产监督管理职责的有关部门报告。情况紧急时，事故现场有关人员可以直接向事故发生地县级以上人民政府安全生产监督管理部门和负有安全生产监督管理职责的有关部门报告。事故现场条件特别复杂，难以准确判定事故等级，情况十分危急，上一级部门没有足够能力开展应急救援工作，或者事故性质特殊、社会影响特别重大，应允许越级上报。

安全生产监督管理部门和负有安全生产监督管理职责的有关部门接到事故报告后，应当依照下列规定上报事故情况，并通知公安机关、劳动保障行政部门、工会和人民检察院：

（1）特别重大事故、重大事故逐级上报至国务院安全生产监督管理部门和负有安全生产监督管理职责的有关部门；

（2）较大事故逐级上报至省、自治区、直辖市人民政府安全生产监督管理部门和负有安全生产监督管理职责的有关部门；

（3）一般事故上报至设区的市级人民政府安全生产监督管理部门和负有安全生产监督管理职责的有关部门。

安全生产监督管理部门和负有安全生产监督管理职责的有关部门逐级上报事故情况，每级上报的时间不得超过 2 小时。事故报告后出现新情况的，应当及时补报。自事故发生之日起 30 日内，事故造成的伤亡人数发生变化的，应当及时补报。道路交通事故、火灾事故自发生之日起 7 日内，事故造成的伤亡人数发生变化的，应当及时补报。所谓 2 小时起点，是指接到下级部门报告的时间。以特别重大事故的报告为例，按照报告时限要求的最大值计算，从单位负责人报告县级管理部门，再由县级管理部门报告市级管理部门、市级管理部门报告省级管理部门、省级管理部门报告国务院管理部门，直至最后报至国务院，总共所需时间为 9 小时。

三、事故报告的内容

报告事故应当包括事故发生单位概况，事故发生的时间、地点及事故现场情况，事故的简要经过，事故已经造成或者可能造成的伤亡人数（包括下落不明的人数）和初步估计的直接经济损失，已经采取的措施和其他应当报告的情况。

（一）事故发生单位概况

事故发生单位概况应当包括单位的全称、成立时间、所处地理位置、所有制形式和隶属关系、生产经营范围和规模、持有各类证照的情况、单位负责人的基本情况、劳动组织及工程（施工）情况等（矿山企业还应包括可采储量、生产能力、开采方式、通风方式及主要灾害等情况）以及近期的生产经营状况等。

（二）事故发生的时间、地点及事故现场情况

报告事故发生的时间应当具体，并尽量精确到分钟。报告事故发生的地点要准确，除事故发生的中心地点外，还应当报告事故所波及的区域。报告事故现场总体情况、现场的人员伤亡情况、设备设施的毁损情况以及事故发生前的现场情况。

（三）事故的简要经过

事故的简要经过是对事故全过程的简要叙述，描述要前后衔接、脉络清晰、因果相连。

（四）事故已经造成或可能造成的伤亡人数和初步估计的直接经济损失

对直接经济损失的初步估计，主要指事故所导致的建筑物的毁损、生产设备设施和仪器仪表的损坏等。

（五）已经采取的措施

已经采取的措施主要是指事故现场有关人员、事故单位负责人、已经接到事故报告的安全生产管理部门为减少损失、防止事故扩大和便于事故调查所采取的应急救援和现场保护等具体措施。

（六）其他应当报告的情况

对于其他应当报告的情况，根据实际情况具体确定。

事故现场有关人员需要准确报告事故的时间、地点、人员伤亡的大体情况，事故单位负责人需要报告事故的简要经过、人员伤亡和损失情况及已经采取的措施等，安全生产监

督管理部门和负有安全生产监督管理职责的有关部门向上级部门报告事故情况需要严格按照相关规定进行报告。

四、事故的应急处置

事故发生单位负责人接到事故报告后，应当立即启动事故应急预案，或者采取有效措施，组织抢救，防止事故扩大，减少人员伤亡和财产损失。

事故发生后，生产经营单位应当立即启动相关应急预案，采取有效处置措施，开展先期应急工作，控制事态发展，并按规定向有关部门报告。对危险化学品泄漏等可能对周边群众和环境产生影响的，生产经营单位应在向地方人民政府和有关部门报告的同时，及时向可能受到影响的单位、职工、群众发出预警信息，标明危险区域，组织、协助应急救援队伍和工作人员救助受害人员，疏散、撤离、安置受到威胁的人员，并采取必要措施防止发生次生、衍生事故。应急处置工作结束后，各生产经营单位应尽快组织恢复生产、生活秩序，配合事故调查组进行调查。

事故发生地有关地方人民政府、安全生产监督管理部门和负有安全生产监督管理职责的有关部门接到事故报告后，其负责人应当按照生产安全事故应急预案的要求立即赶赴事故现场，组织事故救援。

事故发生后，有关单位和人员应当妥善保护事故现场及相关证据，任何单位和个人不得破坏事故现场、毁灭相关证据。因抢救人员、防止事故扩大及疏通交通等原因，需要移动事故现场物件的，应当作出标志，绘制现场简图并作出书面记录，妥善保存现场重要痕迹、物证。

事故发生地公安机关根据事故的情况，对涉嫌犯罪的，应当依法立案侦查，采取强制措施和侦查措施。犯罪嫌疑人逃匿的，公安机关应当迅速追捕归案。

第二节 事故调查与分析

一、事故调查

事故调查的原则：科学严谨、依法依规、实事求是、注重实效。

（一）事故调查的组织

特别重大事故由国务院或者国务院授权的有关部门组织事故调查组进行调查。重大事故、较大事故、一般事故分别由事故发生地省级人民政府、设区的市级人民政府、县级人民政府负责调查。省级人民政府、设区的市级人民政府、县级人民政府可以直接组织事故调查组进行调查，也可以授权或者委托有关部门组织事故调查组进行调查。未造成人员伤亡的一般事故，县级人民政府也可以委托事故发生单位组织事故调查组进行调查。

对于事故性质恶劣、社会影响较大的，同一地区连续频繁发生同类事故的，事故发生地不重视安全生产工作、不能真正吸取事故教训的，社会和群众对下级人民政府调查的事故反响十分强烈的，事故调查难以做到客观、公正的等事故调查工作，上级人民政府可以调查由下级人民政府负责调查的事故。

特别重大事故以下等级事故，事故发生地与事故发生单位不在同一个县级以上行政区域的，由事故发生地人民政府负责调查，事故发生单位所在地人民政府应当派人参加。

事故调查工作实行“政府领导、分级负责”的原则，不管哪级事故，其事故调查工作都是由政府负责的；不管是政府直接组织事故调查还是授权或者委托有关部门组织事故调查，都是在政府的领导下，都是以政府的名义进行的，都是政府的调查行为，不是部门的调查行为。

此外，自事故发生之日起30日内（道路交通事故、火灾事故自发生之日起7日内），因事故伤亡人数变化导致事故等级发生变化，应当由上级人民政府负责调查的，上级人民政府可以另行组织事故调查组进行调查。

（二）事故调查组的组成和职责

事故调查组的组成应当遵循精简、高效的原则。事故调查组由有关人民政府、安全生产监督管理部门、负有安全生产监督管理职责的有关部门、监察机关、公安机关及工会派人组成，并应当邀请人民检察院派人参加。事故调查组可以聘请有关专家参与调查。

在实际开展事故调查时，事故调查组可以根据事故调查的需要设立管理、技术、综合等专门小组，分别承担管理原因调查、技术原因调查、综合协调等工作。调查组成员单位应当根据事故调查组的委托，指定具有行政执法资格的人员负责相关调查取证工作。进行调查取证时，行政执法人员的人数不得少于2人，并向有关单位和人员表明身份、告知其权利义务，调查取证可以使用有关安全生产行政执法文书。完成调查取证后，应当向事故调查组提交专门调查报告和相关证据材料。

事故调查组成员履行事故调查的行为是职务行为，代表其所属部门、单位进行事故调查工作；事故调查组成员都要接受事故调查组的领导；事故调查组聘请的专家参与事故调查，也是事故调查组的成员。事故调查组成员应当具有事故调查所需要的知识和专长，并与所调查的事故没有直接利害关系。

事故调查组组长由负责事故调查的人民政府指定。事故调查组组长主持事故调查组的工作。由政府直接组织事故调查组进行事故调查的，其事故调查组组长由负责组织事故调查的人民政府指定；由政府委托有关部门组织事故调查组进行事故调查的，其事故调查组组长也由负责组织事故调查的人民政府指定。由政府授权有关部门组织事故调查组进行事故调查的，其事故调查组组长确定可以在授权时一并进行，也就是说，事故调查组组长可以由有关人民政府指定，也可以由授权组织事故调查组的有关部门指定。

事故调查组履行事故调查职责，主要任务和内容如下所述。

（1）查明事故发生的经过，包括：事故发生前事故发生单位生产作业状况，事故发生的具体时间、地点，事故现场状况及事故现场保护情况，事故发生后采取的应急处置措施情况，事故报告经过，事故抢救及事故救援情况，事故的善后处理情况，其他与事故发生经过有关的情况。

（2）查明事故发生的原因，包括：事故发生的直接原因、事故发生的间接原因、事故发生的其他原因。

（3）查明人员伤亡情况，包括：事故发生前事故发生单位生产作业人员分布情况，事故发生时人员涉险情况，事故当场人员伤亡情况及人员失踪情况，事故抢救过程中人员伤亡情况，最终伤亡情况，其他与事故发生有关的人员伤亡情况。

（4）查明事故的直接经济损失，包括：人员伤亡后所支出的费用，如医疗费用、丧葬及抚恤费用、补助及救济费用、歇工工资等；事故善后处理费用，如处理事故的事务性费用、现场抢救费用、现场清理费用、事故罚款和赔偿费用等；事故造成的财产损失费用，如固定资产损失价值、流动资产损失价值等。

（5）认定事故性质和事故责任分析。通过事故调查分析，对事故的性质要有明确结论。其中对认定为自然事故（非责任事故或者不可抗拒的事故）的，可不再认定或者追究事故责任人；对认定为责任事故的，要按照责任大小和承担责任的不同分别认定直接责任者、主要责任者、领导责任者。

（6）对事故责任者提出处理建议。通过事故调查分析，在认定事故的性质和事故责任的基础上，对事故责任者提出行政处分、纪律处分、行政处罚、追究刑事责任、追究民事责任的建议。

（7）总结事故教训。通过事故调查分析，在认定事故的性质和事故责任者的基础上，要认真总结事故教训，主要是针对在安全生产管理、安全生产投入、安全生产条件、事故应急救援等方面存在的薄弱环节、漏洞和隐患，要认真对照问题查找根源、吸取教训。

（8）提出防范和整改措施。防范和整改措施是在事故调查分析的基础上针对事故发生单位在安全生产方面的薄弱环节、漏洞、隐患等提出的，要具备针对性、可操作性、普遍适用性和时效性。

（9）提交事故调查报告。事故调查报告在事故调查组组长的主持下完成。事故调查报告应当附具有关证据材料，事故调查组成员应当在事故调查报告上签名。事故调查报告应当包括事故发生单位概况、事故发生经过和事故救援情况、事故造成的人员伤亡和直接经济损失、事故发生的原因和事故性质、事故责任的认定及对事故责任者的处理建议、事故防范和整改措施。

（三）事故调查组的职权和事故发生单位的义务

事故调查组有权向有关单位和个人了解与事故有关的情况，并要求其提供相关文件、资料，有关单位和个人不得拒绝。事故调查中需要进行技术鉴定的，事故调查组应当委托具有国家规定资质的单位进行技术鉴定。必要时，事故调查组可以直接组织专家进行技术鉴定。技术鉴定所需时间不计入事故调查期限。

事故发生单位的负责人和有关人员在事故调查期间不得擅离职守，并应当随时接受事故调查组的询问，如实提供有关情况。事故调查中发现涉嫌犯罪的，事故调查组应当及时将有关材料或者其复印件移交司法机关处理。

事故发生单位及相关单位应当在事故调查组规定时限内，提供下列材料：营业执照、行政许可及资质证明复印件，组织机构及相关人员职责证明，安全生产责任制度和相关管理制度，与事故相关的合同、伤亡人员身份证明及劳动关系证明，与事故相关的设备、工艺资料和安全操作规程，有关人员安全教育培训情况和特种作业人员资格证明，事故造成人员伤亡和直接经济损失等基本情况的说明，事故现场示意图，有关责任人员上一年年收入情况，与事故有关的其他材料。

（四）事故调查的纪律和期限

事故调查组成员在事故调查工作中应当诚信公正、恪尽职守，遵守事故调查组的纪律，保守事故调查的秘密。未经事故调查组组长允许，事故调查组成员不得擅自发布有关事故的信息。

事故调查组应当自事故发生之日起60日内提交事故调查报告；特殊情况下，经负责事故调查的人民政府批准，提交事故调查报告的期限可以适当延长，但延长的期限最长不超过60日。需要技术鉴定的，技术鉴定所需时间不计入该时限，其提交事故调查报告的时限可以顺延。

二、事故分析

对于较大以上事故或复杂的事故，特别是造成重特大伤亡或财产损失的事故，不仅要进行现场分析，而且还要进行事故后的深入分析。事故分析方法通常有综合分析法、个别案例技术分析法及系统安全分析法等。

大多数事故都应在现场分析及所收集材料的基础上进一步去粗取精、去伪存真、由此及彼、由表及里地深入分析，只有这样才有可能找出事故的根本原因和预防与控制事故的有效措施。而且由于这类事故分析相对于现场分析来说，可以更多、更全面地分析相关资料，聘请一些较高水平但受各种因素限制不能参与现场分析的专家，进行更为深入、全面的分析。

第三节 事故处理

一、事故调查报告的批复

事故调查组是为了调查某一特定事故而临时组成的，其形成的事故调查报告只有经过有关人民政府批复后，才具有效力，才能被执行和落实。事故调查报告批复的主体是负责事故调查的人民政府。特别重大事故的调查报告由国务院批复，重大事故、较大事故、一般事故的事故调查报告分别由负责事故调查的有关省级人民政府、设区的市级人民政府、县级人民政府批复。

对重大事故、较大事故、一般事故，负责事故调查的人民政府应当自收到事故调查报告之日起15日内作出批复；对特别重大事故，30日内作出批复，特殊情况下，批复时间可以适当延长，但延长的时间最长不超过30日。

有关机关应当按照人民政府的批复，依照法律、行政法规规定的权限和程序，对事故发生单位和有关人员进行行政处罚，对负有事故责任的国家工作人员进行处分。事故发生单位应当按照负责事故调查的人民政府的批复，对本单位负有事故责任的人员进行处理。负有事故责任的人员涉嫌犯罪的，依法追究刑事责任。

二、事故调查报告中防范和整改措施的落实及其监督

事故调查组在调查事故中要查清事故经过、查明事故原因和事故性质，总结事故教训，并在事故调查报告中提出防范和整改措施。事故发生单位应当认真吸取事故教训，落实防范和整改措施，防止事故再次发生。防范和整改措施的落实情况应当接受工会和职工的监督。

安全生产监督管理部门和负有安全生产监督管理职责的有关部门，应当对事故发生单位负责落实防范和整改措施的情况进行监督检查。事故处理的情况由负责事故调查的人民政府或者其授权的有关部门、机构向社会公布，依法应当保密的除外。

第四节　事故调查处理案卷管理

事故调查处理结束后，对生产安全事故案卷应该进行归档和管理。

生产安全事故案卷属于安全生产监管档案的重要组成部分，其应归档的文件材料包括：事故报告及领导批示；事故调查组织工作的有关材料，包括事故调查组成立批准文件、内部分工、调查组成员名单及签字等；事故抢险救援报告；现场勘查报告及事故现场勘查材料，包括事故现场图、照片、录像，勘查过程中形成的其他材料等；事故技术分析、取证、鉴定等材料，包括技术鉴定报告，专家鉴定意见，设备、仪器等现场提取物的技术检测或鉴定报告及物证材料或物证材料的影像材料，物证材料的事后处理情况报告等；安全生产管理情况调查报告；伤亡人员名单，尸检报告或死亡证明，受伤人员伤害程度鉴定或医疗证明；调查取证、谈话、询问笔录等；其他有关认定事故原因、管理责任的调查取证材料，包括事故责任单位营业执照及有关资质证书复印件、作业规程及图纸等；关于事故经济损失的材料；事故调查组工作简报；与事故调查工作有关的会议记录；其他与事故调查有关的文件材料；关于事故调查处理意见的请示（附有调查报告）；事故处理决定、批复或结案通知；关于事故责任认定和对责任人进行处理的相关单位的意见函；关于事故责任单位和责任人的责任追究落实情况的文件材料；其他与事故处理有关的文件材料。

第七章　安全生产监管监察

第一节　安全生产监督管理

一、安全生产监督管理体制

目前，我国安全生产监督管理体制是：综合监管与行业监管相结合，国家监察与地方监管相结合，政府监督与其他监督相结合的格局。

二、安全生产监督管理的程序与方式

（一）安全生产监督管理的程序

安全生产监督管理有很多形式，对作业场所的监督检查、行政许可和行政处罚是十分重要的形式。

1. 对作业场所的监督检查的一般程序

（1）监督检查前的准备。召开有关会议，通知生产经营单位等；有时不事先通知生产经营单位，实施突击检查或暗查暗访。

（2）监督检查用人单位执行安全生产法律法规及标准的情况。检查有关许可证的持证情况，安全管理制度，安全培训台账，特种作业人员持证情况，事故隐患排查治理台账，特种设备管理台账，有关会议记录，安全生产管理机构及安全管理人员配备情况，安全投入，安全费用提取等。

（3）作业现场检查。

（4）提出意见或建议。检查完后，与被检查单位交换意见，提出查出的问题，提出整改意见。

（5）发出“现场处理措施决定书”或“责令限期整改指令书”或“行政处罚告知书”等。

2. 颁发管理有关安全生产事项的许可证的一般程序

（1）申请。申请人向安全生产许可证颁发管理机关提交申请书、文件、资料。

（2）受理。许可证颁发管理机关按有关规定受理。申请事项不属于本机关职权范围的，应当即时作出不予受理的决定，并告知申请人向有关机关申请；申请材料存在可以当场更正的错误的，应当允许或者要求申请人当场更正，并即时出具受理的书面凭证；申请材料不齐全或者不符合要求的，应当当场或者在规定时间内告知申请人需要补正的全部内容，

逾期不告知的，自收到申请材料之日起即为受理；申请材料齐全、符合要求或者按照要求全部补正的，自收到申请材料或者全部补正材料之日起即为受理。

（3）征求意见。对有些行政许可，按照有关规定应当听取有关单位和人员的意见，有些还要向社会公开，征求社会的意见。

（4）审查和调查。经同意后，许可证颁发管理机关指派有关人员对申请材料和安全生产条件进行审查；需要到现场审查的，应当到现场进行审查。负责审查的有关人员提出审查意见。

（5）作出决定。许可证颁发管理机关对负责审查的有关人员提出的审查意见进行讨论，并在受理申请之日起规定的时间内作出颁发或者不予颁发安全生产许可证的决定。

（6）送达。对决定颁发的，许可证颁发管理机关应当自决定之日起在规定的时间内送达或者通知申请人领取安全生产许可证；对决定不予颁发的，应当在规定时间内书面通知申请人并说明理由。

3. 行政处罚的程序

根据《行政处罚法》《安全生产违法行为行政处罚办法》等相关规定，安全生产违法行为行政处罚的种类包括：① 警告；② 罚款；③ 责令改正、责令限期改正、责令停止违法行为；④ 没收违法所得、没收非法开采的煤炭产品、采掘设备；⑤ 责令停产停业整顿、责令停产停业、责令停止建设、责令停止施工；⑥ 暂扣或者吊销有关许可证，暂停或者撤销有关执业资格、岗位证书；⑦ 关闭；⑧ 拘留；⑨ 安全生产法律、行政法规规定的其他行政处罚。

（二）安全生产监督管理的方式

安全生产监督管理的方式大体可以分为事前、事中和事后三种。

1. 事前监督管理

事前监督管理有关安全生产许可事项的审批，包括安全生产许可证、危险化学品使用许可证、危险化学品经营许可证、矿长安全资格证、生产经营单位主要负责人安全资格证、安全管理人员安全资格证、特种作业人员操作资格证的审查或考核和颁发，以及对建设项目安全设施和职业病防护设施“三同时”审查。

2. 事中监督管理

事中监督管理主要是日常的监督检查、安全大检查、重点行业和领域的安全生产专项整治、许可证的监督检查等。事中监督管理重点在作业场所的监督检查，监督检查方式主要有以下 2 种。

（1）行为监察。监督检查生产经营单位安全生产的组织管理、规章制度建设、职工教育培训、各级安全生产责任制的实施等工作。其目的和作用在于提高用人单位各级管理人员和普通职工的安全意识，落实安全措施，对违章操作、违反劳动纪律的不安全行为，严肃纠正和处理。

（2）技术监察。它是对物质条件的监督检查，包括对新建、扩建、改建和技术改造工程项目的“三同时”监察；对用人单位现有防护措施与设施完好率、使用率的监察；对个人防护用品的质量、配备与使用的监察；对危险性较大的设备、危害性较严重的作业场所和特殊工种作业的监察等。其特点是专业性强，技术要求高。技术监察多从设备的本质安全入手。

3. 事后监督管理

事后监督管理包括生产安全事故发生后的应急救援，以及调查处理，查明事故原因，严肃处理有关责任人员，提出防范措施。严格按照“四不放过”的原则处理发生的生产安全事故。

第二节 煤矿安全监察

一、煤矿安全监察体制

我国煤矿安全国家监察体制形成了国家煤矿安全监察局、省级煤矿安全监察局、区域监察分局三级机构组成的垂直管理体系，形成了“国家监察、地方监管、企业负责”的煤矿安全工作格局。

二、煤矿安全监察的方式

煤矿安全监察机构依法履行国家煤矿安全监察职责，实施煤矿安全监察行政执法，对煤矿安全进行重点监察、专项监察和定期监察。

1. 重点监察

重点监察指对重点事项的监察，如对安全生产许可证的监察，对安全管理机构设置和安全管理人员安全资格的监察等。

2. 专项监察

专项监察指针对某一时期的煤矿安全工作重点组织的专项监察。如当前煤矿专项监察的重点是瓦斯治理和整顿关闭，专项监察高瓦斯和突出矿井是否按照规定进行瓦斯抽放，是否安装监测系统，该停产整顿的矿井是否停产了，该关闭的是否关闭了。

3. 定期监察

定期监察指根据煤矿安全工作的重点时期定期组织的监察。年初，经过春节后矿井恢复生产，年底突击生产，都容易发生事故。

第三节 特种设备安全监察

一、特种设备安全监察体制

国家对特种设备实行专项安全监察体制。国务院、省（自治区、直辖市）、市（地）

及经济发达县的质检部门设立特种设备安全监察机构。

国家市场监督管理总局内设特种设备安全监察局，各省、自治区、直辖市在市场监督管理部门内设有特种设备安全监察处，各地市设安全监察科，工业发达的县或县级市设安全股。各地建有特种设备检验机构。

二、特种设备安全监察制度

按照设计、制造、安装、使用、检验、修理、改造及进出口等环节，对锅炉、压力容器等特种设备的安全实施全过程一体化的安全监察。目前，对特种设备的安全监察，主要建立两项制度：一是特种设备市场准入制度，二是设计、制造、安装、使用、检验、修理、改造 7 个环节全过程一体化的监察制度。

三、特种设备安全监察的方式

特种设备安全监察的方式根据特种设备监察工作的特点，主要分为以下几种。

1. 行政许可制度

对特种设备实施市场准入制度和设备准用制度。市场准入制度主要是对从事特种设备的设计、制造、安装、修理、维护保养、改造的单位实施资格许可，并对部分产品出厂实施安全性能监督检验。对在用的特种设备通过实施定期检验、注册登记施行准用制度。

2. 监督检查制度

监督检查的目的是预防事故的发生，其实现手段：一是通过检验发现特种设备在设计、制造、安装、维修、改造中的影响产品安全性能的质量问题；二是对检查发现的问题，用行政执法的手段纠正违法违规行为；三是通过广泛宣传，提高全社会的安全意识和法规意识；四是发挥群众监督和舆论监督的作用，加大对各类违法违规行为的查处力度；五是加强日常工作的监察。

3. 事故应对和调查处理

特种设备安全监察机构在做好事故预防工作的同时，要将危机处理机制的建立作为安全监察工作的重要内容。危机处理机制应包括事故应急处理预案、组织和物资保证、技术支撑、人员的救援、后勤保障、建立与舆论界可控的互动关系等。事故发生后，组织调查处理，按照“四不放过”原则，严肃处理事故。

第八章　安全生产统计分析

第一节　统计基础知识

常见的统计图有以下 7 种。

（1）条图：又称直条图，表示独立指标在不同阶段的情况，有两维或多维，图例位于右上方。

（2）圆图或百分条图：描述百分比（构成比）的大小，用颜色或各种图形将不同比例表达出来。

（3）线图：用线条的升降表示事物的发展变化趋势，主要用于计量资料，描述两个变量间关系。

（4）半对数线图：纵轴用对数尺度，描述一组连续性资料的变化速度及趋势。

（5）散点图：描述两种现象的相关关系。

（6）直方图：描述计量资料的频数分布。

（7）统计地图：描述某种现象的地域分布。

按资料的性质和分析目的选用适合的图形，统计图的一般选用原则如表 8-1 所示。

表 8-1　统计图的一般选用原则

资料的性质和分析目的	宜选用的统计图
比较分类资料各类别数值大小	条图
分析事物内部各组成部分所占比重（构成比）	圆图或百分条图
描述事物随时间变化趋势或描述两种现象相互变化的趋势	线图、半对数线图
描述双变量资料的相互关系的密切程度或相互关系的方向	散点图
描述连续性变量的频数分布	直方图
描述某现象的数量在地域上的分布	统计地图

第二节 事故统计与报表制度

一、事故统计的步骤

事故统计工作一般分为以下 3 个步骤。

1. 资料搜集

资料搜集又称统计调查，是根据统计分析的目的，对大量零星的原始材料进行技术分组。资料搜集是根据事故统计的目的和任务，制定调查方案，确定调查对象和单位，拟定调查项目和表格，并按照事故统计工作的性质选定方法。

2. 资料整理

资料整理又称统计汇总，是将搜集的事故资料进行审核、汇总，并根据事故统计的目的和要求计算有关数值。汇总的关键是统计分组，就是按一定的统计标志，将分组研究的对象划分为性质相同的组。如按事故类别、事故原因等分组，然后按组进行统计计算。

3. 综合分析

综合分析是将汇总整理的资料及有关数值填入统计表或绘制统计图，使大量的零星资料系统化、条理化、科学化，是统计工作的结果。

二、事故统计指标

地区安全评价类统计指标体系包括死亡事故起数、死亡人数、直接经济损失、重大事故起数、重大事故死亡人数、特大事故起数、特大事故死亡人数、特别重大事故起数、特别重大事故死亡人数、亿元国内生产总值（GDP）死亡率、十万人死亡率等。部分事故统计指标的意义与计算方法如下所述。

1. 千人死亡率

千人死亡率指一定时期内，平均每千名从业人员，因伤亡事故造成的死亡人数。千人死亡率的计算公式为

$$千人死亡率=\frac{死亡人数}{从业人员数}\times 10^3$$

2. 千人重伤率

千人重伤率指一定时期内，平均每千名从业人员，因伤亡事故造成的重伤人数。千人重伤率的计算公式为

$$千人重伤率=\frac{重伤人数}{从业人员数}\times 10^3$$

3. 百万工时死亡率

百万工时死亡率指一定时期内，平均每百万工时，因事故造成的死亡人数。百万工时死亡率的计算公式为

$$百万工时死亡率=\frac{死亡人数}{实际总工时}\times 10^6$$

4. 百万吨死亡率

百万吨死亡率指一定时期内，平均每百万吨产量，因事故造成的死亡人数。百万吨死亡率的计算公式为

$$百万吨死亡率=\frac{死亡人数}{实际产量}\times 10^6$$

5. 重大事故率

重大事故率指一定时期内，重大事故起数占事故总起数的比例。重大事故率的计算公式为

$$重大事故率=\frac{重大事故起数}{事故总起数}\times 100\%$$

6. 特大事故率

特大事故率指一定时期内，特大事故起数占事故总起数的比例。特大事故率的计算公式为

$$特大事故率=\frac{特大事故起数}{事故总起数}\times 100\%$$

7. 百万人火灾发生率

百万人火灾发生率指一定时期内，某地区平均每百万人中，火灾发生的次数。百万人火灾发生率的计算公式为

$$百万人火灾发生率=\frac{发生火灾的次数}{地区总人口}\times 10^6$$

8. 百万人火灾死亡率

百万人火灾死亡率指一定时期内，某地区平均每百万人中，火灾造成的死亡人数。百万人火灾死亡率的计算公式为

$$百万人火灾死亡率=\frac{火灾造成的死亡人数}{地区总人口}\times 10^6$$

9. 万车死亡率

万车死亡率指一定时期内，平均每万辆机动车辆中，因事故造成的死亡人数。万车死亡率的计算公式为

$$万车死亡率=\frac{机动车造成的死亡人数}{机动车数}\times 10^4$$

10. 十万人死亡率

十万人死亡率指一定时期内，某地区平均每十万人中，因事故造成的死亡人数。十万人死亡率的计算公式为

$$十万人死亡率=\frac{死亡人数}{地区总人口}\times10^5$$

11. 亿客公里死亡率

亿客公里死亡率的计算公式为

$$亿客公里死亡率=\frac{死亡人数}{运营旅客人数\times运营公里总数}\times10^8$$

12. 千艘船事故率

千艘船事故率指一定时期内，平均每千艘船发生一般以上事故船舶总艘数占本省（本单位）船舶总艘数的比例。千艘船事故率的计算公式为

$$千艘船事故率=\frac{一般以上事故船舶总艘数}{本省（本单位）船舶总艘数}\times10^3$$

13. 百万机车总走行公里死亡率

百万机车总走行公里死亡率的计算公式为

$$百万机车总走行公里死亡率=\frac{死亡人数}{机车总走行公里}\times10^6$$

14. 重大事故万时率

重大事故万时率的计算公式为

$$重大事故万时率=\frac{重大事故次数}{飞行总小时}\times10^4$$

15. 亿元 GDP 死亡率

亿元 GDP 死亡率指某时期内，某地区平均每生产亿元地区生产总值时造成的死亡人数。亿元 GDP 死亡率的计算公式为

$$亿元\text{ GDP }死亡率=\frac{死亡人数}{地区生产总值}\times10^8$$

三、伤亡事故统计分析方法

伤亡事故统计分析方法是以研究伤亡事故统计为基础的分析方法，伤亡事故统计有描述统计法和推理统计法两种。

描述统计法用于概括和描述原始资料总体的特征。它可以提供一种组织归纳和运用资料的方法。最常用的描述统计有频数分布、图形或图表、算数平均值及相关分析等。

推理统计法是从一个较大的资料总体中抽取样本来推断结论的方法。它的目的是使人们能够用数量来表示可能的论述。对伤亡事故原因的专门研究及事故判定技术等主要应用

推理统计法。经常用到的几种事故统计方法，除算数平均法外，还有以下6种。

1. 综合分析法

综合分析法是将大量的事故资料进行总结分类，将汇总整理的资料及有关数值，形成书面分析材料或填入统计表或绘制统计图，使大量的零星资料系统化、条理化、科学化，从各种变化的影响中找出事故发生的规律性。

2. 分组分析法

分组分析法是按伤亡事故的有关特征进行分类汇总，研究事故发生的有关情况。例如，按事故发生的经济类型、事故发生单位所在行业、事故发生原因、事故类别、事故发生所在地区、事故发生时间和伤害部位等进行分组汇总统计伤亡事故数据。

3. 相对指标比较法

当各省之间、各企业之间由于企业规模、职工人数等不同而很难比较时，若采用相对指标如千人死亡率、百万吨死亡率等指标，则可以互相比较，并在一定程度上说明安全生产的情况。

4. 统计图表法

事故常用的统计图有：

（1）趋势图，即折线图，直观地展示伤亡事故的发生趋势；

（2）柱状图，能够直观地反映不同分类项目所造成的伤亡事故指标大小的比较；

（3）饼图，即比例图，可以形象地反映不同分类项目所占的百分比。

5. 排列图

排列图也称主次图，是直方图与折线图的结合。直方图用来表示属于某项目的各分类的频次，而折线点则表示各分类的累积相对频次。排列图可以直观地显示出属于各分类的频数的大小及其占累积总数的百分比。

6. 控制图

控制图又叫管理图，把质量管理控制图中的不良率控制图方法引入伤亡事故发生情况的测定中，可以及时察觉伤亡事故发生的异常情况，有助于及时消除不安定因素，起到预防事故重复发生的作用。

四、伤亡事故经济损失计算方法

伤亡事故经济损失是指企业职工在劳动生产过程中发生伤亡事故所引起的一切经济损失，包括直接经济损失和间接经济损失。

1. 直接经济损失的统计范围

（1）人身伤亡后所支出的费用，包括医疗费用（含护理费用）、丧葬及抚恤费用、补助及救济费用、歇工工资。

（2）善后处理费用，包括处理事故的事务性费用、现场抢救费用、清理现场费用、事故罚款和赔偿费用。

（3）财产损失价值，包括固定资产损失价值、流动资产损失价值。

2. 间接经济损失的统计范围

（1）停产、减产损失价值。

（2）工作损失价值。

（3）资源损失价值。

（4）处理环境污染的费用。

（5）补充新职工的培训费用。

（6）其他损失费用。

3. 计算方法

（1）工作损失价值的计算公式为

$$V_W = \frac{D_L M}{SD}$$

式中：V_W——工作损失价值，万元；

D_L——一起事故的总损失工作日数，死亡一名职工按 6 000 个工作日计算，受伤职工视伤害情况按《企业职工伤亡事故分类》（GB 6441—1986）的附表确定，日；

M——企业上年税利（税金加利润），万元；

S——企业上年平均职工人数，人；

D——企业上年法定工作日数，日。

（2）固定资产损失价值按下列情况计算：

① 报废的固定资产，以固定资产净值减去残值计算；

② 损坏的固定资产，以修复费用计算。

（3）流动资产损失价值按下列情况计算：

① 原材料、燃料、辅助材料等均按账面值减去残值计算；

② 成品、半成品、在制品等均以企业实际成本减去残值计算。

（4）停产、减产损失，按事故发生之日起到恢复正常生产水平时止，计算其损失的价值。

第三部分

精选题库

第一章安全生产管理基本理论精选题库

一、单项选择题

（每题 1 分。每题的备选项中，只有 1 个最符合题意）

1. 某建筑施工工地在深基坑 3 标段下层钢筋绑扎、马凳安放、上层钢筋的铺设作业时，发生钢筋坍塌事故，造成 10 名作业人员死亡，4 人受伤。依据《生产安全事故报告和调查处理条例》（国务院令第 493 号），该起事故等级是（　　）。

A. 一般事故　　B. 较大事故　　C. 重大事故　　D. 特别重大事故

2. 某旅游公司一辆载人大巴车在旅行过程中因司机疲劳驾驶发生坠崖事故。该事故共造成 34 名乘客死亡，11 人受伤，直接损失 2 500 余万元。根据《生产安全事故报告和调查处理条例》（国务院令第 493 号），该起事故是（　　）。

A. 一般事故　　B. 较大事故　　C. 重大事故　　D. 特别重大事故

3. 某制药企业在冷媒系统管道改造过程中，焊接、切割作业时，焊渣或火花跌落或喷溅到现场堆放的可燃物上，引燃可燃物，可燃物在燃烧过程中产生剧毒气体，造成 10 人中毒窒息死亡，12 人急性工业中毒送医，直接经济损失 1 867 万元。依据《企业职工伤亡事故分类标准》（GB 6441—1986）及《生产安全事故报告和调查处理条例》（国务院令第 493 号），下列说法中，正确的是（　　）。

A. 该起事故类型是火灾事故，事故的等级为较大事故

B. 该起事故类型是中毒和窒息事故，事故的等级为较大事故

C. 该起事故类型是火灾事故，事故的等级为重大事故

D. 该起事故类型是中毒和窒息事故，事故的等级为重大事故

4. 甲市安全生产监督管理部门对某石化厂进行安全检查时，发现该厂化学品仓库内没有设置危险物品泄漏报警装置，一旦发生危险物品泄漏且没有人发现，随时会引起火灾爆炸危险。依据《安全生产事故隐患排查治理暂行规定》（国家安全生产监督管理总局令第 16 号），该隐患属于（　　）。

A. 一般事故隐患　　B. 较大事故隐患　　C. 重大事故隐患　　D. 特大事故隐患

5. 某石化企业为了更好地管理事故隐患，开发了专用的事故隐患排查治理管理信息系统，按照《安全生产事故隐患排查治理暂行规定》将事故隐患分为一般事故隐患和重大

事故隐患，并安排专人填报。下列事故隐患中，应按照重大事故隐患填报系统的是（ ）。（2019 年真题）

A. 联轴器防护罩破损　　B. 办公楼未摆放灭火器
C. 危险化学品储罐未安装安全阀　　D. 某操作人员未佩戴防护口罩

6. 下列关于危险度的说法，正确的是（ ）。
A. 生产系统中事故发生的可能性与本质安全性的结合
B. 生产系统中事故发生的风险性与突发性的结合
C. 生产系统中事故发生的危险性与危险源的结合
D. 生产系统中事故发生的可能性与严重性的结合

7. 经统计，某市机械行业 10 年中发生了 2 865 起可记录意外事件。根据海因里希法则，该市机械行业发生的 2 865 起可记录意外事件中伤亡的人数可能是（ ）。
A. 9 人　B. 10 人　C. 252 人　D. 277 人

8. 某机械公司对近几年的意外事件进行了回顾和统计，发现公司平均每年发生大小意外事件在 200 起左右，根据海因里希法则推断，照此趋势发展下去，该公司未来 10 年内，轻伤人数可能是（ ）。
A. 18 人　B. 19 人　C. 176 人　D. 193 人

9. 某机械制造企业发生一起起重机械事故，导致 2 人死亡，根据海因里希法则，该企业在事故发生前可能出现的起重机械意外事件数量是（ ）。
A. 300　B. 330　C. 600　D. 660

10. 某县的应急管理部门人员王某，统计了该县机械制造加工行业自 2015 年至 2019 年年底 5 年来失能伤害的起数，如下表所示（单位：人数），根据海因里希法则，在机械事故中伤亡（死亡、重伤）、轻伤、不安全行为的比例为 1:29:300，可以推测该县 5 年来不安全行为总的起数是（ ）。

伤害类别	2015	2016	2017	2018	2019
手掌	3	4	2	1	1
上臂	2	1	0	0	0
足部	4	3	2	3	3
下肢	0	0	1	0	0

A. 300　B. 600　C. 900　D. 1 200

11. 下列关于本质安全说法正确的是（ ）。
A. 本质安全是事后补偿的

B. 本质安全是生产中“预防为主”的根本体现，也是安全生产的最高境界

C. 通过培训教育和安全文化，也是实现本质安全的途径

D. 是设备、设施和技术工艺本身固有的，即在它们的制造阶段就被纳入其中

12. 某机械厂认为优秀的员工选择是预防事故的重要措施，该厂通过严格的生理、心理检验，从众多的求职人员中选择身体、智力、性格特征及动作特征等方面优秀的人才就业。该厂做法符合事故致因理论中的（　　）。

A. 能量意外释放理论　　B. 事故频发倾向理论

C. 系统安全理论　　D. 轨迹交叉理论

13. 2019 年 2 月 23 日，某矿业有限责任公司发生井下车辆伤害重大生产安全事故，造成 22 人死亡、28 人受伤。事故调查发现，事故发生原因是，该矿向井下运送作业人员的车辆是采用干式制动器的报废车辆。事故车辆驾驶人不具备大型客运车辆驾驶资质，驾驶事故车辆在措施斜坡道向下行驶过程中，制动系统发生机械故障，制动时促动管路漏气，导致车辆制动性能显著下降。驾驶人遇制动不良突发状况处置不当，误操作将挡位挂入三挡，车辆失控引发事故。事故车辆私自改装车厢内座椅、未设置扶手及安全带，超员运输，加重了事故的损害后果。事后，该矿更换了符合相关规定的车辆运送作业人员、雇用了有资质的车辆驾驶人，要求驾驶人严格按规程驾驶车辆，同时要求作业人员也要在车辆行驶期间必须系好安全带，不得离开座位，以保障作业人员下井安全。上述对事故致因的分析及其采取的措施符合（　　）。

A. 海因里希事故连锁理论　　B. 轨迹交叉理论

C. 事故频发倾向理论　　D. 能量意外释放理论

14. 轨迹交叉理论强调人的因素和物的因素在事故致因中占有同样重要的地位。轨迹交叉理论将事故的发生发展过程描述分为（　　）。

A. 遗传环境　人的缺点　不安全行为　不安全状态　事故　伤亡

B. 管理失误　个人原因　不安全行为　不安全状态　事故　伤亡

C. 基本原因　直接原因　间接原因　事故　伤害

D. 基本原因　间接原因　直接原因　事故　伤害

15. 某禽业公司厂房电气线路短路，引燃周围可燃物，燃烧产生的高温导致液氨储存设备和液氨管道发生物理爆炸，造成 121 人死亡，76 人受伤。事故调查表明，导致该起事故的原因有：电气线路短路、工人安全意识差、随意堆放可燃物、车间作业环境不良。该公司采取了以下的安全技术措施，其中符合能量意外释放理论观点的措施是（　　）。

A. 健全安全生产规章制度，保持作业环境良好

B. 改善车间作业环境，疏通安全出口

C. 定期检查电气线路，增强员工的安全意识

D. 增强短路保护装置，提高液氨系统的可靠性

16. 某食品加工厂对厂区内危险源进行识别，由于危险源较多，该加工厂决定采取措施根除部分危险源，对不能根除的危险源降低到可接受程度，从而达到控制危险源，减少危险源总数的目的。该观点符合事故致因理论的（ ）。

A. 现代因果连锁理论　　B. 能量意外释放理论

C. 系统安全理论　　D. 事故频发倾向理论

17. 某加油站在卸油区设置了静电释放器，作业人员进入卸油区前需要接触静电释放器，释放身体上可能带有的静电，根据能量意外释放理论，该事故防范对策属于（ ）。（2019 年真题）

A. 防止能量蓄积　　B. 限制能量

C. 控制能量释放　　D. 延缓能量释放

18. "安全贯穿于生产活动的方方面面，安全生产管理是全方位、全天候且涉及全体人员的管理。"该观点体现了安全原理中的（ ）。

A. 系统原理　　B. 人本原理　　C. 预防原理　　D. 强制原理

19. 下列不符合系统安全理论观点的是（ ）。

A. 没有任何一种事物是绝对安全的，任何事物中都潜伏着危险因素

B. 不可能根除一切危险源和危险，可以减少来自现有危险源的危险性

C. 可以避免人的不安全行为和物的不安全状态同时、同地出现，来预防事故的发生

D. 由于人的认识能力有限，有时不能完全认识危险源和危险，即使认识了现有的危险源，随着生产技术的发展，新技术、新工艺、新材料和新能源的出现又会产生新的危险源

20. 安全生产管理原理是从生产管理的共性出发，对生产管理中安全工作的实质内容进行科学分析、综合、抽象与概括所得出的安全生产管理规律。某企业针对新引进的自动化焊接生产线制定了巡检人员的标准作业程序，在车间内无死角监控巡检人员的行为，明确了安全生产监督职责，对生产中执行和监督情况进行严格监控。这种做法符合安全生产管理原理的（ ）。（2018 年真题）

A. 系统原理　　B. 强制原理　　C. 人本原理　　D. 预防原理

21. 某日上午 9 时，某企业的工作现场叉车司机甲进行驾驶操作时，看到位于前方 10 多米处另一叉车发生故障，便擅自离开驾驶室到另一台叉车旁帮忙检查故障。9 时 20 分，无人操纵的叉车突然启动，撞到现场作业人员，造成 1 名员工死亡，为吸取事故教训，该企业管理者从需要、动机、行为、目的出发，提出防止人的不安全行为措施。上述做法体现了安全生产管理的（ ）。

A. 系统原理的动态相关性原则　　B. 人本原理的行为原则
C. 预防原理的激励原则　　D. 强制原理的监督原则

22. 某食品加工厂领导班子在调查中发现当前员工存在“凝聚力”不足的现象，针对这种现象，领导班子提出了各部门、各环节“各尽其能、横向协作、共塑和谐”的指导思想，该指导思想符合安全管理的（　　）。

A. 激励原则　　B. 封闭原则　　C. 整分合原则　　D. 反馈原则

23. 某化工厂危险化学品物料堆放混乱，一日因电气设备短路，险些引燃周围胡乱堆放的危化品。事后该厂领导吸取本次事故教训，对电气设备展开全面大检查，同时做好危险化学品存放管理工作，分区域正确隔离存放。该厂做法符合安全原理原则中的（　　）。

A. 激励原则　　B. 偶然损失原则
C.“3E”原则　　D. 安全第一原则

24. 某厂管理层在制定企业决策时考虑到安全生产的重要性，修订了安全生产责任制，对每一名员工的安全职责进行了明确和界定，要求员工按职责完成相应的安全管理工作，并且将安全生产作为每月强制考核指标。该做法符合安全原理原则中的（　　）。

A. 预防原理中的因果关系原则　　B. 系统原理中的整分合原则
C. 人本原理中的能级原则　　D. 强制原理中的安全第一原则

25. 人的失误主要表现在感知差错，判断、决策差错和行为差错等，下列情况属于导致判断、决策差错的是（　　）。

A. 信息呈现时间太短　　B. 听力障碍
C. 遗忘和记忆错误　　D. 眩光

26. 人的心理状态对交通安全隐患的影响非常重要，不同气质类型的司机交通事故发生率不同，下列气质类型被认为是“马路第一杀手”的是（　　）。

A. 多血质　　B. 黏液质　　C. 抑郁质　　D. 胆汁质

27. 某公司焊工甲某有 15 年焊接作业经验，在进行焊接作业时，固执己见，以自己资格老为由，拒绝听取安全员的劝告，在未穿戴绝缘鞋的条件下进行作业，最终造成触电死亡。该事故中甲某的违章作业的心理属于（　　）。

A. 省能心理　　B. 侥幸心理　　C. 逆反心理　　D. 骄傲、好胜心理

28. 某企业董事长提出用“安全第一”作为经营方针后，职工对安全第一的认同感，使“安全第一”的思想在生产经营活动中更加深入人心，发挥出巨大的整体效应，有力保障企业经营目标的实现。这主要发挥了企业安全文化功能中的（　　）。

A. 辐射功能　　B. 凝聚功能　　C. 激励功能　　D. 同化功能

29. 某大型企业集团董事长，因一次员工交通死亡事故，在全集团提出了乘车务必系安全带的倡议。在该集团公司领导推动下，乘车系安全带逐步成为该集团安全文化的组成部分。员工不仅自己乘车一定系安全带，同时也提醒同乘的亲朋好友、新同事系安全带。上述现象体现了企业安全文化主要功能的（　　）。

A. 导向功能、凝聚功能　　B. 凝聚功能、激励功能

C. 激励功能、辐射和同化功能　　D. 导向功能、辐射和同化功能

二、多项选择题

（每题 2 分。每题的备选项中，有 2 个或 2 个以上符合题意，至少有 1 个错项。错选，本题不得分；少选，所选的每个选项得 0.5 分）

1. 下列关于危险源的说法中，正确的有（　　）。

A. 第一类危险源决定了事故后果的可能性和频率

B. 第二类危险源决定了事故后果的严重程度

C. 企业安全工作重点是第一类危险源的控制问题

D. 企业安全工作重点是第二类危险源的控制问题

E. 操作标准的不完善，也是一种危险源

2. 某企业按照国家、省、市、区安委办印发的文件要求，积极开展企业双重预防机制建设工作领导小组，根据企业的实际决定选用风险矩阵法作为其中一种风险评估方法，开展安全风险等级评估工作。在运用风险矩阵法进行风险等级评估过程中需要考虑的因素有（　　）。（2018 年真题）

A. 控制措施的状态　　B. 危险性

C. 事故后果严重程度　　D. 事故发生的可能性

E. 人体暴露在这种危险环境中的频率程度

3. 张某驾驶小轿车去加油站加油，因害怕明火引燃汽油，张某在进入加油站前将正在吸的烟掐灭，在确保无危险后将烟头放入小轿车烟灰缸内并驶入加油站。恰遇加油站中油罐车卸油，需暂时等待一段时间，张某随即将车停在加油枪旁边熄火并下车围观。此时接到公司电话，于是张某边打电话，边在小轿车旁围观油罐车卸油。根据危险源辨识要求，上述事件中，属于危险源的有（　　）。

A. 油罐车　　B. 烟头　　C. 烟灰缸　　D. 打手机

E. 小轿车

4. 下列属于本质安全设计的是（　　）。

A. 事故多发处设置警示标识　　B. 缩短设备运行时间

C. 锻造机装设双按钮开关　　D. 机械设备加设自动停机系统

E. 曳引式电梯的安全钳

5. 下列属于能量意外释放理论事故防范对策中的限制能量对策的有（　　）。

A. 利用低电压设备防止电击　　B. 通过接地消除静电蓄积

C. 利用避雷针放电保护重要设施　　D. 限制设备运转速度以防止机械伤害

E. 减少露天爆破装药量以防止飞石伤人

6. 某硫铁矿井下炸药库因防静电设施失效造成炸药发生爆炸，产生大量的一氧化碳、氮氧化物等有毒气体，并形成强大的冲击风流，造成作业人员多人中毒和伤亡。事后，该矿采取了相应的整改措施，下列措施中，符合能量意外释放理论措施的有（　　）。（2015年真题）

A. 扩大炸药库通风巷道的面积

B. 加大检查职工佩戴自救器频次

C. 降低炸药库存量

D. 巷道设置防爆水袋

E. 提高防静电设施标准

7. 某煤矿由于煤层倾角大，留设的隔离煤柱在工作面回采后压力增大，造成垮塌，导致上下采空区相通，巷道漏风。为防止发生煤层自燃，该矿采取了① 注惰性气体防止煤层自燃；② 对采空区气体连续监测；③ 构筑密闭墙；④ 严格管理，加强作业人员安全意识；⑤ 强化应急管理等措施。以上属于防止能量意外释放的技术措施有（　　）。（2019 年真题）

A. ①　　B. ②　　C. ③　　D. ④

E. ⑤

8. 下列安全生产管理原理与原则中，不属于预防原理的有（　　）。

A. 整分合原则　　B. 偶然损失原则　　C. 能级原则　　D. 因果关系原则

E. 本质安全化原则

9. 某市一化工厂二氯乙烷车间反应釜发生爆炸，并引发火灾，致 3 死 4 伤。事后，该市安监局立即组织相关部门和专家一同深入该厂进行隐患排查工作，针对发现的人的危险因素要求该厂加强安全培训，同时，要求该厂全面开展安全生产警示教育和自查互纠跟踪活动。安全监管部门这种做法体现的安全生产管理的原则有（　　）。（2015 年真题）

A. 系统原理的封闭原则　　B. 人本原理的行为原则

C. 预防原理的偶然性原则　　D. 人本原理的激励原则

E. 预防原理的 3E 原则

第二章安全生产管理内容精选题库

一、单项选择题

（每题1分。每题的备选项中，只有1个最符合题意）

1. 某股份制公司主营建筑、矿山等业务，公司设立了董事会，并聘任赵某为安全生产的副总经理，负责公司的日常安全生产管理工作。根据《生产安全事故应急预案管理办法》（应急管理部令第2号），关于赵某履行安全生产职责正确的是（　　）。（2019年真题）

A. 赵某应保证本公司安全生产投入的有效实施

B. 赵某初次接受安全教育培训时间应为 32 学时

C. 赵某应负责督促落实本公司安全生产整改措施

D. 赵某应负责应急预案的签发

2. 某机械加工企业为保障生产安全，落实企业安全生产主体责任，组织开展了下列工作。关于该企业落实安全生产主体责任的说法，正确的是（　　）。（2019年真题）

A. 为员工提供劳动防护用品属于落实资金投入责任

B. 为员工缴纳工伤保险属于落实安全生产管理责任

C. 为员工提供安全生产教育资源属于落实安全教育培训责任

D. 对生产设施进行安全评价属于落实设备设施保障责任

3. 某食品加工公司由李某、王某、张某、刘某出资建立，并由四人组成董事会，李某任董事长，王某任总经理，张某任财务总监，刘某任安全总监。下列关于他们的安全职责，说法正确的是（　　）。

A. 李某负责督促落实本单位重大危险源的安全管理措施

B. 张某负责本单位安全生产投入的有效实施

C. 王某负责检查本单位的安全生产状况，及时排查生产安全事故隐患

D. 刘某负责组织或者参与本单位应急救援演练

4. 某公司董事长李某现定居国外，公司总经理张某因病住院半年有余，现公司日常管理由公司常务副总赵某管理，公司安全总监郭某和财务总监钱某协助赵某工作。依据《安全生产法》，现该公司对建立、健全本单位安全生产责任制，组织制定本单位安全生产规章制度和操作规程的职责负责的是（　　）。

A. 董事长李某　　B. 总经理张某　　C. 常务副总赵某　　D. 安全总监郭某

5. 企业安全规章制度是生产经营单位依据国家有关法律法规、国家标准和行业标准，结合生产经营实际，以生产经营单位名义起草制定的有关安全生产的规范性文件。下列选项中不属于安全规章制度建设的原则的是（　　）。

A. 主要负责人负责的原则　　B. 系统性原则

C. 多样化原则　　D. 规范化和标准化原则

6. 某集团公司安全管理人员对所属的一家炼化公司进行现场检查时发现，现场安全标志欠缺，几处人员紧急疏散通道标志模糊不清，进一步检查发现安全标志的管理制度比较笼统，缺乏可操作性。根据检查情况，该炼化公司应当完善的制度是（　　）。（2019年真题）

A. 例行安全工作制度　　B. 设备设施安全管理制度

C. 人员安全管理制度　　D. 环境安全管理制度

7. 某公司为了提高安全生产管理水平，成立工作组对公司的安全生产规章制度进行系统梳理，按照安全系统和人机工程原理健全安全生产规章制度体系。为了完成这项工作，工作组召开会议进行了专题研究。关于各管理制度分类的说法，正确的是（　　）。（2018年真题）

A. 安全标志管理制度属于综合安全管理制度

B. 安全工器具的使用管理制度属于人员安全管理制度

C. 安全设施和费用管理制度属于设备设施安全管理制度

D. 现场作业安全管理制度属于环境安全管理制度

8. 生产经营单位规章制度体系中，不属于设备设施安全管理制度的是（　　）。

A. "三同时"制度　　B. 安全工器具使用管理制度

C. 定期维护检修制度　　D. 定期检测、检验制度

9. 按照安全系统工程和人机工程原理建立的安全生产规章制度体系，一般将规章制度分为四类，即综合管理、人员管理、设备设施管理、环境管理。下列规章制度中属于设备设施安全管理制度的是（　　）。

A. 安全标志管理制度　　B. 安全设施和费用管理制度

C. 安全操作规程　　D. 危险物品使用管理制度

10. 某新建公司根据国家安全生产相关法律法规和标准的要求，编制了安全管理制度，在主要负责人进行签发前，需要进行制度审核。下列关于制度审核的说法中，不正确的是（　　）。

A. 由生产经营单位负责法律事务的部门进行合规性审查

B. 专业技术性较强的规章制度应邀请相关专家进行审核

C. 安全奖惩等涉及全员性的制度，应经过职工代表大会或职工代表进行审核

D. 专业技术性较强的规章制度由相关职能部门或员工进行审核

11. 某机械加工企业新进一批冲床，在对冲床操作员工进行培训前，企业负责安全的副总要求安全管理部门和设备部门共同编制冲床的操作规程，下列关于冲床操作规程的内容，说法不正确的是（　　）。

A. 冲床的操作规程应包含操作前的准备

B. 冲床的操作规程应包含引用的标准

C. 冲床的操作规程应包含劳动防护用品的穿戴要求

D. 冲床的操作规程应包含操作人员所处的位置和操作时的规范姿势

12. 生产经营单位的主要负责人和安全生产管理人员的安全培训必须依据安全生产监督管理部门制定的安全培训大纲标准实施。依据《生产经营单位安全培训规定》（国家安全监督总局令第 3 号公布、第 80 号令第二次修正），下列关于生产经营单位安全培训大纲及考核标准制定的说法中，正确的是（　　）。（2017 年真题）

A. 煤矿的安全培训大纲及考核标准由各省煤矿安全监察机构制定

B. 非煤矿山的安全培训大纲及考核标准由应急管理部统一制定

C. 本辖区内金属冶炼企业的安全培训大纲及考核标准由直辖市负责制定

D. 商贸企业的安全培训大纲及考核标准由国家安全监管总局统一制定

13. 某建筑施工企业承包某项目的幕墙改造工程，其中高处作业、焊接切割作业、电工作业必须由取得特种作业操作证的人员完成。关于特种作业人员取证、复审的说法，正确的是（　　）。（2018 年真题）

A. 特种作业人员，必须在户籍所在地参加培训，并考核合格

B. 特种作业人员，必须在从业所在地参加培训，并考核合格

C. 特种作业操作证申请复审或延期复审前，特种作业人员须参加不少于 16 学时的安全培训并考试合格

D. 特种作业操作证有效期 6 年，每 3 年复审 1 次，满足相关规定条件可延长至每 6 年 1 次

14. 特种作业人员考核发证及其复审，是特种作业人员管理的重要环节。依据《特种作业人员安全技术培训考核管理规定》（国家安全监管总局令第 30 号公布，第 80 号修正），下列关于发证及其复审的说法中，错误的是（　　）。（2017 年真题）

A. 特种作业人员必须经专门的安全技术培训并考核合格，取得操作证，方可上岗作业

B. 跨省、自治区、直辖市从业的特种作业人员，可以在户籍所在地或者从业所在地参加培训

C. 持特种作业操作证一般每 3 年复审 1 次

D. 特种作业操作证的复审时间可以最多延长至每 8 年 1 次

15. 某公司员工甲在工作中发生轻伤，休工一年后又回到原工作岗位继续工作，在复岗前甲需要接受的安全教育培训是（　　）。

A. 公司级、车间级、班组级　　B. 车间级、班组级

C. 车间级　　D. 班组级

16. 根据《生产经营单位安全培训规定》等相关教育培训的法律法规规定，关于人员教育培训的说法正确的是（　　）。

A. 乙原为企业安全管理人员，工作一年后调入车间岗位，则无须进行安全培训教育

B. 丙原为车间工人，因病假回家休养，一年后重新上岗，则上岗前应经过车间、班组两级安全培训教育

C. 丁为外来人员，则进入作业现场前，应由监理单位对其进行安全教育培训，并保存记录

D. 戊为某煤矿借调临时工，则应自愿接受安全培训后上岗

17. 企业安全培训的组织实施要明确组织机构制度、人员的职责和要求，依据《安全生产培训管理办法》，下列关于安全培训组织实施的做法中错误的是（　　）。

A. 生产经营单位必须委托具备安全培训条件的机构进行安全培训

B. 生产经营单位委托其他机构进行安全培训的，保证安全培训的责任仍由本单位负责

C. 国家鼓励生产经营单位实行师傅带徒弟制度

D. 从业人员调整工作岗位当对其进行专门的安全教育和培训

18. 某金属冶炼企业有员工 150 人，设置了安全管理机构，机构内设置了 3 名专职安全管理人员和 5 名兼职安全管理人员。这 8 名安全管理人员均已接受过安全生产教育培训，并取得安全管理人员证书。根据《生产经营单位安全培训规定》（国家安全生产监督管理总局令第 3 号公布，2015 年修改），有关该金属冶炼企业安全生产管理人员的每年再培训时间，下列说法中正确的是（　　）。

A. 安全生产管理人员每年再培训时间不得少于 48 学时

B. 安全生产管理人员每年再培训时间不得少于 36 学时

C. 安全生产管理人员每年再培训时间不得少于 32 学时

D. 安全生产管理人员每年再培训时间不得少于 12 学时

19. 某食品加工厂因生产计划调整，将李某由甲车间的禽类分割岗位调整至乙车间的食品装箱岗位。按照《生产经营单位安全培训规定》，李某到新岗位任职前，应当接受转岗的安全生产教育培训，负责对其进行安全教育培训工作的部门是（　　）。

A. 企业安全管理部门　　B. 企业人事资源部门

C. 乙车间　　D. 甲车间

20. 特种作业是指容易发生事故，对操作者本人、他人的安全健康及设备、设施的安全可能造成重大危害的作业。下列作业中，不属于特种作业的是（　　）。

A. 低压电工作业　　B. 等离子切割作业

C. 锅炉水处理作业　　D. 矿山井下支柱作业

21. 在新型冠状病毒肺炎疫情影响下，消毒液的市场需求爆增。某消毒剂原料生产企业根据市场需求，扩大经营规模，新增了 2 条次氯酸钠生产线，新招聘了 20 名员工，下列关于这些员工教育培训的说法，正确的是（　　）。

A. 这 20 名员工必须接受不少于 24 学时的岗前教育培训

B. 这 20 名员工必须接受不少于 32 学时的岗前教育培训

C. 这 20 名员工必须接受不少于 48 学时的岗前教育培训

D. 这 20 名员工必须接受不少于 72 学时的岗前教育培训

22. 某水务集团甲委托具有设计资质的乙单位进行污水处理厂的设计，委托施工单位丙负责坐落于三面环山处的污水处理厂项目的施工期间，工程监理单位丁发现丙未执行防洪沟与主体工程同时施工的原则，根据《建设项目安全设施“三同时”监督管理办法》（原国家安全监管总局第 36 号公布，第 77 号修正），丁单位的下列做法中，正确的是（　　）。（2019 年真题）

A. 及时向设计单位乙报告“施工单位丙未同时施工防洪沟工程”

B. 应当要求施工单位丙边整改、边施工

C. 应牵头水务集团甲、设计单位乙、施工单位丙共同协商解决

D. 制止施工单位继续施工，及时向集团甲及有关主管部门报告

23. 某大型企业集团拟建设年设计生产能力 200 万吨非煤矿山建设项目和跨甲、乙两省输送距离 1 000 km 的石油天然气长输管道建设项目。根据国家有关规定，关于该集团两个建设项目监督管理的说法，正确的是（　　）。（2018 年真题）

A. 非煤矿山项目需经国家安全生产监督管理部门审查和验收

B. 非煤矿山项目需经省安全生产监督管理部门审查，国家安全生产监督管理部门备案

C. 石油天然气长输管道建设项目需同时经甲、乙两省安全生产监督管理部门审查

D. 石油天然气长输管道建设项目需经国家安全生产监督管理部门审查

24. 某市安全监管局在对某黄金矿山尾矿库小型改造项目进行安全监督检查时发现，

尾矿库排洪沟未与主体工程同时施工，当时责令该矿立即停止主体工程施工、限期整改。根据《建设项目安全设施“三同时”监督管理暂行办法》（原国家安全生产监督管理总局令第 36 号），市安全监管局事后对该黄金矿山应依法做出的处理是（　　）。（2018 年真题）

A. 吊销“企业负责人资格证书”　　B. 补充“排洪沟设计说明书”

C. 发出“行政许可取消令”　　D. 下达“责令限期整改指令书”

25. 某加油站拟进行储罐改造，将油罐由加油站房后方移到罩棚车道下。目前该项目安全设施设计专篇已完成，随后该单位收集整理相关资料，组卷上报当地安全生产监督管理部门，提出审查申请。安全监管部门资料接收人员对该加油站报送的资料进行了初审，并退回了无需上报的资料。下列资料中，被退回的无需上报的资料是（　　）。（2018 年真题）

A. 项目建设单位安全现状评价报告

B. 项目安全设施设计审查申请书

C. 项目核准、备案证明文件

D. 项目安全设施的具体设计资料

26. 生产经营单位在建设项目初步设计时，应当委托具有相应资质的设计单位对建设项目安全设施同时进行设计。依据《建设项目安全设施“三同时”监督管理办法》（国家安全监管总局令第 36 号公布，第 77 号修正），下列关于建设项目安全设施设计完成后审查的说法中，正确的是（　　）。（2017 年真题）

A. 设计单位应当向安全监督管理部门提出审查申请

B. 生产经营单位应当向住建部门备案

C. 改变安全设施设计性能，需报原批准部门审查同意

D. 已受理的安全设施设计审查申请，监管部门应当在 30 日内给出是否批准的决定

27. 甲公司大型肉禽加工建设项目，由乙设计公司负责设计，丙建筑总公司负责施工，丁监理公司负责监理。依据《建设项目安全设施“三同时”监督管理办法》（国家安全监管总局令第 36 号公布，第 77 号修正），下列企业的做法中正确的是（　　）。（2017 年真题）

A. 丙公司发现安全设施设计文件有错漏的，及时向丁、乙公司提出，丁、乙公司及时处理

B. 安全设施存在重大事故隐患时，立即停止施工，并报告乙公司进行设计更改

C. 丁公司在实施监理过程中，发现存在重大事故隐患的，及时报告丙公司

D. 建设项目安全设施建成后，甲公司对安全设施进行检查，对发现的问题及时整改

28. 某大型矿山企业拟新建铅锌矿，该矿山建设项目跨越甲省的乙市丙县和丁市戊

县，依据《建设项目安全设施“三同时”监督管理办法》(国家安全生产监督管理总局令第 36 号公布，2015 年修改)，对该非煤矿山建设项目“三同时”进行监督管理的部门是(　　)。

A. 丙县安全生产监督管理部门

B. 戊县安全生产监督管理部门

C. 甲省安全生产监督管理部门

D. 国务院应急管理部

29. 根据《建设项目安全设施“三同时”监督管理办法》(国家安全生产监督管理总局令第 36 号公布，2015 年修改)，下列关于生产经营单位新建、改建、扩建建设项目各参与方责任说法错误的是(　　)。

A. 施工单位应具有相关资质并对安全设施的工程质量负责

B. 监理单位对安全设施的工程质量承担监理责任

C. 生产经营单位应当组织对安全设施进行竣工验收，并形成书面报告备查

D. 施工单位发现安全设施设计文件有错漏的，应当自行修改

30. 某公司在生产过程中存在压缩氧气、压缩空气、液氧和煤气等物料，该公司委托第三方安全事务所对其安全管理水平进行评估，对重大危险源进行评价，根据《危险化学品重大危险源辨识》(GB 18218)，下列物料中，列入危险化学品目录的是(　　)。(2019 年真题)

A. 压缩氧气和压缩空气　　B. 液氧和煤气

C. 压缩空气和煤气　　D. 压缩空气和液氧

31. 某钢铁有限公司生产过程中涉及的危险化学品代码是 A1、A2 及 A3。其中 A1、A2 及 A3 的总储量分别为 200 t、80 t、400 t。厂区边界向外扩展 500 m 范围内常住人口数量为 55 人。A2 的临界量 Q 与校正系数 β 分别为 20 t、2.0；A1 和 A3 的临界量 Q 与校正系数 β 分别为 200 t、1.0，危险化学品重大危险源厂区外暴露人员的校正系数为 1.5。钢铁公司划分为一个评价单元，该钢铁公司危险化学品重大危险源分级是(　　)。(2019 年真题)

A. 三级重大危险源　　B. 四级重大危险源

C. 二级重大危险源　　D. 一级重大危险源

32. 某安全评价机构，对某化工厂两个厂区进行重大危险源评价单元划分。辨识出东西厂区的两个防火堤内分别有 1 个液氨储罐和 1 个液氧储罐，东厂区有 2 条环氧氯丙烷生产线，有 1 个储存环氧丙烷和丙烯的库房。西厂区有 1 条烧碱生产线、1 个储存烧碱的库房和 1 个储存乙醇的库房。根据《危险化学品重大危险源辨识》(GB 18218)，关于该厂进行重大危险源评价单元划分的说法，正确的是(　　)。(2019 年真题)

A. 该化工厂东西厂区共有 4 个储存单元

B. 该化工厂东西厂区共有 5 个储存单元

C. 该化工厂东西厂区共有 2 个生产单元

D. 该化工厂东西厂区共有 7 个生产单元

33. 某危险化学品罐区位于人口相对稀少的空旷地带，罐区 500 m 范围内有一村庄，现常住人口 70～90 人。该罐区存有 550 t 丙酮、12 t 环氧丙烷、600 t 甲醇。危险化学品名称及其临界量见下表。重大危险源分级指标 $R=\alpha\left(\beta_1\frac{q_1}{Q_1}+\beta_2\frac{q_2}{Q_2}+\cdots+\beta_n\frac{q_n}{Q_n}\right)$，其中 q 为某种危险化学品实际存在量（t），Q 为各危险化学品相对应的临界量（t）。据此，该罐区危险化学品重大危险源分级指标 R 值是（　　）。（2018 年真题）

危险化学品名称及其临界量

序号	类别	危险化学品名称和说明	临界量/t
1	易燃液体	丙酮	500
2	易燃液体	环氧丙烷	10
3	易燃液体	丙烯	500
说明	易燃液体的校正系数 β 为 1，易燃气体为 1.5		
	库房外暴露人员 50～99 人的校正系数 α 为 1.5，100 人以上为 2.0		

A. 14.20　　B. 10.50　　C. 7.10　　D. 5.25

34. 某危险化学品储存企业在储罐区有大量柴油、汽油储罐，根据《危险化学品重大危险源辨识》（GB 18218—2018），该储罐区判断储存单元的依据是（　　）。

A. 边缘距离是否超过 500 m　　B. 独立的储罐

C. 罐区防火堤　　D. 不同的介质

35. 某物流公司有 4 座冷库和配套液氨制冷机房。液氨总储量 22 t，4 座冷库分布在城市的两个不相邻的行政区域。其中，一号冷库和二号冷库在同一联合厂房内，共用一个液氨制冷机房，液氨储量 11 t（液氨的临界量为 10 t）；三号冷库、四号冷库为两个独立建筑，两库之间相隔一条公路，储存液氨量分别为 6 t 和 5 t。依据《危险化学品重大危险源辨识》（GB 18218—2018），该物流公司存在的重大危险源的个数是（　　）。（2015 年真题修改）

A. 1　　B. 2　　C. 3　　D. 4

36. 某化学危险品使用单位按照《危险化学品重大危险源监督管理暂行规定》（国家安全生产监督管理总局令第 40 号公布，2015 年修改）的要求，对本单位的重大危险源进行了安全评估，建立重大危险源档案。档案内容不包括（　　）。

A. 区域位置图、平面布置图　　B. 安全监测监控系统

C. 事故应急预案　　D. 安全评估机构资质

37. 某危险化学品生产经营单位有甲、乙、丙、丁4个库房，分别存放有不同类别的危险化学品，各库房均为独立建筑。下表给出了危险化学品的临界量，依据《危险化学品重大危险源辨识》（GB 18218—2018），不属于重大危险源的库房是（　　）。

危险化学品的临界量

危险化学品名称	临界量/t	危险化学品名称	临界量/t
苯	50	汽油	200
苯乙烯	500	乙醇	500
丙酮	500	甲苯二异氰酸酯	100
环氧丙烷	10	硝化甘油	1
丙烯醛	20	三硝基甲苯	5
乙醚	10	硝化纤维素	10

A. 甲库房：25 t苯乙烯，3 t环氧丙烷，7 t硝化纤维素

B. 乙库房：30 t丙酮，10 t丙烯醛，5 t环氧丙烷

C. 丙库房：0.5 t硝化甘油，1 t三硝基甲苯，110 t乙醇

D. 丁库房：32 t苯，100 t汽油，5 t丙烯醛

38. 根据《危险化学品重大危险源辨识》（GB 18218—2018），涉及危险化学品的生产、储存装置、设施和场所，分为生产单元和储存单元，下列关于储存单元分隔界限的说法正确的是（　　）。

A. 储罐区以防火堤为界限　　B. 储罐区以警戒线为界限

C. 仓库以警戒线为界限　　D. 仓库以排水沟为界限

39. 甲烷具有多种事故形态，发生事故的形态不同，但其事故后果差别不大。安全评价人员在对甲烷罐区进行重大危险源评价时，事故严重度评价应遵守的原则是（　　）。

A. 最大危险原则　B. 加权平均原则　C. 概率求和原则　D. 频率分析原则

40. 生产经营单位应对重大危险源登记建档，并将重大危险源相关情况报有关地方人民政府负责安全生产监督管理的部门备案。下列关于重大危险源的事项，不需要备案的是（　　）。

A. 重大危险源安全评价报告　　B. 重大危险源的安全措施

C. 日常检查发现一般隐患的整改情况　　D. 重大危险源事故应急救援预案

41. 依据《危险化学品重大危险源监督管理暂行规定》(国家安全生产监督管理总局令第 40 号公布，2015 年修改)，危险化学品单位应当对重大危险源进行辨识、评估及等级划分，下述关于重大危险源管理的表述中，正确的是（　　）。

A. 根据危险程度将重大危险源划分为四级，四级最高

B. 构成重大危险源的设施进行扩建，应当重新进行辨识、评估和分级

C. 根据危险程度将重大危险源划分为三级，一级最高

D. 发生危险化学品事故造成 9 人重伤，应当重新进行辨识、评估和等级划分

42. 某危险化学品企业新建一座储存量为 8 t 的液氨储罐，在该储罐周围还有一座储存量为 20 t 的苯储罐和一座储存量为 15 t 的甲烷储罐（液氨、苯和甲烷的临界量分别为 10 t、50 t 和 50 t)。液氨储罐与苯储罐在同一防火堤内，两罐与甲烷储罐之间有防火堤分隔。依据《危险化学品重大危险源辨识》(GB 18218—2018)，该危险化学品企业存在的评价单元的个数是（　　）。(2015 年真题修改)

A. 1　　B. 2　　C. 3　　D. 4

43. 液氨发生事故的形态不同，其危害程度差别很大。安全评价人员在对液氨罐区进行重大危险源评价时，事故严重程度评价应遵守的原则是（　　）。

A. 最大危险原则　　B. 频率分析原则　　C. 概率乘积原则　　D. 概率求和原则

44. 2019 年 2 月 29 日，某供热企业发生一起锅炉爆炸事故，导致 3 人死亡，2 人重伤。为了加强安全管理，防止类似事故的发生，该企业进行了一次全面的安全检查，在检查过后，对该企业存在的安全设备设施进行了登记建档。其中包括：① 安全阀 15 个；② 压力表 45 个；③ 液位计 4 个；④ 防爆电气 3 套；⑤ 爆破片 5 个；⑥ 燃气报警装置 3 套；⑦ 灭火器 100 个，室内外消防栓 10 个；⑧ 安全警示标识 40 处；⑨ 安全帽 10 顶；⑩ 防雷接地 12 处。这些设备实施中，属于预防事故的设备设施的是（　　）。

A. ①②③④⑤⑥　　B. ②③④⑥⑧⑩　　C. ①②③④⑥⑨　　D. ②③⑥⑦⑧⑩

45. 某轮毂生产企业为了预防事故发生，减少事故损失，保护从业人员的安全健康，安装了吸尘系统，在吸尘系统上安装了泄爆口，在工位上设置了安全警示标识，并为员工配备了防尘口罩。生产线上安装有急停开关，生产线外按规定配备了灭火器、自动灭火装置，下列关于设备设施的说法中正确的是（　　）。

A. 安全警示标识属于减少与消除事故影响设施

B. 急停开关属于控制事故设施

C. 吸尘系统属于减少与消除事故影响设施

D. 防尘口罩属于预防事故设施

46. 某高校配置 2 台 10 t/h 蒸汽锅炉，由于日常管理松懈，未按照要求对软化水的硬

度、pH 值等参数进行监控，导致水位计出现假水位，致使锅炉因缺水而出现故障，不能正常使用。该高校委托具有相应资质的单位对锅炉进行检维修作业。关于锅炉检维修作业管理的说法，正确的是（　　）。（2019 年真题）

A. 在签订锅炉维修检修合同时，可不签订安全管理协议

B. 对锅炉上的电器电源，可用急停按钮进行断电操作

C. 在交叉作业时，各自采取相应的防护措施即可

D. 因检修需要拆移的盖板、防护罩等安全设施应恢复其安全使用功能

47. 甲公司为吊车生产企业，乙公司自甲公司购买的吊车最近一段时间内在运行过程中经常发生故障，乙公司遂与甲公司联系检维修事宜。① 甲公司将法定代表人签字并盖有甲公司公章的设备检修合同送至乙公司，次日，乙公司法定代表人签字并在合同上盖上乙公司公章；② 甲乙双方共同签订了安全管理协议；③ 甲公司根据吊车的情况制订了吊车检修方案，并经本公司总工程师审核通过，送达乙公司；④ 吊车检修方案中包括安全技术措施，并明确检修安全负责人为甲公司工程师张某。根据设备检修作业许可管理规定，这些检维修前的工作中，不符合规定的是（　　）。（2018 年真题）

A. ①　　B. ②　　C. ④　　D. ③

48. 2018 年 10 月 2 日，某水电站因“使用未经定期检验的特种设备”和“使用未取得相应资格的人员从事特种设备工作”，被当地市场监督管理局合并处罚 12 万元。根据《特种设备安全监察条例》，关于特种设备管理的说法，错误的是（　　）。（2019 年真题）

A. 桥式起重机作业人员需取得特种设备作业人员证书

B. 固定式压力容器出现故障，消除隐患后方可继续使用

C. 该水电站应对安全阀进行定期校验、检修，并做记录

D. 配备的注册安全工程师可以进行特种设备操作

49. 某发电企业在检修时，进行 1 号燃煤炉（主蒸汽压力 30 MPa，主蒸汽温度 605 ℃）磨煤机给粉管道更换工作，利用 8 个 2 T 手拉葫芦固定管道，使用工业氧气、乙炔瓶进行气割作业，拆除的旧管道通过叉车运走。该作业现场中出现的特种设备的种类数量是（　　）。（2019 年真题）

A. 2 种　　B. 4 种　　C. 3 种　　D. 5 种

50. 某写字楼由 A 公司投资建设，为写字楼产权所有方。建成后租给多家企业办公使用，B 公司负责写字楼的物业管理。该写字楼共有 8 部客用电梯，均在检验合格有效期内，C 公司负责电梯的维保工作。2018 年某日，其中 1 部电梯运行中突然下坠，最终电梯停在四层到五层之间，造成 3 人被困，经查，该电梯安全钳内有沙子、灰尘、油泥等异物，导致安全钳模块夹不住导轨。该起事故的主要责任单位是（　　）。（2019 年真题）

A. 写字楼产权所有方 A 公司　　B. 电梯维保单位 C 公司

C. 物业公司 B 公司　　D. 所在地特种设备检验部门

51. 甲公司为一家小型物流公司，办公地点设在一座物流仓储大厦内，大厦产权归属乙公司，大厦内安装了 5 部货物专用电梯，电梯为丙公司制造，为了节约经费及提高工作效率，甲公司向乙公司租用了一部货物专用电梯。关于甲公司租用和管理电梯过程中，涉及甲、乙、丙三公司责权关系的说法，错误的是（　　）。（2018 年真题）

A. 丙公司对电梯的安全性能负责

B. 乙公司应当建立电梯安全技术档案

C. 乙公司应当在检验合格有效期届满前一个月向特种设备检验机构提出定期检验要求

D. 甲公司应当对电梯履行维护保养义务，除法律或者当事人另有约定外

52. 某化工企业的特种设备包括 24 台压力容器和 2 台电动葫芦。为加强特种设备管理，需逐台建立特种设备安全技术档案。根据《特种设备安全法》，下列文件、资料中，应归入特种设备安全技术档案的是（　　）。（2018 年真题修改）

A. 设计文件、产品质量合格证、制造厂家安全体系文件

B. 产品质量合格证、定期检验记录、安装施工资料

C. 设计文件、产品质量合格证、定期检验记录

D. 使用维护说明书、产品质量合格证、生产原料分析台账

53. 甲公司是一家五星级酒店，为解决蒸汽不足的问题，从乙公司购进一台蒸发量为 4 t/h 的燃气锅炉。依据《特种设备安全监察条例》，下列关于该锅炉安全管理要求的说法中，正确的是（　　）。（2017 年真题）

A. 甲公司应当在该锅炉投入使用前或者投入使用后 60 日内，向省级特种设备安全监督管理部门登记

B. 甲公司应当按照安全技术规范的要求进行锅炉水（介）质处理，并接受特种设备检验检测机构实施的水（介）质处理定期检验

C. 甲公司应当按照安全技术规范的定期检验要求，在该锅炉安全检验合格有效期届满后 30 日内，向特种设备检验检测机构提出定期检验要求

D. 在该锅炉出现故障时，乙公司应当及时全面检查及处理，经甲公司确认消除事故隐患后，方可重新投入使用

54. 某大厦内甲、乙、丙三个公司对大厦的一部电梯拥有其同产权，其中甲公司占 50%，乙公司占 30%，丙公司占 20%。三个公司共同委托大厦物业管理方丁公司负责管理电梯，电梯主要由丙公司日常使用。依据《特种设备安全法》，影响特种设备检验机构提出定期检验申请的单位是（　　）。（2015 年真题）

A. 甲公司　　B. 乙公司　　C. 丙公司　　D. 丁公司

55. 甲公司是一家一级建筑施工企业，委托乙公司进行塔吊等特种设备的安装与施工，并与其签订了安全协议，明确各自的安全管理责任。下列关于甲、乙公司特种设备使用管理的说法中，正确的是（　　）。（2015 年真题）

A. 乙公司应负责塔吊等特种设备检测检验

B. 乙公司应对塔吊运行过程中事故负责

C. 甲公司应逐台建立塔吊等特种设备的安全技术档案

D. 甲公司应在塔吊使用前 30 日内向所在地省安监局登记

56. 依据《特种设备安全监察条例》，组织对特种设备检验检测机构的检验检测结果、鉴定结论进行监督抽查的部门是（　　）。（2015 年真题）

A. 国务院特种设备安全监督管理部门

B. 省级特种设备安全监督管理部门

C. 设区的市级特种设备安全监督管理部门

D. 县级特种设备安全监督管理部门

57. 某建筑大楼内有 3 部高层曳引式电梯，甲、乙、丙 3 个公司对大厦的电梯拥有共同产权，其中甲公司占 70%，乙公司占 10%，丙公司占 20%。3 个公司共同委托大厦物业管理方丁公司负责管理电梯，电梯主要由丙公司日常使用。依据《特种设备安全法》，则关于该电梯说法错误的是（　　）。

A. 丙公司应当在电梯投入使用前或者投入使用后 30 日内，向（直辖市或设区的市）负责特种设备安全监督管理的部门办理使用登记

B. 丁公司应当建立电梯安全技术档案

C. 丁公司应当在电梯检验有效期满 1 个月前向特种设备检验检测机构申报定期检验

D. 不得使用未经定期检验或检验不合格的电梯

58. 根据《特种设备安全监察条例》，下列选项中关于该电梯使用安全管理的表述中，错误的是（　　）。

A. 电梯的安装、改造、修理可以由电梯制造单位完成

B. 电梯制造单位应对其制造的电梯的安全运行情况进行跟踪调查和了解

C. 电梯应当至少每 30 日进行一次清洁、润滑、调整和检查

D. 电梯维护保养单位应对其维护保养的电梯的安全性能负责

59. 某企业夜班生产期间，工人正在对不合格的产品进行回溶操作。张某将回溶容积槽盖板去掉，用挡鼠板横置在容积槽口上作为“踏板”使用，由于临时“踏板”未固定，操作过程发生滑动致使张某跌入容积槽中，左小腿被运转的螺杆泵卷入，该企业为了避免

此类事故再次发生，制定了相应的整改措施。下列整改措施中，属于防止事故发生的安全技术措施是（　　）。（2019 年真题）

A. 制定并严格落实执行管理制度　　B. 完善产品回溶操作规程
C. 加强个体防护　　D. 在容积槽上安装回溶口

60. 某煤业公司把勾人员甲在矿车与勾头未连接时推矿车，由于斜巷防跑车装置失灵造成“跑车”，将在巷道边操作的员工乙撞击碾压致死。为防止此类事故的再次发生，煤业公司采取了以下做法，其中符合通过有效技术手段防止事故的措施是（　　）。（2015 年真题）

A. 对把勾人员进行罚款　　B. 解决防跑车装置失灵
C. 教育全公司人员引以为戒　　D. 加大安全监管人员监管力度

61. 某煤矿为年产 1 000 吨的井工矿，该煤矿采取斜井、立井混合开采方式，井下采掘生产实现了 100%机械化作业。该煤矿采取的下列安全技术措施中，属于减少事故损失的措施是（　　）。（2019 年真题）

A. 矿井通风稀释和排除井下有害气体　　B. 井下增设照明和气动开关
C. 将矿井周边漏水沟渠改道　　D. 入井人员随身携带自救器和矿灯

62. 某建筑施工工地依据相关要求和规范，组织制定、实施防止事故发生和减少事故损失的安全技术措施。下列措施中，属于防止事故发生的安全技术措施的是（　　）。

A. 建材仓库按要求配备灭火器　　B. 从业人员配备合格的安全帽
C. 升降机设置上、下极限限位装置　　D. 施工现场安装监控摄像头

63. 某水力发电企业依据相关要求和规范，组织制定实施防止事故发生和减少事故损失的安全技术措施。下列措施中，属于防止事故发生的安全技术措施的是（　　）。（2017 年真题）

A. 安装电气装置安全闭锁　　B. 在电器中设熔断器
C. 在水车外放置耳塞　　D. 安装工业电视系统

64. 为进一步强化安全生产工作，某化工企业 2019 年实施了以下安全技术措施计划项目：① 根据 HAZOP 分析结果，加装了压缩机入口分离器液位高联锁；② 在中控室增加了有毒气体检测声光报警；③ 对鼓风机安装了噪声防护罩；④ 对淋浴室、更衣室进行了升级改造；⑤ 为安全教育培训室配备了电脑和投影设备。下列安全技术措施计划项目分类的说法中，正确的是（　　）。（2019 年真题）

A. ②③属于卫生技术类措施　　B. ④⑤属于安全教育类措施
C. ③④属于辅助类措施　　D. ①②属于安全技术类措施

65. 某乳品生产企业，因生产工艺要求需要对本成品进行冷却，内设一台容积为 10 m^3

的储氨罐。为防止液氨事故发生，该企业对制冷工艺和设备进行改进，更换了一种无害的新型制冷剂，完全能够满足生产工艺的要求，该项措施属于防止事故发生的安全技术措施中的（ ）。（2017 年真题）

A. 消除危险源 B. 限制能量 C. 故障—安全设计 D. 隔离

66. 某企业使用氯气作为循环冷却水的杀菌剂。为防止氯气遗漏事故，该企业改进了生产工艺，采用对人无害的物质作为杀菌剂。该企业采用的预防事故发生的安全技术措施属于（ ）。（2015 年真题）

A. 消除危险源 B. 限制能量或危险物质

C. 隔离 D. 故障—安全设计

67. 三氯乙烯是电子行业常用的一种零件去油剂，某厂过去在电子管阴极、阳极和栅极去油时，曾大量使用。但是，三氯乙烯毒性大，在高温下能分解出大量的盐酸分子、氯气和一氧化碳，容易导致中毒。该企业引进新的工艺并采用新型无毒清洗剂来代替三氯乙烯用于零件去油。该企业所采用的安全技术措施属于（ ）。

A. 设置薄弱环节 B. 故障—安全设计 C. 消除危险源 D. 安全监控系统

68. 某机械加工厂有机加工车间、涂装车间和锅炉房、配电房等辅助设施。为防止事故发生，该厂采取了以下措施：在机加工车间机床旋转部位加装防护罩；给涂装车间的职工配备过滤式防护面罩；在锅炉上安装防爆膜；在配电箱内安装漏电保护器。下列关于该厂采取的安全技术措施的说法中，正确的是（ ）。（2015 年真题）

A. 在机加工车间机床旋转部位加装防护罩，属于隔离的安全技术措施

B. 给涂装车间的职工配备过滤式防护面罩，属于消除的安全技术措施

C. 在锅炉上安装防爆膜，属于故障—安全设计的安全技术措施

D. 在配电箱内安装漏电保护器，属于减少故障和失误的安全技术措施

69. 为预防蒸汽加热装置过热造成超压爆炸，在设备本体上装设了易熔塞。采取这种安全技术措施的做法属于（ ）。（2015 年真题）

A. 故障—安全设计 B. 隔离

C. 设置薄弱环节 D. 限制能量

70. 安全技术措施计划编制内容不包括（ ）。

A. 措施目的和内容 B. 经费预算及来源

C. 编制依据 D. 开工、竣工日期

71. 某煤矿瓦斯抽放安全技术措施计划内容简介如下：① 名称：矿井钻孔抽放瓦斯技术；② 试验地点：32031 工作面进风巷；③ 措施目的和内容：提高企业煤炭产量，在 32031 工作面布置瓦斯抽放钻孔；④ 经营预算：70 万元；⑤ 实施部门和负责人：安全科李科长；

⑥ 开工日期和竣工日期：2016.10—2017.3；⑦ 措施预期效果：降低巷道瓦斯超限率 80%。基于以上资料，关于安全技术措施计划内容和编制格式的说法，正确的是（　　）。（2018 年真题）

A. 安全技术措施计划编制包括两个方面范围：瓦斯抽放技术措施和管理措施

B. 上述安全技术措施计划的目的是防止事故发生，编制内容包括 7 个方面

C. 该措施计划中的“措施目的和内容”应修改为“改善职工生产环境，防止中毒室息事故”

D. 该计划应增加具有资质的煤矿设计研究院参加编写

72. 甲建筑企业承建乙公司办公楼项目，按照相关要求组织制定了安全技术措施计划。经讨论后，由安全、技术、计划部门进行联合会审后，负责审批的人员是（　　）。（2017 年真题）

A. 乙公司安全总监　　B. 乙公司技术总监

C. 甲企业安全总监　　D. 甲企业总工程师

73. 某厂在制定安全措施计划时提出了 4 个技术措施：① 消除危险源；② 个体防护；③ 避难与救援；④ 设置薄弱环节。则按照安全措施计划优先顺序排序正确的是（　　）。

A. ①④③②　　B. ④①②③　　C. ①④②③　　D. ④①③②

74. 安全技术措施计划编制时，审批措施计划的下一步工作是（　　）。

A. 下达措施计划　　B. 确定措施计划内容

C. 编制措施计划方案　　D. 实施措施计划

75. 根据《安全标志及其使用导则》(GB 2894)，国家规定了禁止、警告、指令、提示共 4 类传递安全信息的安全标志。下列图示中属于提示标志的是（　　）。（2019 年真题）

A.

B.

C.

D.

76. 某食品工厂前处理车间的纯蒸汽制备装置由蒸汽包、蒸汽管道、纯水泵、配电柜等组成，在安全生产标准化评审时，配送员现场审查发现，纯蒸汽制备装置现场设置了下列警示标志。根据该场所的风险评估结果，这些警示标志中，设置错误的是（　　）。(2018年真题)

A. 
当心烫伤

B. 
当心爆炸

C. 
当心机械伤人

D. 
当心触电

77. 某纺织厂新入职员工小刘被分配到织布车间工作，经车间级教育后，车间副主任陈某带小刘到织布车间熟悉工作环境，进入织布车间后小刘就看到一些醒目的标志。织布车间应设有的标志是（　　）。

A. 必须戴防尘口罩、必须戴安全帽　　B. 必须戴防尘口罩、必须戴防护帽

C. 必须戴护耳器、必须戴防护帽　　D. 必须戴护耳器、必须戴安全帽

78. 某氨碱厂氨压缩机厂房和液氨存储区厂房外设置了以下职业病危害因素警示标识，下列警示标识设置中，错误的是（　　）。(2017年真题)

A. 当心中毒、注意通风、噪声有害、戴护耳器

B. 戴防护眼镜、戴防护手套、穿防护服、穿防护鞋

C. 噪声有害、戴防毒面具、戴防尘口罩、当心中毒

D. 当心中毒、注意通风、噪声有害、戴防毒面具

79. 某危险化学品储存企业在可能引起职业性灼伤或腐蚀的化学品工作场所，设置相应警示标识，下列警示标识设置中，正确的是（　　）。

A. 当心中毒、注意通风、当心感染、戴安全帽

B. 当心灼伤、穿防护服、戴防护手套、穿防护鞋

C. 当心电离辐射、戴防毒面具、戴防尘口罩、当心中毒

D. 当心中毒、注意通风、当心感染、防毒面具

80. 根据《安全色》(GB 2893—2008）相关规定，将禁止、指令、警告、提示用不同的颜色表示，下列说法正确的是（　　）。

A. 黄色传递禁止、停止信息　　B. 红色传递必须遵守规定的指令性信息

C. 蓝色传递注意、警告的信息　　D. 绿色传递安全的提示性信息

81. 甲国有企业收购乙民营生物质发电公司45%的股份，完成收购后，乙公司总经理李某占股份20%，其他小股东合计占股份35%，为强化管理，甲企业派出副总经理王某任乙公司董事长，并组建乙公司董事会。依据《安全生产法》，乙公司的安全费用投入责

任主体是（ ）。（2017 年真题）

A. 董事长王某　B. 总经理李某　C. 乙公司董事会　D. 甲企业董事会

82. 生产经营单位应当具备的安全生产条件所必需的资金投入，生产经营单位应确定资金投入的责任主体，对由于安全生产所必需的资金投入不足导致的后果承担责任。以下关于安全生产投入的说法中，正确的是（ ）。

A. 某国有道路运输公司，其安全费用的投入由安全总监予以保证

B. 某个体服装公司，其安全费用的投入由投资人予以保证

C. 某股份制食品加工企业，其安全费用的投入应由董事长予以保证

D. 某中外合资生物科技公司，其安全费用的投入由公司总经理予以保证

83. 某股份制生产经营单位，为了保证安全生产资金的投入，年初按照国家的有关规定提取了安全生产措施费，并制定了安全生产措施费的使用计划，该计划应提交的审批机构是（ ）。（2015 年真题）

A. 安全生产委员会　B. 工会委员会

C. 董事会　D. 监事会

84. 党中央、国务院一直重视安全生产投入问题，国家有关主管部门制定印发了关于企业安全生产费用提取和使用管理办法，明确了安全生产费用提取、使用和监督管理等工作要求。现行的企业安全生产费用的管理原则是（ ）。（2018 年真题）

A. 企业提取、政府监管、确保需要、规范使用

B. 政府领导、企业负责、行业自律、保证使用

C. 政府指导、行业规范、足额提取、确保使用

D. 企业自提、专户核算、集中管理、统筹使用

85. 甲公司为一家大型集团公司，主要从事煤矿及建筑施工业务，乙、丙公司均为其下属企业，其中乙公司主要从事煤矿生产业务，丙公司主要从事建筑施工业务。因市场原因，甲公司决定对乙公司业务进行调整，退出煤矿业务。根据《企业安全生产费用提取和使用管理办法》（财企〔2012〕16 号），关于该企业安全生产费用管理的说法，正确的是（ ）。（2019 年真题）

A. 甲公司经过履行内部决策程序，可以对所属企业提取的安全生产费用按照一定比例集中管理，统筹使用

B 乙公司调整业务后，其结余的安全生产费用不得结转为本期收益

C. 丙公司提取的安全生产费用应当专户核算，上年度结余安全生产费用不得结转至下年度使用

D. 丙公司若当年计提的安全生产费用不足，超出部分应在下一年度进行补充计提

86. 某股份制机械制造企业根据《企业安全生产费用提取和使用管理办法》（财企〔2012〕16 号）有关规定，针对安全生产费用提取和使用管理拟制定内部规章制度，在起草讨论过程中，企业内部对安全生产费用的提取、使用、监督等方面产生了分歧。关于安全生产费用的提取、使用、监督的说法，正确的是（　　）。（2018 年真题）

A. 企业将安全生产费用暂借原材料供应商，必须经企业董事会召开年度资金会议批准

B. 企业提取的安全生产费用交由同级财政部门集中代管，便于监督

C. 企业建立安全生产费用管理制度，明确年度提取和使用程序，纳入企业财务预算

D. 安全生产费用属于企业自提自用资金，该费用的提取、使用和管理不受安全生产监督部门监督检查

87. 某汽车制造企业 2019 年年产汽车 20 万辆，营业收入 460 万元，按照《企业安全生产费用提取和使用管理办法》规定，该企业于 2020 年 1 月安全生产费用提取的额度为（　　）。

A. 13.8 万元　　B. 9.2 万元　　C. 4.6 万元　　D. 2.3 万元

88. 某烟花爆竹生产企业于 2016 年开始建设，2017 年开始正式生产，为加强安全生产费用管理，保障企业安全生产资金投入，维护企业、职工以及社会公共利益，按照有关规定，准备对 2017 年发生的支出进行合规性管理。下列支出中，不应在企业安全生产费用中列支的是（　　）。（2018 年真题）

A. 配备、维护、保养防爆机械电气设备支出

B. 安全验收评价支出

C. 配备和更新现场作业人员安全防护用品支出

D. 特种设备检测检验支出

89. 某危险品生产企业根据《企业安全生产费用提取和使用管理办法》有关规定，针对安全生产费用提取和使用管理拟制定内部规章制度，下列关于该企业安全费用使用范围不正确的是（　　）。

A. 开展重大危险源和事故隐患评估、监控和整改支出

B. 安全设施及特种设备检测检验支出

C. 安全生产宣传、教育、培训支出

D. 修缮有坍塌风险的厂房

90. 某公司发动员工针对作业场所存在的危险、有害因素进行有奖辨识，辨识结果是：办公室夏季温度过高；去毛刺工位除尘系统效果不佳；消防器材年久失修；公司缺少对员工的安全教育和培训；财务室防盗门损坏；车削工位地面有油渍。该公司针对上述辨识出的危险、有害因素采取以下措施：加大了安全生产投入，为办公室安装了空调系统；对去

毛刺除尘系统进行了更新；购买了一批新的消防器材；聘请专家对员工进行安全教育和培训；对财务室的防盗门进行了维修；对车削工位地面安装防滑垫。下列项目中，应纳入安全生产费用使用范围的是（　）。（2017 年真题）

A. 安装空调系统，更新除尘系统，购买消防器材，组织安全教育培训

B. 更新除尘系统，购买消防器材，维修财务室防盗门，安装防滑垫

C. 安装空调系统，维修财务室防盗门，安装防滑垫，组织安全教育培训

D. 更新除尘系统，购买消防器材，安装防滑垫，组织安全教育培训

91. 为了保障因工作遭受事故伤害或者患职业病的职工获得医疗救治和经济补偿，分散用人单位的工伤风险，国家制定了《工伤保险条例》，明确了工伤保险基金，工伤认定，劳动能力鉴定，工伤保险待遇、监督管理等工作要求和相关方的法律责任。根据这个条例，关于工伤保险基金管理的说法，正确的是（　）。（2018 年真题）

A. 工伤保险费根据以收定支、收支平衡的原则，确定费率

B. 用人单位和职工个人应当按时缴纳工伤保险费

C. 工伤保险基金逐步实行省级统筹

D. 工伤保险基金应当留有一定比例的储备金，用于投资运营

92. 依据《工伤保险条例》的规定，下列情形中，应当视同为工伤的有（　）。

A. 员工在工作时间和工作场所内，因工作原因受到事故伤害

B. 员工在上班途中，受到因他人负主要责任的交通事故伤害

C. 员工在工作时间和工作岗位，突发心脏病死亡

D. 员工因公外出期间，由于工作原因受到伤害

93. 2012 年 4 月甲企业工人赵某借调到乙单位，借调期间骑车上班途中被丙公司的卡车撞伤，经工伤鉴定为二级伤残。2017 年 6 月丁集团收购了甲企业。应当承担赵某 2018 年工伤保险责任的单位是（　）。（2018 年真题）

A. 甲企业　　B. 丁集团　　C. 乙单位　　D. 丙公司

94. 甲市王某经人介绍前往某建筑公司工作，上班后第二天早上，王某提前到达工地现场，在准备绑扎钢筋时，被正在实施维修作业的塔吊上掉落的扳手砸伤，致使右臂骨折。在处理该事故工伤认定过程中，下列做法正确的是（　）。（2018 年真题）

A. 该建筑公司以没有签订劳动合同和没有到上班工作时间为由，不认定为工伤

B. 该建筑公司工会在事故发生 1 年后发现，公司并未按规定为王某提出工伤认定申请，随后立即向甲市社会保险行政部门提出工伤认定申请

C. 甲市社会保险行政部门受理王某工伤认定申请，根据该市司法机关和有关行政主管部门出具的结论，最终做出工伤认定决定，并书面通知王某和该建筑公司

D. 在工伤认定审核过程中，王某妻子坚持认为此事故情形完全符合工伤认定，但该建筑公司不认为是工伤，并要求王某妻子承担举证责任

95. 甲公司工人乙某骑共享单车下班途中，因车座不舒服停在路边弯腰调整车座，一辆正在倒车的小卡车将乙某碰倒碾压，造成其脾脏破裂。丙交警队认定在这起交通事故中乙某不承担主要责任。乙某从丁医院伤好出院后，提出工伤认定，甲公司不认为是工伤。根据《工伤保险条例》，在工伤认定中承担举证责任的是（　　）。（2018 年真题）

A. 丙交警队　　B. 丁医院　　C. 乙某　　D. 甲公司

96. 张某在甲企业从事家具生产工作 15 年。甲企业经营状况不佳，张某转至乙煤矿，从事井下掘进工作 2 年。乙煤矿转制后，张某分流到乙煤矿的承继单位丙企业，从事煤的取样、制样工作 10 年，随后应聘到丁肉食加工企业，从事肉鸡分割工作，直至退休。张某退休 2 年后，感觉身体不适，经有职业病诊断资质的医院诊断为尘肺。针对以上情况，应当负责张某医疗费用的企业是（　　）。（2017 年真题）

A. 甲企业　　B. 乙煤矿　　C. 丙企业　　D. 丁企业

97. 小王下班后顺路去菜市场买菜，买完菜在回家路上被一辆逆行的小汽车撞伤住院，之后，小王与工作单位因此事故伤害是否可以认定工伤的问题产生纠纷，依据《工伤保险条例》的规定，下列关于小王工伤认定的说法，错误的是（　　）。

A. 小王在下班途中受到非本人主要责任的交通事故伤害，应当认定为工伤

B. 小王下班后顺路去菜市场买菜，不属于上下班途中受到伤害，不能认定为工伤

C. 若小王认为是工伤，工作单位不认为是工伤，应当由工作单位承担举证责任

D. 提出工伤认定申请，应当提交工伤认定申请表、小王与工作单位存在劳动关系的证明材料、医疗诊断证明等

98. 57 岁的王某在甲市某机械制造企业工作 30 年，半年前王某在加工零件时发生事故，经市社会保险行政部门认定为工伤，后经市劳动能力鉴定委员会鉴定为生活部分不能自理、伤残三级。关于王某因工致残可享受待遇的说法，正确的是（　　）。（2018 年真题）

A. 王某可按照甲市前三年年度职工月平均工资的 50%按月从工伤保险基金领取生活护理费

B. 企业要求王某解除劳动关系，退出工作岗位，但王某可从工伤保险基金一次性领取 23 个月的本人工资作为伤残补助金

C. 王某可从工伤保险基金按月领取本人工资的 80%为伤残津贴，如领取津贴低于当地最低工资标准的，由用人单位补足差额

D. 王某达到退休年龄并办理退休手续后，应停发伤残津贴，享受当地基本养老保险待遇。如基本养老保险待遇低于伤残津贴的，由工伤保险基金补足差额

99. 安全生产责任保险是保险业积极参与强化安全生产综合治理的重要手段，将发挥责任保险在事前风险预防、事中风险控制、事后理赔服务等方面的功能作用。依据《安全生产责任保险实施办法》（安监总办〔2017〕140号），下列关于安全生产责任保险说法错误的是（　　）。

A. 安全生产责任保险的保费由生产经营单位缴纳

B. 安全生产责任保险的保障范围应当覆盖全体从业人员

C. 同一企业不同岗位的从业人员获取的保险金额实行差别对待

D. 不同行业领域的安全生产责任保险的费率可以不同

100. 由生产经营单位的安全生产管理部门、车间、班组或岗位组织进行的交接班检查、班中检查属于（　　）。

A. 综合性安全生产检查　　B. 定期安全生产检查

C. 专业（项）安全生产检查　　D. 经常性安全生产检查

101. 针对危险性较大的在用设备、设施，作业场所环境条件的管理性或监督性定量检测检验是（　　）。

A. 综合性安全生产检查　　B. 定期安全生产检查

C. 专业（项）安全生产检查　　D. 经常性安全生产检查

102. 厂内机动车辆使用单位应按有关规定定期向检验机构申请在用厂内机动车辆的安全技术检验，同时使用单位还应进行每日检查、每月检查和年度检查。下列检查项目中，应每日检查的是（　　）。（2017年真题）

A. 动力系统和控制器　　B. 电气系统工作性能

C. 紧急报警装置状况　　D. 动力系统的可靠性

103. 某企业为了及时发现安全隐患，预防事故发生，企业总经理组织各部门负责人及安全管理人员开展安全生产专项检查。下列安全生产检查内容中，属于软件系统的是（　　）。（2019年真题）

A. 可燃气体报警系统　　B. 工作场所的湿度和噪声

C. 安全联锁装置　　D. 员工的情绪和精神状态

104. 安全生产检查具体内容应本着突出重点的原则进行确定，对于危险性大、危害大的生产系统、装置、设备、环境等应加强检查，为了切实做好安全检查工作，国家出台了有关规定，对非矿山企业，下列属于国家有关规定要求强制性检查的项目是（　　）。（2017年真题）

A. 电器安全保护装置　　B. 防尘口罩或面罩

C. 作业场所的高温　　D. 防噪声耳塞耳罩

105. 对于易发事故和事故危害大的行业和生产系统、部位、装置、设备等应进行强制性检查。按照国家有关规定要求，对于非矿山企业，下列检查项目中，无须进行强制性检查的有（　　）。

A. 压力管道　　B. 施工升降机　　C. 防爆电器　　D. 锻压设备

106. 某企业开展安全生产检查与隐患排查治理工作，安全部王某在制冷车间用便携式氨检测仪进行泄漏检查，生产部张某通过查阅 1 号压缩机运行压力并进行趋势分析，提出超压预警告知。该企业使用的安全检查方法分别是（　　）。（2019 年真题）

A. 仪器检查和数据分析法　　B. 常规检查和安全检查表法

C. 安全检查表法和数据分析法　　D. 安全检查表法和仪器检查

107. 安全生产检查时，检查结果直接受安全检查人员个人素质影响的安全检查方法是（　　）。

A. 常规检查法　　B. 安全检查表法　　C. 仪器检查法　　D. 数据分析法

108. 某化工企业准备开展一次安全生产检查与隐患排查治理活动。安全管理部门策划了如下工作内容：① 准备了有毒气体检测仪等工具；② 对相关检查人员进行培训；③ 参考同行业厂家编制了安全检查表；④ 对能出现的危害情况约谈了相关人员；⑤ 向个部门负责人提出整改要求；⑥ 制定整改计划，组织整改。其中，属于安全检查准备阶段的工作程序是（　　）。

A. ①②③　　B. ②④⑥　　C. ①④⑤　　D. ②③④

109. 为深入贯彻落实关于开展安全生产大检查工作的部署和要求，某公司决定在全公司范围内集中开展安全生产大检查。下列说法中，属于企业安全检查实施阶段的是（　　）。

A. 确定检查对象、目的、任务

B. 通过与有关人员谈话来检查安全意识和规章制度执行情况

C. 对检查情况进行综合分析，提出检查的结论和意见

D. 对安全检查发现的问题和隐患，制定整改计划

110. 依据《安全生产事故隐患排查治理暂行规定》（国家安全生产监督管理总局令第 16 号），生产经营单位每季度应对本单位事故隐患排查治理情况进行统计分析，并及时上报有关隐患的内容。下列内容中，不属于重大事故隐患报告的是（　　）。

A. 隐患的产生原因　　B. 隐患的治理方案

C. 隐患的评估分级　　D. 隐患的危害程度

111. 甲市乙县安全监管局在对辖区内的甲市丙集团下属的独立法人单位丁铜冶炼有限公司进行安全生产专项督查时，发现丁公司存在一项重大事故隐患，对丁公司下达了整

改指令书，向乙县人民政府进行了报告，乙县人民政府对该重大事故隐患实行挂牌督办并责令丁公司局部停产治理。丁公司对该重大事故隐患进行了治理。治理工作结束后，对该重大事故隐患的治理情况进行评估的组织单位应是（ ）。（2015 年真题）

A. 甲市安全监管局　　B. 乙县人民政府

C. 丁铜冶炼有限公司　　D. 丙集团

112. 某市安全生产监督管理部门检查某小型采石场，发现存在严重的“神仙岩”“一面墙”等重大事故隐患，监管人员责令该采石场立即停产整顿，但该采石场负责人自认为采石经验丰富，拒不停产整改。下列关于该市安全监督管理部门采取的强制执行措施中，正确的是（ ）。（2015 年真题）

A. 依法提请该市人民政府予以关闭

B. 提请原许可证颁发机关依法暂扣其安全生产许可证

C. 没收违法所得，拍卖非法开采的产品、采掘设备

D. 通知有关单位停止供电、供应民用爆炸物品等

113. 某施工现场需要进行脚手架的搭设作业。为防止发生高处坠落和物体打击事故，作业前应配备劳动防护用品。下列配备的用品中正确的是（ ）。

A. 安全带、安全帽　　B. 安全带、护耳器

C. 过滤式呼吸器、防尘眼镜　　D. 防静电服、便携式防爆照明灯

114. 某安全管理人员在机加工车间检查，发现甲某焊接作业时戴焊接眼面防护具，乙某在热处理时穿隔热服，丙某操作钻床时戴防护手套，丁某打磨毛刺时戴防尘口罩。上述操作行为中，存在隐患的人员是（ ）。

A. 甲某　　B. 乙某　　C. 丙某　　D. 丁某

115. 生产经营单位必须为从业者提供符合国家标准或行业标准的劳动防护用品，劳动防护用品的选用应遵循一定的要求。下列选用要求中不正确的是（ ）。

A. 劳动者在不同地点工作，并接触不同的危险、有害因素，或接触不同的危害程度的有害因素的，为其选配的劳动防护用品应满足不同工作地点的防护需求

B. 对同一工种的劳动者，配备统一型号和样式的劳动防护用品

C. 同一工作地点存在不同种类的危险、有害因素的，应当为劳动者同时提供防御各类危害的劳动防护用品

D. 用人单位应当为巡检等流动性作业的劳动者配备随身携带的个人应急防护用品

116. 某企业为了加强劳动防护用品的管理工作，及时识别和获取了国家安全监管总局制定的《用人单位劳动防护用品管理规范》等规范，并按照规范的相关要求及时转化为本单位的规章制度。下列该企业劳动防护用品管理制度内容中正确的是（ ）。（2017

年真题修改）

A. 使用进口的劳动防护用品，其防护性能不得低于原产国的相关标准

B. 用人单位应当安排专项经费用于配备劳动防护用品，不得以货币或者其他物品替代

C. 使用劳务派遣工的，应要求派遣单位配备相应的劳动防护用品

D. 安排专项经费用于配备劳动防护用品，该项经费在生产成本外据实列支

117. 某市安全生产监督管理局对该市某企业劳动防护用品的日常管理工作开展了专项安全监督检查，发现该企业劳动防护用品的管理有以下做法，其中错误的是（　　）。（2017 年真题）

A. 为职工免费发放安全帽、防护鞋等劳动防护用品

B. 及时更换失效的劳动防护用品

C. 定期进行劳动防护用品监督检查

D. 设专人维修劳动防护用品

118. 某企业根据《用人单位劳动防护用品管理规范》，对可能产生的危险、有害因素进行了识别和评价，配备了相应的劳动防护用品。关于该企业劳动防护用品的维护、更换与报废的说法，正确的是（　　）。（2019 年真题）

A. 公用的劳动防护用品应当由个人保管

B. 企业应当对劳动防护用品进行经常性维护，保证其完好有效

C. 员工对于到期损坏的劳动防护用品可自行进行购买

D. 安全帽经过检查没有破损可以延长使用期限

119. 下列有关劳动防护用品管理的做法中，错误的是（　　）。

A. 根据员工工作场所中的职业病危害因素及岗位性质配置

B. 教育员工正确使用劳动防护用品

C. 免费向员工提供符合国家规定的劳动防护用品

D. 发放现金，要求员工到指定商店购买劳动防护用品

120. 2019 年 4 月 15 日，某制药企业在停机状态下对冻粉针剂生产车间冷媒系统管道进行改造，需进行动火作业。根据《化学品生产单位特殊作业安全规范》（GB 30871）关于动火作业安全要求的说法，正确的是（　　）。（2019 年真题）

A. 在动火点 15 m 范围内不应同时进行喷漆作业

B. 切割所用的氧气瓶、乙炔瓶距动火点距离不应小于 5 m

C. 动火作业许可证可由该企业总工程师审批

D. 氧气瓶、乙炔瓶之间的距离不应小于 10 m

121. 某化学品生产企业在一次维修作业活动中，临时搭建一个 6 m 高的平台，并在平台上开展临时用电作业。根据《化学品生产单位特殊作业安全规范》（GB 30871）关于特殊作业的安全要求的说法，正确的是（　　）。（2019 年真题）

A. 6 m 平台上下时，应手持绝缘工具

B. 临时用电时间超过 1 个月的，应向供电单位备案

C. 平台上的动力和照明线路应分路设置

D. 6 m 平台维修作业超过 8 小时，应在平台处休息

122. 根据《化学品生产单位特殊作业安全规范》（GB 30871），下列作业中，属于特殊作业的是（　　）。（2019 年真题）

A. 爆破作业　　B. 动土作业　　C. 射线作业　　D. 叉车作业

123. 某企业建设一座冷藏容量为 5 000 L 的货架式冷库，使用以液氨作为制冷剂的制冷系统，冷藏设计温度在 −10 ℃至 −23 ℃。某日，叉车司机张某在冷库内作业时突然闻到了氨味，立即向领导报告。经查，泄漏由蒸发器的液氨供液管弯头焊缝缺陷引起。经技术人员查阅图纸，共同讨论后制定了抢修方案，并在作业前对供液管上端阀门处实施加盲板作业。根据《化学品生产单位特殊作业安全规范》（GB 30871）关于盲板抽堵作业的说法，正确的是（　　）。（2019 年真题）

A. 作业时应穿防静电工作服、工作鞋，使用非防爆灯具和工具

B. 在盲板抽堵作业地点 15 m 处可以进行动火作业

C. 在同一液氨供液管道上可以同时进行两处盲板抽堵作业

D. 作业点压力应降为常压，并设专人监护

124. 雨季来临前，某化学品生产企业组织专业队伍对厂区内所有雨水井、污水井清淤疏通，按受限空间作业管理要求，每次作业前均应进行氧含量检测，在清理员下井作业时，氧气浓度合格范围是（　　）。（2019 年真题）

A. 12.5%～21. 5%　　B. 17%～29%　　C. 19.5%～23.5%　　D. 23%～38%

125. 某制药企业需在 2 m³ 潮湿的发酵罐内进行维修作业。根据《化学品生产单位特殊作业安全规范》（GB 30871）关于发酵罐内作业照明和用电安全的做法，错误的是（　　）。（2019 年真题）

A. 临时用电由专业电工接线　　B. 人员站在绝缘板上作业

C. 使用 24 V 照明电压　　D. 发酵罐体可靠接地

126. 2019 年 5 月 1 日，某化工企业在生产过程中发现管道有渗漏现象，需要立即进行焊接维修，维修人员按照动火作业的流程和要求进行作业。根据《化学品生产单位特殊作业安全规范》（GB 30871）关于动火作业安全管理的做法，正确的是（　　）。（2019 年

真题）

A. 在动火点 5 m 范围内进行动火分析

B. 动火分析完成 90 min 后，开始进行动火作业

C. 本次动火作业进行了升级管理

D. 动火作业中断 70 mim，未重新进行动火分析又进行动火作业

127. 某工程队承包一栋 6 层檐高 18 m 的化学品试验大楼外墙粉刷工程，粉刷工人从顶楼开始进行粉刷作业，粉刷作业过程中无其他坠落危险因素存在。根据《化学品生产单位特殊作业安全规范》(GB 30871)，粉刷工在粉刷顶楼外墙时的作业等级是（　　）。(2018 年真题）

A. Ⅰ级　　B. Ⅱ级　　C. Ⅲ级　　D. Ⅳ级

128. 2018 年 6 月，某化工集团公司组织安全检查人员对其下属子公司涉及的高处作业是否遵守安全规范进行检查，发现该公司有以下安全管理要求：① 将距坠落基准面 1.8 m 以上有坠落风险的作业定为高处作业；② 高处作业票的有效期限不能超过 10 天；③ 高处作业票要随身携带；④ 受限空间内的高处作业不必办理受限空间作业票。根据《化学品生产单位特殊作业安全规范》（GB 30871），该公司做法正确的是（　　）。（2018 年真题）

A. ①　　B. ②　　C. ③　　D. ④

129. 某住宅小区委托甲物业公司进行物业管理，甲物业公司委托乙市政公司对小区内的污水井、化粪池、隔油池等进行定期清理。根据《化学品生产单位特殊作业安全规范》（GB 30871），乙市政公司以下做法中正确的是（　　）。

A. 乙市政公司规定，污水井、化粪池、隔油池等清理作业证有效期不应超过 24 h

B. 经清洗或置换仍达不到要求的，应佩戴过滤式呼吸防护装备，并应拴带救生绳

C. 在人员下井前，对井下含氧量进行检测，保证氧含量为 18%～23%

D. 给作业人员提供的照明电压为 36 V 的安全电压

130. 甲企业是乙炔生产企业，委托有资质的建筑施工企业乙在现厂区实施扩建，扩建期间，甲企业正常生产，施工区用电由甲企业提供。为了确保施工安全，甲企业采取了一系列的过程控制措施。下列甲企业采取的措施中，错误的是（　　）。（2019 年真题）

A. 派出安全管理人员全面负责乙企业现场施工的安全管理工作

B. 对乙企业的施工现场临时用电进行审批

C. 告知乙企业现场作业相关的火灾、爆炸等危害并进行确认

D. 督促乙企业整改施工现场的事故隐患

131. 甲面粉加工厂为了满足市场需求，提高生产能力，决定对原厂房进行扩建，委

托具有相应资质的设计单位进行设计，并通过公开招标方式确定乙公司、丙公司两家施工单位。为了按计划完成生产任务，原厂房内部分设备仍在生产。下列该企业的后续做法中正确的是（　　）。(2018年真题)

A. 扩建项目的安全设施费用从企业当年安全费用中列支，不纳入扩建项目概算

B. 拆除影响施工进度的原有安全设施，施工结束后进行恢复

C. 甲工厂将乙、丙公司及供应商等相关方的安全生产纳入企业内部管理，对其作业人员进行培训、作业过程进行检查监督

D. 乙、丙公司在同一作业区域内施工时，甲工厂与施工人员多、管理能力强的乙公司签订管理协议，并指定乙公司负责现场检查和协调

132. 某公司160万吨/年甲醇生产聚丙烯项目，生产现场扩建2个甲醇储罐，招标了两家施工单位在同一区域现场施工作业，该公司要求这两家施工单位互相签订安全管理协议，并要求双方派出安全管理人员互相监督管理，该公司按要求配合派出生产岗位操作人员进行生产、施工交叉现场监护。下列对承包商管理的说法中正确的是（　　）。(2017年真题)

A. 该公司应与其中较大的施工单位签订安全管理协议，并委托其统一进行施工安全管理

B. 该公司应根据承包商相互监督管理要求，不再派遣现场监护人员

C. 该公司应与两家施工单位同时签订安全管理协议，对两家施工单位统一协调管理

D. 该公司施工现场生产运行设备与施工改造设备的隔离措施应以承包单位为主实施

133. 下列关于承包商的准入管理，说法错误的是（　　）。

A. 生产经营单位承包商主管部门对承包商进行业务资质审查

B. 生产经营单位承包商主管部门对其进行安全资质审查

C. 承包商应配备不少于一定比例的专职安全管理人员和达到其资质规定数量的工程技术人员

D. 承包商资质审查一般包括业务资质审查和安全资质审查两部分

134. 甲开发商开发某高层办公楼工程，委托乙公司承担给排水管线施工。甲开发商对乙公司进行安全资质审查，应由乙公司提供相关资料，不属于乙公司提供的安全资质审查资料的是（　　）。

A. 企业资质证明，如施工资质证书、特种作业证书、安全生产许可证等

B. 主要负责人、项目负责人、安全生产管理人员经政府有关部门安全生产考核合格名单及证书

C. 企业近两年的安全业绩

D. 安全管理体系程序文件

135. 甲供热公司将锅炉安装工程发包给资质符合要求的乙公司，下列对现场安全管理的做法中，错误的是（　　）。

A. 锅炉安装过程中使用的起重机械必须取得政府有关部门颁发的使用许可证

B. 施工方案包括组织机构方案、人员组成方案、技术方案、应急预案等内容

C. 施工方案由甲供热公司提出，由乙公司审查

D. 甲供热公司要对乙公司员工进行消防安全、设备设施保护及社会治安方面的教育

136. 某公司在安全文化建设过程中，明确了公司的安全价值观、安全愿景、安全使命和目标，声明在安全生产上投入足够的时间和资源，并传达给全体员工和相关人员，该公司的做法所体现的企业安全文化建设基本要素是（　　）。（2019 年真题）

A. 行为规范与程序　　B. 安全事务参与

C. 安全承诺　　D. 审核与评估

137. 某商业公司非常重视安全文化建设，在安全文化建设方面投入了大量的人力物力，商场内的 LED 大屏幕滚动播出消防等安全知识和事故案例，公司内部网站也开辟有安全宣传专栏，公司每年还组织安全有奖征文、知识竞赛等活动。为衡量企业安全文化建设效果，根据《企业安全文化建设评价准则》（AQ/T 9005）关于安全文化评价指标的说法，正确的是（　　）。（2018 年真题）

A. 重要性体现、充分性体现、有效性体现属于安全信息传播评价指标

B. 死亡事故、重伤事故、违章记录作为减分指标

C. 公开承诺、责任履行、自我完善等属于管理层行为评价指标

D. 决策层行为指标和管理层行为指标构成安全行为评价指标

138. 某矿山为了提高安全生产水平，打造安全生产长效机制，在企业一把手的直接领导下，积极培育企业安全文化。关于企业安全文化建设的说法，错误的是（　　）。（2018 年真题）

A. 企业安全文化是企业文化的重要组成部分，存在于企业生产经营的一切活动中

B. 企业的安全文化是企业在长期安全生产和经营活动中逐步培育形成的、具有本企业特点

C. 企业安全文化的核心就是企业家的安全观念，体现了企业一把手对安全的态度和价值观

D. 企业安全文化由安全物质文化、安全行为文化、安全制度文化、安全精神文化组成

139. 某矿山企业为了促进安全建设，提高员工的安全意识，采取了一系列措施：① 进行安全教育培训；② 建立安全绩效评估系统；③ 完善岗位安全生产责任制；④ 设置安全

心理咨询部门；⑤健全安全管理制度。根据《企业安全文化建设导则》（AQ/T 9004—2008），在这些措施中，属于企业安全文化建设“行为规范与程序”要素的是（　　）。（2018 年真题）

A. ①④　　B. ③⑤　　C. ②③　　D. ④⑤

140. 某集团公司安全管理部门在年终开展 HSE 绩效评审时，发现去年在子公司 A 发生的事故，今年在子公司 B 和 C 都有发生，公司管理层认为企业安全文化在某些方面需要提升和完善，依据《企业安全文化建设导则》（AQ/T 9004—2008），该集团公司针对上述事故应重点加强的安全文化建设基本要素是（　　）。（2017 年真题）

A. 自主学习与改进　　B. 安全事务参与

C. 审核与评估　　D. 安全行为激励

141. 某公司开展企业安全文化建设规划，聘请第三方机构对公司的安全生产管理和状态进行了初始评估，评估结果为处于“依靠严格监督”的阶段，建议未来三年的安全文化发展目标定为达到“员工的自我管理”阶段。依据企业开展安全文化建设规划的工作步骤，下一步工作应为（　　）。（2017 年真题）

A. 编制安全文化规章制度　　B. 开展安全文化宣传教育

C. 开展安全文化骨干培训　　D. 定格设计安全文化理念

142. 某公司总经理重视安全文化建设，在安全文化建设方面提供了资源保障，该公司创建各种文化传播渠道、在内部网站开辟有安全宣传专栏；定期进行安全知识和安全事故案例培训；该公司每年还组织安全有奖征文活动、进行知识竞赛；在公司内张贴了海报和标语；公司总经理及全体员工均签订了安全承诺书。下列关于该公司安全文化建设的说法中正确的是（　　）。（2017 年真题）

A. 该公司安全文化是公司总经理文化的集中表现

B. 各种文化宣传渠道用于控制与安全相关的所有活动

C. 安全知识和安全事故案例培训可提高员工改进安全绩效的能力

D. 该公司的安全价值观、安全使命等应通过安全承诺形式对社会公开

143. 在企业安全文化建设过程中，职工应充分理解和接受企业的安全理念，并结合岗位任务践行职工安全承诺。下列内容中，属于企业职工安全承诺的是（　　）。（2015 年真题）

A. 清晰界定职工岗位安全责任

B. 坚持与相关方进行沟通和合作

C. 对任何安全异常和事件保持警觉并主动报告

D. 评估自我安全绩效，推动安全承诺的实施

144. 为创建良好的企业安全文化，应对企业文化进行评价，剖析企业安全文化及管

理中存在的问题，制定长远的企业发展战略目标。下列属于安全文化评价指标的基础特征内容的是（　　）。（2015 年真题修改）

A. 企业文化特征、企业技术特征、安全承诺

B. 企业文化特征、企业形象特征、文化环境

C. 企业形象特征、企业员工特征、安全管理

D. 企业员工特征、企业技术特征、安全环境

145. 在企业安全文化建设过程中，职工应充分理解和接受企业的安全理念，并结合岗位任务践行职工安全承诺。下列内容中，属于企业管理者安全承诺的是（　　）。

A. 保持与相关方的交流合作，促进组织部门之间的沟通与协作

B. 在安全生产上真正投入时间和资源

C. 对任何与安全相关的工作保持质疑的态度

D. 含义清晰明了，并被全体员工和相关方所知晓和理解

146. 企业安全文化建设操作步骤正确的是（　　）。

A. 制定计划 建立机构 宣传教育 培训骨干 努力实践

B. 建立机构 制定计划 宣传教育 培训骨干 努力实践

C. 制定计划 建立机构 培训骨干 宣传教育 努力实践

D. 建立机构 制定计划 培训骨干 宣传教育 努力实践

147. 安全文化评价是指为了解企业安全文化现状或企业安全文化建设效果而采取的系统化测评行为，并得到定性或定量的分析结论。下列不属于安全文化评价指标中的安全管理评价指标是（　　）。

A. 安全权责　　B. 制度执行　　C. 安全承诺　　D. 管理机构

148. 某厂在安全文化建设评价时，借助计算机软件进行数据统计，然后根据标准建立的数学模型和实际选用的调研分析方法，对统计数据进行分析。其下一步应做的工作是（　　）。

A. 对调研结构和基础数据进行核实

B. 撰写“企业安全文化建设评价报告”，报告评价结果

C. 由评价组织机构向选定的样本单位下达评价通知书

D. 制定“评价工作实施方案”

149. 某企业委托某机构实施企业安全文化评价，该机构按标准制定了“评价工作实施方案”，方案内容不包括（　　）。

A. 实施计划　　B. 测评问卷　　C. 访谈提纲　　D. 评价目的

150. 根据《企业安全生产标准化基本规范》（GB/T 33000—2016），企业应采用的“PDCA”动态循环模式中的“C”代表（　　）。

A. 实施　　B. 策划　　C. 改进　　D. 检查

151. 安全生产标准化强调企业安全生产工作的规范化、科学化、系统化和法制化，强化风险管理和过程控制，注重绩效管理和持续改进。下列安全标准化建设的要求中，正确的是（　　）。(2018 年真题)

A. 安全生产标准化遵循“策划、实施、检查、改进”PDCA 静态管理理念

B. 安全生产标准化通过政府相关部门检查、发现隐患和消除风险，对安全生产中存在的问题及时向政府相关部门备案

C. 安全生产标准化包含目标职责、制度化管理、教育培训、现场管理、安全风险管控及隐患排查治理、应急管理、事故查处、持续改进 8 个方面

D. 安全生产标准化要建立定期效益考核机制，促进产出投入比的持续提升，不断提高企业生产管理水平

152. 某合成氨化工企业坐落于当地化工工业园区内，为了有效落实企业的安全生产主体责任，提升企业的安全生产绩效。2018 年 12 月，企业负责人组织开展了安全生产标准化一级创建自评工作，在现场评审中发现储存危险化学品的场所存在职业危险警示标识设置不规范的现象。关于工作场所职业危害警示标识设置的说法，正确的是（　　）。(2019 年真题)

A. 警示线是界定和分隔危险区域的标识线，分为红色、黄色、蓝色、绿色四种

B. 职业病危害的警示线色带的设置分为红色、橙色、黄色、绿色四种

C. 在一般有毒物品作业场所，设置黄色警示线，警示线设在有毒物品作业场所外缘不少于 30 cm 处

D. 黄色警示线设在危险区域的周边，其内外分别是危害区和禁止区

153. 现代生产企业为了集中精力做好生产经营业务，将房屋修缮、污水处理设施运行、园林绿化等工作均交给承包商来完成。为了对承包商作业现场进行有效的风险管控，下列说法中，正确的是（　　）。(2017 年真题)

A. 承包商应根据服务作业行为定期识别服务行为风险，并要求发包单位采取控制措施

B. 在同一区域作业的承包商，应口头互相告知作业场所存在的危险因素

C. 发包单位应对重点承包商的负责人进行作业安全风险交底

D. 发包单位应对承包商的作业过程进行有效监督

154. 根据《企业安全生产标准化基本规范》（GB/T 33000—2016），企业对安全生产

和职业卫生法律法规、标准规范、规章制度、操作规程的适用性、有效性和执行情况进行评估的时间间隔是（　　）。

A. 每月一次　　B. 每季度一次　　C. 每一年一次　　D. 每三年一次

155. 某机械制造企业为了进一步夯实安全基础，提升企业的安全管理水平，把创建安全生产标准化作为推动安全生产工作的抓手，并紧密结合企业实际情况，狠抓安全培训教育，组织制定安全培训教育制度及培训大纲，明确了培训的内容、时间和培训的主管部门，并按照培训计划开展培训，对培训效果进行评估。关于企业安全培训管理的说法，正确的是（　　）。（2018 年真题）

A. 企业特种作业人员的教育培训主管部门不定期识别安全培训需求

B. 企业组织培训，使企业主要负责人、专职安全员具备相应的安全管理知识和管理能力

C. 企业培训主管部门制定实施安全教育培训计划，必要的培训资源由属地主管部门提供

D. 企业培训主管部门对相关方人员的安全教育培训情况可不记录

156. 依据《企业安全生产标准化基本规范》（GB/T 33000—2016），企业应对工作场所职业病危害因素进行日常监测，并保存监测记录。职业病危害严重的，应委托具有相应资质的职业卫生技术服务机构。进行职业病危害现状评价和全面的职业病危害因素检测的频次分别是（　　）。

A. 每年一次和每半年一次　　B. 每年一次和每年一次

C. 每三年一次和每半年一次　　D. 每三年一次和每年一次

157. 某厂在安全风险管控整改时提出以下措施，依据《企业安全生产标准化基本规范》（GB/T 33000—2016），属于工程技术措施的是（　　）。

A. 有粉尘区域佩戴防尘口罩　　B. 全面落实安全生产责任制

C. 机械设备加装电气联锁　　D. 提高设备维护保养频率

158. 根据《企业安全生产标准化基本规范》（GB/T 33000—2016），企业开展安全生产标准化工作的核心是（　　）。

A. 安全风险管理　　B. 隐患排查治理

C. 职业病危害防治　　D. 安全生产责任制

159. 依据《企业安全生产标准化基本规范》（GB/T 33000—2016），企业应实施作业许可管理，严格履行作业许可审批手续。作业许可不包括的内容是（　　）。

A. 岗位监督责任　　B. 安全及职业病危害防护措施

C. 安全风险分析　　D. 应急处置

160. 依据《企业安全生产标准化基本规范》（GB/T 33000—2016），企业应监督、指导从业人员遵守安全生产和职业卫生规章制度、操作规程，杜绝“三违”行为。“三违”行为不包括（　　）。

A. 违章指挥　　B. 违章作业　　C. 违反劳动纪律　　D. 违反安全协议

161. 依据《企业安全生产标准化基本规范》（GB/T 33000—2016），有关矿山、金属冶炼和危险物品生产、储存企业安全生产标准化的说法，正确的是（　　）。

A. 应当每年委托具备规定资质条件的专业技术服务机构对本企业的安全生产状况进行安全评价

B. 应建立生产安全事故应急救援信息系统，并与县级以上地方人民政府负有安全生产监督管理职责部门的安全生产应急管理信息系统互联互通

C. 建立专（兼）职应急救援队伍，按照有关规定可以不单独建立应急救援队伍的，应指定专职救援人员，并与邻近专业应急救援队伍签订应急救援服务协议

D. 每半年至少应对安全生产标准化管理体系的运行情况进行一次自评

162. 根据《企业安全生产标准化基本规范》（GB/T 33000—2016），企业应对进入企业检查、参观、学习等外来人员进行安全教育，培训的主要内容不包括（　　）。

A. 安全规定　　B. 可能接触到的危险有害因素

C. 应急知识　　D. 企业主要业绩

163. 根据《企业安全生产标准化基本规范》（GB/T 33000—2016），企业应建立设备设施检维修管理制度，检维修方案不包含（　　）。

A. 应急处置措施　　B. 安全生产岗位职责

C. 控制措施　　D. 安全验收标准

二、多项选择题

（每题 2 分。每题的备选项中，有 2 个或 2 个以上符合题意，至少有 1 个错项。错选，本题不得分；少选，所选的每个选项得 0.5 分）

1. 某大型企业新购进一批叉车，企业分管安全的副总理王某要求设备和安全部等人员合作编写叉车安全操作规程。关于安全操作规程编制的说法，正确的有（　　）。（2019 年真题）

A. 王某可组织编写叉车安全操作规程

B. 叉车安全操作规程编写应参考叉车的使用说明书

C. 叉车安全操作规程应征求使用部门意见

D. 应编写叉车异常情况下的处置内容

E. 叉车安全操作规程的类型应使用全式格式

2. 生产经营单位规章制度体系中，属于人员安全管理制度的有（　　）。

A. 安全生产责任制　　B. 安全教育培训制度

C. 安全操作规程　　D. 岗位安全规范

E. 职业卫生管理制度

3. 企业安全培训的组织实施要明确组织机构制度、人员的职责和要求，下列关于安全培训组织实施的做法中，正确的有（　　）。（2017 年真题）

A. 生产经营单位从业人员的安全培训由企业组织实施

B. 煤矿企业完善和落实师傅带徒弟制度

C. 安全管理人员负责组织制定并实施本单位安全培训计划

D. 从业人员接受安全培训期间，生产经营单位向其支付工资和必要的费用

E. 委托其他机构进行安全培训的，保证安全培训的责任由本单位负责

4. 依据《生产经营单位安全培训管理规定》（国家安全生产监督管理总局令第 3 号公布，2015 年修改），下列安全教育培训内容中，主要负责人初次培训的主要内容有（　　）。

A. 安全生产技术专业知识　　B. 事故调查处理的有关规定

C. 职业危害及其预防措施　　D. 本单位安全生产规章制度

E. 典型事故案例

5. 下列关于安全培训的说法，错误的有（　　）。

A. 危险物品生产经营单位主要负责人安全资格培训时间不得少于 48 学时，每年再培训时间不得少于 16 学时

B. 建筑施工单位安全生产管理人员安全资格培训时间不得少于 32 学时，每年再培训时间不得少于 12 学时

C. 纺织企业分管安全的副总安全资格培训时间不得少于 32 学时，每年再培训时间不得少于 12 学时

D. 煤矿单位新上岗职工安全培训时间不得少于 48 学时，每年再培训时间不得少于 24 学时

E. 手机零件代加工车间新上岗职工安全教育培训时间不得少于 24 学时

6. 某建筑施工项目施工过程中，施工单位发现安全设施设计文件有错漏的，根据《建设项目安全设施“三同时”监督管理办法》（国家安全生产监督管理总局令第 36 号公布，2015 年修改），应当及时报告的单位有（　　）。

A. 生产经营单位　　B. 监理单位

C. 设计单位　　D. 设备供货单位

E. 当地安全生产监督管理部门

7. 某市高新区新建大型制药厂，在建设项目初步设计时，设计单位编制安全设施设计。完成后，该企业应当按相关规定向安全生产监督管理部门提出审查申请，并提交有关文件。下列文件资料中，需要向安全生产监督管理部门提交的有（　　）。

A. 建设项目审批、核准或者备案的文件

B. 设计单位的设计资质证明文件

C. 施工单位的施工资质证明文件

D. 建设项目安全设施设计

E. 建设项目安全预评价报告及相关文件资料

8. 某建筑施工项目采用了危险性较大的分部分项工程的吊装工程，并编制了专项施工方案，则该专项方案实施前应签字的人有（　　）。

A. 施工单位项目负责人　　B. 施工单位技术负责人

C. 建设单位项目负责人　　D. 建设单位技术负责人

E. 总监理工程师

9. 某化学品存储企业分库存储不同的危险化学品，各库均为独立建筑。其存储的危险化学品临界量见下表。

危险化学品的临界量

危险化学品名称	临界量/t	危险化学品名称	临界量/t
苯	50	汽油	200
氨	10	天然气	50
乙炔	1		

依据《危险化学品重大危险源辨识》(GB 18218—2009)，下列构成重大危险源的是（　　）。(2017 年真题修改)

A. 一个防火堤内的两个 150 t 汽油储罐　　B. 储存 20 t 苯的库房

C. 15 t 液氨储存罐区　　D. 储量为 100 t 的天然气站

E. 储存 0.6 t 乙炔的工业气瓶储存区

10. 某乳品加工企业分别储存 5 t 天然气、9 t 液氨（临界量分别为 50 t、10 t），两储罐在同一防火堤内。2016 年 10 月，某安全评价机构对其重大危险源进行了评估，依据《危险化学品重大危险源监督管理暂行规定》（国家安全监督总局令第 40 号公布，第 79 号修正），下述关于危险化学品重大危险源辨识与评估的说法中，正确的有（　　）。(2017 年真题修改)

A. 该企业构成重大危险源

B. 该企业重大危险源评估必须与本单位安全评价一起进行

C. 2019 年 10 月，需重新对重大危险源进行辨识

D. 该企业应委托具有相应资质的安全评价机构进行安全评估

E. 该企业重大危险源应根据其危险程度进行分级

11. 某五星级酒店近期购置一台 8 t/h 承压热水锅炉，该锅炉热功率最大 7 MW，额定出口热水温度不高于 95 ℃。该酒店的锅炉使用管理中符合有关规定的有（ ）。（2019 年真题）

A. 投入使用后 30 天内向有关部门办理使用登记，并取得使用登记证书

B. 使用登记证书置于该锅炉的显著位置

C. 该锅炉为公众提供服务，酒店必须按规定设置特种设备安全管理机构

D. 任何人员发现该锅炉存在问题，都有责任立即停止其运行

E. 特种设备安全管理人员负责锅炉使用经常性检查，纠正违规行为

12. 某酒店使用的电梯有 13 部，其中 3 部电梯已达到设计使用期限，但在每年设备检测报告项目中，各项指标均合格，运行状态良好，酒店希望继续使用。关于达到设计使用年限的特种设备管理的说法，正确的有（ ）。（2019 年真题）

A. 应该予以报废，停止使用

B. 取得检测合格证，办理使用登记证变更，可以继续使用

C. 应按照规范要求通过安全评估，办理使用登记证变更后方可继续使用

D. 应按照原项目和频次进行检验检测

E. 原制造企业不再承担相应安全责任

13. 某新建商贸大厦安装一台从国外进口的观光电梯，大厦物业公司在日常使用该设备时，制定了相关的安全管理规定，根据《特种设备安全法》，下列观光电梯管理规定中，正确的有（ ）。（2018 年真题）

A. 使用前应当向进口地安监部门履行提前告知义务

B. 投入使用后 30 日内，须取得使用登记证书

C. 物业公司应当定期维护保养观光电梯

D. 出现异常情况，使用单位应立即停止运行，消除隐患后方可继续使用

E. 需配备专职的特种设备安全管理人员

14. 某大型化工厂新建液氨储罐一座，公司在储罐运行前制定液氨储罐的相关安全管理规定，根据相关法律法规，下列规定中正确的有（ ）。

A. 使用前应当向所在地公安部门履行提前告知义务

B. 在储罐投入使用前 30 日内取得使用登记证书

C. 化工厂应当对储罐进行经常性日常维护保养

D. 该企业应当向应急管理部门办理使用登记

E. 登记标志应当置于该特种设备的显著位置

15. 某非金属矿山安全科编制了安全技术措施计划，其中一项为过断层及破碎带安全技术措施，其内容包括应用单位、措施名称、经费预算及来源。在进行联合会审时，专家提出该措施缺少部分内容。根据安全技术措施计划的编制内容规定，该安全技术措施还应包括的内容有（　）。

A. 措施的目的和内容　　B. 实施部门和负责人

C. 开竣工日期　　D. 措施的检查验收

E. 事故处理方案

16. 某物流企业锅炉停用 30 天后要进行供汽，负责送汽的企业员工张某未及时打开送汽阀门，当锅炉压力超过安全阀设定压力时没有起跳，蒸汽热水（164 ℃）把门冲断喷出，将在场的 6 人烫伤。下列措施中，属于减少事故损失的安全技术措施的有（　　）。（2019 年真题）

A. 定期校验锅炉的安全阀，确保正常

B. 严格执行锅炉操作规程

C. 设置蒸汽压力高压联锁停炉装置

D. 要求员工按规定正确佩戴防烫劳动防护用品

E. 锅炉应与工作区域之间设置隔离措施

17. 某化纤厂准备新建一化纤加工子公司，聘请安全评价公司对该项目进行安全预评价工作。针对评价公司辨识出的后加工车间存在的危险因素，预先采取相应的安全技术措施，下列安全技术措施中可以减少事故损失的有（　　）。（2018 年真题）

A. 存在爆炸性纤维的后加工车间使用不发火花的地面

B. 存在爆炸性纤维的后加工车间，使用隔爆型开关

C. 存在爆炸性纤维的后加工车间顶部采用轻质屋顶

D. 设计师确保后加工车间与其他建筑物保持足够的安全距离

E. 存在爆炸性纤维的后加工车间使用混凝土结构

18. 在现代工业设计和生产工艺领域，通过采取隔离、设置薄弱环节、个体防护等安全技术措施，旨在防止或减少事故造成的能量意外释放对人的伤害和物的破坏。下列关于安全技术措施的说法中，正确的有（　　）。（2015 年真题）

A. 汽车设计安全气囊属于隔离技术

B. 施工现场布设高清监控摄像头属于安全监控技术

C. 矿山设置避难舱属于隔离技术

D. 金属加工车间设置通风除尘系统属于设置薄弱环节技术

E. 作业现场操作人员佩戴安全帽属于个体防护技术

19. 职业危害控制的主要安全技术措施包括防止和减少危害工程技术措施。下列防止苯中毒的措施中，属于隔离措施的有（　　）。（2015 年真题）

A. 采取通风措施降低作业场所苯浓度　　B. 有苯作业时密闭生产

C. 合理组织苯作业场所劳动过程　　D. 进入有苯作业现场佩戴防毒面具

E. 建立健全职业危害预防控制制度

20. 某危化品生产企业认真贯彻"安全第一，预防为主，综合治理"的方针，坚决落实安全生产法律法规及各项规章制度，为保障施工从业人员作业条件安全及环境，杜绝各类安全事故的发生，企业制定了《安全生产费用总体使用计划》。下列费用中，属于安全生产费用支出范围的有（　　）。

A. 重大危险源评估的费用　　B. 购买现场作业人员防尘口罩支出

C. 购买消防器材费用　　D. 应急演练支出

E. 按"三同时"要求初期投入的安全设施支出

21. 依据《企业安全生产费用提取和使用管理办法》规定，下列关于安全生产费用提取的说法，正确的有（　　）。

A. 冶金企业以上年度实际营业收入不超过 1 000 万元的，平均逐月按照 3%提取

B. 烟花爆竹生产企业以上年度军品实际营业收入不超过 1 000 万元的，平均逐月按照 3.5%提取

C. 危险品生产与储存企业以上年度军品实际营业收入不超过 1 000 万元的，平均逐月按照 4%提取

D. 火炸药企业以上年度军品实际营业收入不超过 1 000 万元的，平均逐月按照 5%提取

E. 中小微型企业和大型企业上年末安全生产费用结余分别达到本企业上年度营业收入的 5%和 1.5%时，本年度可以缓提或者少提安全生产费用

22. 甲公司为从事粮油转运、储存、贸易的国有企业，公司现有汽车库 2 座、食用植物油罐 5 个、进出油输送管道、码头起重机、办公楼电梯、叉车、燃气锅炉、二氧化碳钢瓶、防爆电器。按国家有关规定，该厂进行强制性安全检查的项目有（　　）。

A. 汽车库　　B. 码头起重机

C. 办公楼电梯　　D. 防爆电器

E. 叉车

23. 重大事故隐患治理方案应包括的内容有（　　）。

A. 经费和物资的落实　　B. 安全措施和应急预案

C. 预警通知　　　　　　　　　　　　D. 治理目标和任务

E. 治理管理的缺陷

24. 某物流公司总部根据国家相关规定，要求本企业下属子公司对安全生产状况进行全面事故隐患排查治理，关于该单位隐患排查的职责，说法正确的有（　　）。

A. 该单位甲子公司跟某安全咨询服务机构签订服务合同，由该服务机构负责事故隐患排查、治理和防控的责任

B. 该单位乙子公司根据物流公司的要求，安排由安全管理人员全面排查本单位的事故隐患

C. 该单位丙子公司在进行隐患排查时，要求为其提供下游服务的承包单位同时进行事故隐患排查治理工作，并对承包单位的隐患排查治理进行统一协调和监督管理

D. 该单位丁子公司将排查出的事故隐患进行了分级，一般隐患责成事故隐患相关部门负责人立即组织整改，重大隐患上报物流公司总部，由总部制定事故隐患治理方案

E. 该单位戊子公司有一项安全监督管理部门挂牌督办的重大事故隐患，治理结束后，申请总部组织本技术人员和专家对重大事故隐患的治理情况进行评估

25. 某化学品生产企业准备对厂区道路进行改造，需要实施断路作业，作业前组织作业人员制定了道路警示灯设置的相关要求，根据《化学品生产单位特殊作业安全规范》（GB 30871），关于该断路作业安全要求的说法，正确的有（　　）。（2019 年真题）

A. 作业区附近应设置路栏、道路作业警示灯、导向标

B. 夜间警示灯应能反映作业区的轮廓

C. 夜间警示灯应采用安全电压

D. 雨雪天气应设置离地面高度为 0.8～1 m 的警示灯

E. 雾天作业警示灯应能发出至 150 m 以外清晰可见连续、闪烁的黄光

26. 某化学品工厂新入职外包单位员工小王报到第二天经历如下：① 车间和班组对小王进行安全教育培训，取得安全证后开始工作；② 小王在接受本单位安全教育培训后，持外包单位经理刘某签字的“作业许可证”进入水罐进行清洗作业；③ 完成水罐作业后，小王随即赶到厂区另一下水道，持同一张“作业许可证”进入下水道作业；④ 小王佩戴过滤式防护面具，便进入下水道；⑤ 熟悉厂区的员工小张在下水道外看守，小王进入下水道内，十分钟后小张突感腹部剧痛，遂快步跑向厕所，15 分钟后回到下水道外，5 分钟后小王完成作业撤离管道。上述序号标示的活动内容中，不符合受限空间作业管理要求的有（　　）。（2018 年真题）

A. ①　　　　B. ②　　　　C. ③　　　　D. ④

E. ⑤

27. 化工公司委托承包商维修该公司某车间地下封闭燃气管线，鉴于该工程为受限空间作业，该化工公司根据受限空间作业安全管理要求，制定了受限空间作业安全管理措施。下列措施中符合安全要求的有（　　）。（2018 年真题修改）

A. 受限空间作业时，作业现场应配置便携式或移动式气体检测报警仪，连续监测受限空间内氧气、可燃气体、蒸气和有毒气体浓度

B. 潮湿密闭受限空间的照明电压小于 12 V，且使用防爆型灯具

C. 受限作业许可证由燃气公司负责许可

D. 地下管线动火作业按照二级动火作业管理

E. 工人穿防静电工作服作业

28. 根据《化学品生产单位特殊作业安全规范》（GB 30871—2014）中关于动火作业的规定，下列说法正确的是（　　）。

A. 动火作业分为三级，一级动火作业为最高级别

B. “动火作业许可证”（一级）应由企业安全管理部门审批

C. 特殊动火作业的“动火作业许可证”有效期不超过 8 h

D. 一级动火作业的“动火作业许可证”有效期不超过 24 h

E. 动火期间，距离动火点 15 m 范围内不应排放可燃气体

29. 某化工厂甲使用承包商乙对本厂甲醇仓库屋顶进行防水处理。下列该化工厂对相关方现场安全管理的做法中，正确的有（　　）。（2019 年真题）

A. 为满足动火安全要求，甲方允许乙方对屋顶涉及的管线自主处理

B. 乙方使用的工器具经甲方工程部门审核，通过贴使用签后现场使用

C. 乙方作业前的安全技术交底内容由甲、乙方共同确认签字后作业

D. 甲方对厂区进行门禁管理，对乙方进出工作现场的人员进行身份和安全条件确认

E. 遇有五级以上强风时，乙方停止屋顶作业

30. 企业安全文化建设，就是要不断地提升人的安全素质，优化安全管理制度和基础条件，营造良好的安全氛围。关于企业安全文化建设的说法正确的有（　　）。（2018 年真题）

A. 企业应考虑自身内部和外部的文化特征，通过全员参与企业安全文化建设来实现

B. 企业的每名员工都应该知晓和理解本企业的安全承诺

C. 企业应建立员工安全绩效评估系统，并建立安全绩效与业绩相结合的奖励制度

D. 企业应将自己的安全承诺传达给相关方，并要求保持一致

E. 企业安全文化建设应保持可持续发展，实现闭环管理

31. 安全文化评价是为了解企业安全文化现状或企业安全文化建设效果而采取的系

统化测评行为，并得到定性或定量的分析结论。下列关于安全文化评价指标说法错误的是（　　）。

A. 安全报告、安全建议属于安全事务参与指标

B. 责任履行、指导下属属于决策层行为指标

C. 死亡事故、重伤事故、经济损失记录属于减分指标

D. 安全指引、安全防护属于安全环境指标

E. 安全态度、知识技能属于员工层行为指标

32. 安全文化评价是为了解企业安全文化现状或企业安全文化建设效果而采取的系统化测评行为，并得出定性或定量的分析结论。下列选项中，属于安全文化评价指标的安全管理内容包括（　　）。

A. 安全权责　　B. 管理机构　　C. 监管环境　　D. 制度执行

E. 管理效果

33. 根据《企业安全生产标准化基本规范》(GB/T 33000—2016)，下列属于安全生产标准化八大核心的是（　　）。

A. 现场管理　　B. 工伤保险　　C. 教育培训　　D. 事故管理

E. 安全风险管控及隐患排查

34. 甲公司大修期间，委托乙公司维修车间车床，委托丙公司维护同一车间的天车。依据《安全生产法》《企业安全生产标准化基本规范》(GB/T 33000—2016)，下列关于相关方现场安全管理的说法中，正确的有（　　）。(2017 年真题)

A. 甲公司应与乙、丙公司分别签订合作协议，明确规定双方的安全生产及职业病防护的责任和义务

B. 甲公司应定期识别乙、丙公司的服务行为安全风险，并采取有效的控制措施

C. 甲公司应与乙、丙公司签订安全生产管理协议，规定事故责任由乙、丙公司承担

D. 丙公司编制的天车维护作业的安全技术方案已经经过甲公司审核确认，如事故发生，丙公司无责任

E. 甲、乙、丙公司之间应签订安全生产管理协议，明确各自的安全生产管理职责和应采取的安全措施，并制定专职安全生产管理人员进行安全检查与协调

35. 依据《企业安全生产标准化基本规范》(GB/T 33000—2016)，企业应加强生产现场安全管理和生产过程控制，对危险性较高的作业活动实施作业许可管理，履行审批手续，下列作业活动中，属于作业许可管理范围的有（　　）。

A. 动火作业　　B. 受限空间作业　　C. 临时用电作业　　D. 起重吊装作业

E. 高处作业

36. 依据《企业安全生产标准化基本规范》（GB/T 33000—2016），企业应在有重大隐患的工作场所和设备设施上设置安全警示标志，标明的内容有（　　）。

A. 治理责任　B. 治理期限　C. 应急措施　D. 治理投入

E. 危害后果

37. 根据《企业安全生产标准化基本规范》（GB/T 33000—2016），企业在建立安全生产标准化管理体系工作过程中，开展安全生产标准化工作的基础为（　　）。

A. 安全评价　B. 安全风险管理　C. 隐患排查治理　D. 职业病危害防治

E. 安全生产责任制

38. 根据《企业安全生产标准化基本规范》（GB/T 33000—2016），企业应采用“PDCA”动态循环模式，依据本标准的规定，结合企业自身特点，自主建立并保持安全生产标准化管理体系。构建的安全生产长效机制是（　　）。

A. 自我检查　B. 自我评估

C. 自我完善　D. 自我学习

E. 自我纠正

39. 依据《企业安全生产标准化基本规范》（GB/T 33000—2016），企业应按照有关规定和工作场所的安全风险特点，在有重大危险源、较大危险因素和严重职业病危害因素的工作场所，设置明显的、符合有关规定要求的安全警示标志和职业病危害警示标识，其内容应包括（　　）。

A. 危险程度　B. 安全距离　C. 安全风险内容　D. 防控办法

E. 安全投入情况

40. 根据《企业安全生产标准化基本规范》（GB/T 33000—2016），企业应建立设备设施检维修管理制度，制定综合检维修计划，加强日常检维修和定期检维修管理，落实“五定”原则，并做好记录。下列属于“五定”原则的有（　　）。

A. 定检维修方案　B. 定安全措施　C. 定检维修质量　D. 定检维修环境

E. 定检维修日期

41. 依据《企业安全生产标准化基本规范》（GB/T 33000—2016），企业应在有安全风险的工作岗位设置安全告知卡，告知内容包括（　　）。

A. 危险有害因素　B. 应急措施　C. 报告时限　D. 报告电话

E. 岗位职责

第三章安全评价精选题库

一、单项选择题

（每题 1 分。每题的备选项中，只有 1 个最符合题意）

1. 某冷库为扩大生产，在原有液氨储存量为 3 t 的基础上，又计划在同一厂区内 280 m 范围内新建存储量为 6 t 的液氨制冷设备。为提高企业安全防范水平，聘请评价机构对其拟扩建设备进行了安全评价。该冷库需要进行的安全评价是（　　）。（2017 年真题）

A. 安全预评价　B. 安全验收评价　C. 安全现状评价　D. 安全专项评价

2. 2019 年 5 月 6 日，某金属地下矿山企业在采掘作业时发生透水事故，造成 3 人死亡，10 人受伤。为了预防事故再次发生，特聘请某评价机构对矿山作业过程进行安全评价。该评价机构针对该矿山企业设备设施现状、安全管理水平等情况进行了勘察，对该矿山进行了安全评价，该安全评价是（　　）。

A. 安全预评价　B. 专项安全评价　C. 安全现状评价　D. 安全验收评价

3. 某厂对正在运行中的催化裂化装置进行辨识危险、有害因素，提出相应对策和安全评价，该项评价属于（　　）。

A. 安全预评价　B. 专项安全评价　C. 安全现状评价　D. 安全验收评价

4. 某烟花爆竹生产厂由于扩大生产，拟新建成品仓库，按照相关规定的要求，委托某评价机构对拟建仓库进行了安全评价。该仓库需要进行的安全评价是（　　）。

A. 安全预评价　B. 安全验收评价　C. 安全现状评价　D. 安全专项评价

5. 某工业园区某化工厂发生爆炸事故，造成严重的人员伤亡和社会影响。2019 年 6 月，该工业园区管委会委托一家安全评价机构对工业园区进行了一次安全评价工作。下列关于这次安全评价内容的说法中，正确的是（　　）。

A. 本次安全评价属于安全验收评价　B. 本次安全评价属于防爆专项评价

C. 本次安全评价属于安全现状评价　D. 本次安全评价属于安全预评价

6. 某安全评价机构受当地矿山企业委托对一矿山进行安全现状评价，安全评价机构验出的安全现状评价步骤是：① 以客观公正真实的原则，严谨、明确地做出评价结论；② 根据该矿山的具体情况，辨识和分析危险、有害因素，确定其存在的部位、方式和事故发生的途径及其变化规律；③ 针对该矿山准备评价所需的设备、工具，收集相关法律、技术标准；④ 合适的评价方法，对评价对象发生事故的可能性及其严重度进行评价；⑤ 根据评价结果编写相应的安全评价报告；⑥ 科学合理地划分评价单元；⑦ 提出清除或减弱危险、有害因素的技术和管理措施建议。下列安全现状评价步骤中，排序正确的是（　　）。（2017 年真题）

A. ④⑥⑦③①⑤②　　B. ⑦⑥③④①②③

C. ③②⑥④⑦①⑤　　D. ③④⑥⑤②⑦①

7. 某工业园区自 2008 年 7 月 8 日开始规划建设，于 2010 年 5 月 6 日建设完成，2014 年 1 月请工业园区管委会委托一家安全评价机构对工业园区进行了一次安全评价工作。下列关于这次安全评价内容的说法中，正确的是（　　）。（2015 年真题）

A. 辨识工业园区规划设计中存在的危险、有害因素

B. 针对工业园区安全投入与产出的情况进行评价

C. 针对工业园区的事故风险、安全管理等情况进行评价

D. 给出工业园区建成后能否安全运行的明确结论

8. 甲企业委托乙安全评价机构对该企业进行安全现状评价。乙安全评价机构完成评价报告后。提交报告评审的内容摘要有：① 对甲企业是否严格按照设计的要求进行施工建设进行了验证；② 对于可能造成重大后果的事故隐患，采用合理的安全评价方法，建立数学模型进行事故后果模拟预测；③ 对发现的事故隐患，进行整改优先度排序；④ 根据可行性研究报告分析可能存在的危险有害因素。上述评审内容摘要中，属于此次安全评价主要内容的是（　　）。（2015 年真题）

A. ①②　　B. ②③　　C. ③④　　D. ①④

9. 根据《安全预评价导则》（AQ 8002），下列关于安全评价描述内容中，不属于安全预评价结论内容的是（　　）。

A. 明确给出评价对象是否具备安全验收的条件

B. 评价对象与国家有关法律法规的符合性结论

C. 给出危险、有害因素引发各类事故可能性的预测性结论

D. 指出评价对象应重点防范的重大危险、有害因素

10. 某企业在组织安全检查时，发现有关设备设施和作业场所存在以下危险、有害因素：① 桥式起重设备的吊钩存在裂缝；② 液氨储罐区地面开裂；③ 电动机联轴器处防护罩缺失；④ 压力管道操作阀门处通道狭窄；⑤ 粉碎车间粉尘超标。依据《生产过程危险和有害因素分类与代码》（GB/T 13861—2009），上述危险、有害因素中属于物理性危险、有害因素的是（　　）。（2015 年真题）

A. ②④　　B. ③⑤　　C. ①③　　D. ①⑤

11. 依据《生产过程危险和有害因素分类与代码》（GB/T 13861—2009），下列危险和

有害因素中，属于环境因素的是（　　）。（2015 年真题）

A. 激光辐射　　　　　　　　　　B. 机械性噪声

C. 室内阶梯无护栏　　　　　　　D. 安全防护距离不够

12. 某小型喷漆企业根据国家安全风险管控的相关要求，对毛坯清洗、喷色漆、色漆烘干、罩光喷漆、罩光烘干、检验下线和包装工艺流程等喷漆工艺环节，进行危险、有害因素辨识。根据《生产过程危险和有害因素分类与代码》（GB/T 13861—2009），关于危险、有害因素分类的说法，正确的是（　　）。（2019 年真题）

A. 喷漆厂房的通道狭窄属于环境因素，工人长时间加班属于人的因素

B. 喷漆作业过程中管理人员指挥失误属于人的因素，用于通风系统的离心风机噪声危害属于环境因素

C. 罩光烘干后产品堆放无序属于物的因素，未明确现场管理的兼职管理人员属于管理因素

D. 动火作业产生明火易引起爆炸属于物的因素，烘箱上无警示标志属于管理因素

13. 某电子生产企业使用少量浓硫酸、盐酸、氢氧化钠等危险化学品，工人在作业过程中均佩戴相应的劳动防护用品。为提高工人安全意识，企业根据《生产过程危险和有害因素分类与代码》（GB/T 13861—2009）进行危险、有害因素辨识。关于危险、有害因素分类的说法，正确的是（　　）。（2018 年真题）

A. 脱岗行为属于管理因素

B. 使用危险化学品的厂房墙面窗户缺陷属于环境因素

C. 危险化学品使用现场安全标志选用不当属于人的因素

D. 作业场地光照不足属于物的因素

14. 某建筑施工项目使用了汽车吊，为了充分识别吊装作业的危险因素，该项目安全管理人员对汽车的事故数据进行了记录。根据《企业职工伤亡事故分类》（GB 6441），下列事故危险因素分类错误的是（　　）。（2018 年真题）

序号	事故描述	事故的危险因素
①	甲汽车吊在吊装时因地基不稳，吊车失稳倾斜，一名员工腹部受到挤压导致重伤	起重伤害
②	乙汽车吊在开进现场时，其左后轮压伤了一名员工的左脚	车辆伤害
③	丙汽车吊在吊装材料时，吊物撞到脚手架，脚手架发生坍塌，一名员工死亡	坍塌
④	丁汽车吊在吊装钢筋时，因钢筋绑扎不牢，钢筋掉落砸伤一名员工	物体打击
⑤	戊汽车吊在作业时，一名员工因站在悬臂范围内，被吊具撞伤	机械伤害

A. ①②③　　　　B. ②③④　　　　C. ③④⑤　　　　D. ①③⑤

15. 某钢铁公司电炉厂，电工黄某对天车进行检查，检查完后想下车时身体失去平衡，左手扶到天车小车导轨上，被开来的小车轧断手指。根据《企业职工伤亡事故分类》（GB 6441），这起事故为（　　）事故。

A. 物体打击　　B. 机械伤害　　C. 坍塌　　D. 起重伤害

16. 某煤矿采煤队在工作面爆破结束，当班爆破员李某验炮后，在记录本上记录爆破完毕，采煤人员王某在距上风巷 5 m 处用手镐刨煤时，引爆底部哑炮受伤。根据《企业职工伤亡事故分类》（GB 6441），该事故的类别属于（　　）。

A. 物体打击　　B. 冒顶片帮　　C. 放炮　　D. 火药爆炸

17. 某跨河段桥梁施工时，施工人员孙某在作业时不慎从桥上跌入河中，由于河水较深，流速较大，不能及时施救，造成孙某死亡。根据《企业职工伤亡事故分类》（GB 6441），该事故的类别属于（　）。

A. 物体打击　　B. 起重伤害　　C. 高处坠落　　D. 淹溺

18. 某建筑施工单位在起重机检修过程中，检修工因触电从起重机高处坠落，掉入下方的水池中淹死。依据《企业职工伤亡事故分类》（GB 6441），该事故类别属于（　　）。

A. 高处坠落　　B. 淹溺　　C. 起重伤害　　D. 触电

19. 某化工企业对空分车间组织生产过程进行了危险、有害因素识别，并按照《企业职工伤亡事故分类》（GB 6441），对危险、有害因素进行分类。下列危险、有害因素分类中，正确的是（　　）。（2017 年真题）

A. 压缩机大修过程吊装零件，可能发生钢丝绳断裂伤人，属于机械伤害

B. 未定期监控液氮储罐中的石油烃含量，可能发生爆炸伤人，属于容器爆炸

C. 车间动火作业，可能发生易燃物着火伤人，属于灼烫

D. 氮气管路爆裂，氮气泄漏伤人，属于中毒和窒息

20. 某大型企业集团为提高安全生产水平，做到本质安全，按照海因里希事故因果连锁理论，对近年来国内外本行业的人身伤害事故原因进行了分析，将伤害原因进行了分类。根据《企业职工伤亡事故分类》（GB 6441），下列分析的伤害原因中属于不安全状态的是（　　）。（2018 年真题）

A. 机器超速运转　　B. 通风系统效率低

C. 在起吊物下停留　　D. 开关未锁紧

21. 某炼钢厂混铁炉生产区，混铁炉在出铁过程中发生铁水外溢，外溢铁水接触坑内冷却水发生爆炸，致使停靠在受铁坑上方的 2 台行车驾驶室内 2 名行车司机当场死亡。经调查，造成事故的主要原因有：① 事故应急预案及响应缺陷；② 室内照明不良；③ 培训制度不完善；④ 违章指挥；⑤ 建设项目“三同时”制度未落实；⑥ 室内作业场所杂乱。

依据《生产过程危险和有害因素分类与代码》(GB/T 13861—2009)，上述事故原因中，属于管理性危险、有害因素的是（　　）。(2017 年真题)

A. ②④⑥　　B. ①③⑤　　C. ②③⑥　　D. ①③④

22. 开展企业安全评价的首要步骤是对企业开展危险、有害因素的系统性辨识，可以从厂址、总平面布置、道路运输、建（构）筑物、生产工艺、物流、主要设备装置、作业环境、安全管理等方面开展。以下辨识出的危险、有害因素中，属于生产工艺类别的危险、有害因素的是（　　）。(2017 年真题)

A. 紧急集合点位于工艺区下风向　　B. 反应釜未设置压力报警装置

C. 设备耐火等级与建筑不符　　D. 控制室与工艺区靠太近

23. 某化工厂拟建在有多家企业及配套生活区的经济技术开发区内，依据有关规定，该工厂的选址应位于当地经济技术开发区的（　　）。(2019 年真题)

A. 最大频率风向的上风侧　　B. 最小频率风向的上风侧

C. 最小频率风向的下风侧　　D. 最大频率风向的下风侧

24. 某安全评价机构对石油化工企业新建危险化学品储罐区进行安全预评价，该评机构针对不同的评价方法开展了讨论，关于安全评价方法的说法正确的是（　　）。(2019 年真题)

A. 采用逻辑推理的事故致因因素安全评价方法，属于定性安全评价法

B. 从事故结果出发，推论导致事故发生原因的评价方法属于归纳推理评价法

C. 从导致事故的原因出发，推论事故结果的评价方法属于演绎推理评价法

D. 按照评价要达到的目的，安全评价方法分为归纳和演绎推理评价法

25. 某氨制冷系统主要由氨压缩机、油气分离器、冷凝器、储氨器、中间冷却器、低压循环桶、集油器、氨泵、制冷设备（单冻机库房、递冻间等）组成，由于系统组成比较复杂，评价人员在进行风险因素辨识和评价方法的选择中，出现了较大的分歧。关于氨制冷系统危险、有害因素辨识和评价方法选用的说法，错误的是（　　）。(2019 年真题)

A. 采用危险和可操作性研究（HAZOP）方法进行危险辨识时，根据氨制冷系统的管道、容器的使用压力、使用温度和工艺状况，应将氨制冷系统分为 5 个节点：中冷节点、高压气相管节点、高压液相管节点、低压液相管节点、制冷设施

B. 采用预先危险性分析（PHA）方法辨识和评价时，考虑氨制冷系统的运行中一般存在的主要事故有液氨泄漏造成的冻伤，人体吸入氨气会对人的呼吸系统造成严重伤害和窒息，氨泄漏与空气混合遇明火易发生爆炸这三类事故特点，进行危险性分级和评价

C. 采用安全检查表法（SCA）进行定量评价时，应引入液氨系统现状运行固有属性进行比较计算，同时考虑液氨毒性和相关补偿系数，进行液氨装置和系统的危险

性分级和评价

D. 采用故障树（FTA）对氨制冷系统进行定性和定量分析时，选取液氨储罐爆炸事故为顶上事件，其基本事件包括氨气爆炸极限、点火源、库区通风不良等

26. 把系统已发生或可能发生的事故作为分析起点，将导致事故原因的事故按因果逻辑关系逐层列出，用图形表示出来，构成一种逻辑模型，然后定性或定量的分析事件发生的各种可能途径及发生概率，找出避免事故发生的各种方案并进行优选出最佳安全对策。这种方法被称为（　　）。（2018 年真题）

A. SCA　　B. FTA　　C. PHA　　D. JRA

27. 某化工厂在生产过程中出现断电事故。运用事故树法进行分析后，得出可能造成事故发生的原因逻辑关系见下图。根据该图，可判定断电事故的基本原因是（　　）。（2018 年真题）

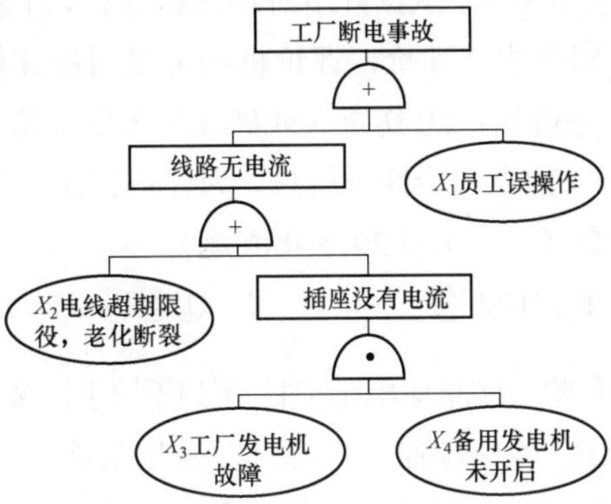

A. $\{X_1\}$，$\{X_2\}$，$\{X_3X_4\}$　　B. $\{X_1X_2\}$，$\{X_1X_3\}$

C. $\{X_1X_2X_3\}$　　D. $\{X_3X_4\}$，$\{X_1X_3X_4\}$

28. 作业条件危险性评价法是通过对作业时事故发生的可能性（L）、暴露于危险环境的频率（E）、危险严重程度（C）这 3 个要素加以计算得出评定结果，并利用评定结果评估作业风险大小的一种评价方法。某矿山作业条件危险性要素相关参数见下表。

作业条件危险性评价			
	L	E	C
水泵房	6	6	6
炸药库	3	5	40

依据此表，对该矿山作业条件危险性评定的结果正确的是（　　）。（2018 年真题）

A. 水泵房危险性值为 6　　B. 水泵房危险性值为 18

C. 炸药库危险性值为 48　　D. 炸药库危险性值为 600

29. 危险与可操作性研究（HAZOP）是一种定性安全评价方法。它的基本过程是以关键词为引导，找出工艺工程中的偏差，然后分析产生偏差的原因、可能造成的后果及可采取的政策。以下图纸资料中，属于开展 HAZOP 分析所必需的基础资料的是（　　）。

A. 总平面布置图　　B. 设备安装图

C. 逃生路线布置图　　D. 管道仪表流程图

30. 某公司新建一个使用氯化钠（食盐）水溶液电解生产氯气、氢氧化钠、氢气的工程，该公司在新建项目设计合同中明确要求设计单位在基础设计阶段，须通过系列会议对工艺流程图进行多方面的分析。由专业的、熟练的人员组成的小组，按照规定的方法，对偏离设计的工艺条件进行危险辨识及安全评价。这种安全评价方法是（　　）。（2017 年真题）

A. 预先危险性分析（PHA）　　B. 危险和可操作性分析（HAZOP）

C. 故障类型和影响分析（FMEA）　　D. 事件树分析（ETA）

31. 某纺织厂为进行技术革新，从国外引进纺织机 5 台，并配套相应的生产设备若干，该厂再次投产前需要进行安全生产评价，评价机构可采用的评价方法有：① 概率风险评价法；② 作业条件危险性评价法；③ 伤害（或破坏）范围评价法；④ 专家现场询问观察法；⑤ 危险指数评价法；⑥ 预先危险性分析法。为评估该纺织厂棉粉尘火灾、爆炸风险，可以使用的定量评价方法是（　　）。（2015 年真题）

A. ②④⑤　　B. ①②⑥　　C. ①③⑤　　D. ③④⑥

32. 对生产设备、装置危险、有害因素识别时，下列不属于机械设备识别方面的是（　　）。

A. 触电　　B. 检修作业　　C. 操作条件　　D. 误运转

33. 分析普通设备故障或过程波动（称为初始事件）导致事故发生的可能性的安全评价方法是（　　）。

A. 故障树分析　　B. 事件树分析

C. 作业条件危险性评价法　　D. 故障假设分析方法

34. 下列不属于定性安全评价方法的有（　　）。

A. 安全检查表法　　B. 危险和可操作性研究

C. 危险指数评价表法　　D. 因素图分析法

35. 某厂使用作业条件危险性评价法进行安全评价，作业条件危险性要素相关参数见下表，则下列结论正确的是（　　）。

设施	*L*	*E*	*C*
设备间	8	8	9
危化品库	5	7	80

A. 设备间危险性值 576
B. 设备间危险性值 2 760
C. 危化品库危险性值 92
D. 危化品库危险性值 3 150

二、多项选择题

（每题 2 分。每题的备选项中，有 2 个或 2 个以上符合题意，至少有 1 个错项。错选，本题不得分；少选，所选的每个选项得 0.5 分）

1. 某工程公司承揽了某住宅小区室外污水市政建设工程，某日该工程管理人员于某安排王某、李某、张某 3 人到小区南侧化粪池内进行抹灰拼架子作业，13:10 时，于某要求王某、李某打开化粪池检查井盖进行自然通风，并尽快下井。13:40 时，王某、李某未经气体检测即进入化粪池，张某未制止，王某、李某进入化粪池后晕倒，张某发现后，立即下井施救随即也晕倒。根据《生产过程危险和有害因素分类与代码》（GB/T 13861—2009），关于受限空间作业危险有害因素辨识的说法，正确的有（　　）。（2019 年真题）

A. 王某、李某没有强制通风和气体检测，未佩戴呼吸保护器属于人的因素
B. 于某指挥打开井盖自然通风属于管理因素
C. 张某未履行现场监护职责属于管理因素
D. 张某盲目下井施救属于人的因素
E. 于某未对施工人员王某、李某、张某进行安全技术交底属于管理因素

2. 根据《生产过程危险和有害因素分类与代码》（GB/T 13861—2009），下列危险、有害因素分类正确的是（　　）。

A. 防火、防爆安全距离不够是环境因素
B. 作业人员接触漏电的设备外壳造成了伤害是触电
C. 作业人员擅自脱岗是人的因素
D. 物体从高处落下将下方的人砸伤是物体打击
E. 安全通道狭窄是环境因素

3. 某机械加工厂据《生产过程危险和有害因素分类与代码》（GB/T 13861—2009）对本单位的职业性危害进行辨识和分类，下列职业性危害因素中，属于物的因素的有（　　）。

A. 控制器缺陷
B. 高频电磁场
C. 门和围栏缺陷
D. 有害光照
E. 采光照明不良

4. 某气体公司主要产品为高纯氧气、高纯氮气，同时用甲醇裂解法生产超高纯氧。生产过程中使用了压力容器及 1 台 20 m 高的冷箱等设备。冷箱内液态氧中碳氢化合物含量较高，易与氟反应引起爆炸。依据《企业职工伤亡事故分类》（GB 6441），该公司生产

现场存在的危险、有害因素可能导致的事故类型有（　　）。（2017 年真题）

A. 物理性爆炸　　B. 化学性爆炸　　C. 中毒和窒息　　D. 火灾

E. 高处坠落

5. 依据《企业职工伤亡事故分类》（GB 6441），下列事故中，属于车辆伤害事故类别的有（　　）。

A. 路况不良致使车上人员跌落在地

B. 作业人员被车辆甩出的货物砸伤

C. 某职工在整理作业环境时被途经车辆司机乱扔杂物砸伤

D. 员工低头玩手机撞到违规停驶在人行通道的车辆

E. 被起重机械牵引前行的车辆不慎脱钩导致车辆失控撞伤一名女工

6. 甲安全评价机构运用作业条件危险性分析方法，对乙金属矿山企业的料石粉碎车间进行安全评价。运用该评价方法需开展的工作内容包括（　　）。（2015 年真题）

A. 分析发生事故的可能性　　B. 查找作业条件状态的偏差

C. 统计暴露危险环境的频率　　D. 计算事故发生的严重度

E. 辨识作业故障模式

第四章职业病危害预防和管理精选题库

一、单项选择题

（每题 1 分。每题的备选项中，只有 1 个最符合题意）

1. 某燃气企业在进行职业病危害专项检查时，对检查出的职业病危害因素进行了分类，下列按照职业病危害因素来源进行分类的说法中，正确的是（　　）。（2017 年真题）

A. 客服大厅的工作台与座椅高度不匹配，属于劳动过程中产生的有害因素

B. 燃气管线的巡线人员网格点分配过多，属于生产过程中产生的有害因素

C. 燃气管线的巡线人员夏天容易中暑，属于劳动过程中产生的有害因素

D. 加气站的维修工长期工作在噪声条件下，属于生产环境中的有害因素

2. 某水泥熟料生产线，在煤粉制备、水泥配料、生料粉磨工段存在矽尘等职业性有害因素，在窑头废气中存在一氧化碳、二氧化氮、二氧化硫等危害，在回转窑处存在高温、辐射热，设备运转中存在噪声危害。按照职业性有害因素来源分类，下列说法中正确的是（　　）。（2015 年真题）

A. 砂尘属于生产环境中的有害因素　B. 高温属于生产过程中产生的有害因素
C. 噪声属于生产环境中的有害因素　D. 一氧化碳属于劳动过程中的有害因素

3. 某机械制造厂铸造车间，在型砂、铸型、打箱、清砂及铸件清理等生产过程中产生大量游离的二氧化硅粉尘，按照职业病危害因素分类，游离二氧化硅的粉尘属于（　　）。（2017 年真题）

A. 化学因素　B. 物理因素　C. 生物因素　D. 环境因素

4. 下列职业病危害因素中，不属于生产过程中产生的物理因素的是（　　）。

A. 粉尘　B. 噪声　C. 振动　D. 辐射

5. 某大型企业集团根据《职业病分类和目录》（国卫疾控发〔2013〕48 号）中职业病的分类方法，对近年来职业病案例进行了分类。下列分类中错误的是（　　）。（2017 年真题）

A. 将化学性皮肤灼伤归类为职业性皮肤病
B. 将激光所致视网膜损伤归类为职业性眼病
C. 将爆震聋归类为职业性耳鼻喉口腔疾病
D. 将苯所致白血病归类为职业性肿瘤

6. 下列不属于有机性粉尘的是（　　）。

A. 炸药　B. 木材　C. 面粉　D. 煤尘

7. 生产性粉尘的种类繁多，理化性状不同，对人体所造成的危害也是多种多样的。下列关于生产性粉尘引起的职业病病理性质的说法中，正确的是（　　）。（2017 年真题）

A. 羽毛粉尘引起局部刺激性　B. 锌烟粉尘引起全身性中毒
C. 烟草粉尘引起光性感应　D. 面粉粉尘引起变态性反应

8. 生产性粉尘的种类繁多，理化性状不同，对人体所造成的危害也是多种多样的。下列关于生产性粉尘引起的职业病病理性质的说法中，正确的是（　　）。

A. 砷化物引起局部刺激性　B. 漂白粉引起全身中毒性
C. 沥青粉尘引起光感应性　D. 石棉粉尘引起变态反应性

9. 职业性尘肺病，又称肺尘埃沉积症，是劳动者在职业活动中长期吸入生产性粉尘并在肺内滞留而引起的，以肺组织弥漫性纤维化为主的疾病。下列职业病中，不属于职业性尘肺病的是（　　）。（2017 年真题）

A. 劳动者甲在煤矿从事采煤作业，因接触煤尘所罹患的职业病
B. 劳动者乙在水泥厂从事包装作业，因接触水泥粉尘所患的职业病
C. 劳动者丙在造船厂从事电焊作业，因电焊烟尘所患的职业病
D. 劳动者丁在棉织厂从事棉花作业，因接触棉尘所罹患的职业病

10. 职业病是指劳动者在职业活动中因接触粉尘、放射性物质和其他有毒、有害物质引起的疾病。《职业病分类和目录》（国卫疾控发〔2013〕48号）给出了13种法定尘肺病。下列职业病中，不属于法定尘肺病的是（　　）。（2015年真题）

A. 矽肺　　B. 石墨尘肺　　C. 电焊工尘肺　　D. 石棉所致肺癌

11. 在《职业病分类和目录》（国卫疾控发〔2013〕48号）的众多尘肺病中，分布最广，发病人数最多，危害最严重的尘肺病是（　　）。

A. 矽肺　　B. 煤工尘肺　　C. 铸工尘肺　　D. 电焊工尘肺

12. 下列职业性危害因素及所致职业病说法错误的是（　　）。

A. 变压器电磁噪声可引起噪声聋

B. 打夯机可引起手臂振动病

C. 紫外线作用于皮肤能引起红斑反应甚至引发皮肤癌

D. 激光照射眼部后可对眼睛造成损伤属于职业性眼病

13. 机械制造工业生产中，加热金属等可成为红外线辐射源，铸造工、锻造工、焊接工等工种可接触到红外线辐射，长期接触红外线辐射可引起的职业病是（　　）。（2017年真题）

A. 皮肤癌　　B. 白内障

C. 慢性外照射放射病　　D. 电光性眼炎

14. 在电焊作业场所比较多见的是紫外线对眼睛的损伤，即由电弧光照射所引起的职业病——（　　）。

A. 辐射所致眼损伤　　B. 视力模糊

C. 电光性眼炎　　D. 白内障

15. 在生产环境中，加热金属、熔融玻璃、强发光体等可成为红外线辐射源，会引发的职业病是（　　）。

A. 辐射所致眼损伤　　B. 视力模糊

C. 电光性眼炎　　D. 白内障

16. 依据《职业病分类和目录》（国卫疾控发〔2013〕48号），下列法定的职业病中，不属于由于物理因素导致的职业病的是（　　）。

A. 航空病　　B. 棉尘病　　C. 高原病　　D. 手臂振动病

17. 生产过程是指按生产工艺所要求的各项生产工序进行连续或间断作业的过程。生产过程中产生的职业病危害因素包括化学因素、物理因素和生物因素，下列各类职业病危害因素中，属于物理因素的是（　　）。

A. 太阳辐射、照明不良　　B. 机械伤害、物体打击

C. 噪声、激光　　D. 石棉尘、高温

18. 根据《职业病分类和目录》（国卫疾控发〔2013〕48 号），下列说法中错误的是（　　）。

A. 职业病分类有 10 大类，共 132 种职业病

B. 艾滋病是职业性传染病

C. 激光所致眼损伤是物理因素所致职业病

D. 长期看电脑所致视频终端综合征是职业性眼病

19. 依据《职业病防治法》，建设项目不同阶段要依法开展不同类型的职业病危害评价。下列关于职业病危害评价类型的分类中，正确的是（　　）。（2015 年真题）

A. 预评价、控制效果评价和现状评价　　B. 预评价和控制效果评价

C. 预评价、设计评价和控制效果评价　　D. 设计评价和控制效果评价

20. 某大型乳品加工企业近两年先后发生不同类型的职业病事件，该企业决定开展全公司的职业危害评价，则其应当进行的职业病危害评价类型是（　　）。（2017 年真题）

A. 职业病危害预评价　　B. 职业病危害控制效果评价

C. 职业病危害专项评价　　D. 职业病危害现状评价

21. 根据《职业病防治法》，建设项目竣工验收时，其职业病防护设施经验收合格后，同时投入生产和使用。建设项目在竣工验收前，建设单位应当进行的评价是（　　）。

A. 职业病危害预评价　　B. 职业病危害现状评价

C. 职业病危害控制效果评价　　D. 职业病危害条件论证

22. 职业病危害预评价的主要方法不包括（　　）。

A. 检查表法　　B. 类比法　　C. 因素图分析法　　D. 定量法

23. 某储存危险化学品的企业新建环氧丙烷储罐，并委托乙机构进行职业病控制效果评价。该评价机构采用定量法进行评价，下列关于定量法的说法中正确的是（　　）。

A. 依据现行职业卫生法律、法规、标准编制检查表

B. 对与拟建项目同类和相似的工作场所的检测、统计数据进行分析

C. 按国家职业卫生标准计算危害指数，确定劳动者作业危害程度的等级

D. 借助于经验和判断能力对评价对象的危险、有害因素进行分析

24. 职业危害控制措施一般包括工程控制技术措施、个体防护措施和组织管理措施。在化工生产过程中，属于控制化学毒物危害的工程技术措施的是（　　）。（2015 年真题）

A. 改变工艺用甲苯替代苯作为原料　　B. 佩戴防毒面具

C. 建立健全预防控制制度　　D. 合理组织劳动过程

25. 某企业由于生产工艺需要采用以液氨作为制冷剂的氨制冷系统，该制冷系统包括压缩机房、设备间、氨储罐等设施。生产车间设置有酸、碱危险化学品储罐，包装车间内有可燃粉尘危险存在。下列该企业根据工艺特点对存在的职业病危害因素采取的相应措施中，错误的是（　　）。（2019 年真题）

A. 氨储罐间内设置洗眼器　　B. 用氟利昂代替液氨

C. 安装布袋式除尘设施　　D. 配备防酸、碱服

26. 某石材加工厂，检测出的粉尘浓度超过国家标准。工厂为降低粉尘浓度，减少职业危害，在进行石材加工时采用湿式作业，经重新检测发现粉尘浓度有大幅下降，其主要原因是（　　）。

A. 粉尘分散度较大　　B. 粉尘分散度较小

C. 粉尘的亲水性强　　D. 粉尘的亲水性弱

27. 某化工企业，根据生产工艺需要，在生产过程中需使用氯气。按照规定，该企业应在使用氯气的区域设置警示线。该警示线的颜色应是（　　）。（2015 年真题）

A. 红色　　B. 蓝色　　C. 黄色　　D. 绿色

28. 三氯乙烯可用作金属表面处理剂，电镀、上漆前的清洁剂等，也用于有机合成、农药生产，可导致作业人员急、慢性中毒、药疹样皮炎等健康危害。为加强作业场所管理，依据《使用有毒物品作业场所劳动保护条例》（国务院令第 352 号），对使用该有毒物品的作业场所应设置（　　）。（2017 年真题）

A. 红色区域警示线　　B. 橙色区域警示线

C. 黄色区域警示线　　D. 蓝色区域警示线

29. 根据《职业病防治法》规定，产生职业病危害的用人单位除设立应当符合法律、行政法规规定的条件外，其工作场所还应当符合职业卫生要求。下列不属于工作场所应符合的职业卫生要求的是（　　）。

A. 生产布局合理，符合有害与无害作业分开的原则

B. 职业病危害因素的强度或者浓度应符合地方职业卫生标准

C. 设备、工具、用具等设施符合保护劳动者生理、心理健康的要求

D. 用人单位应当有与职业病危害防护相适应的设施

二、多项选择题

（每题 2 分。每题的备选项中，有 2 个或 2 个以上符合题意，至少有 1 个错项。错选，

本题不得分；少选，所选的每个选项得 0.5 分）

1. 下列职业病危害因素中，属于生产过程中产生的物理性因素的是（　　）。

A. 粉尘　　B. 噪声　　C. 振动　　D. 辐射

E. 高温

2. 某火力发电厂锅炉巡检工作路线及时间要求为：集控室→电梯→给煤机（2 min）→火检冷却风机（1 min）→炉前油系统（1 min）→燃烧器区（1 min）→空气预热器（2 min）→空气压缩机（2 min）→送风机（1 min）→次风机（1 min）→引风机（1 min）→磨煤机（5 min）→密封风机（1 min）→捞渣机系统（1 min）→电梯→集控室。每 2 h 巡检 1 次，持续约 0.5 h，依据《生产过程危险和有害因素分类与代码》（GB/T 13861—2009），上述作业过程中，巡检工接触到的化学性危害因素有（　　）。（2015 年真题）

A. 煤尘、矽尘　　B. NO_2、NO、CO、SO_2

C. 噪声、振动　　D. 高温、热辐射

E. 紫外线、红外线

3. 某机械厂锻造车间噪声很大，作业人员由于长时间接触高分贝噪声，导致听觉阈升高。为降低对作业人员的职业病危害，该厂应采取的工程措施有（　　）。（2017 年真题）

A. 升级改造设备，将普通齿轮改为有弹性轴套的齿轮，减弱噪声源

B. 采用减震、隔振、隔声等措施，以及安装消音器等，控制声源辐射

C. 优化工艺流程，将锻打改为摩擦压力加工，降低噪声发射功率

D. 配发并督促作业人员规范佩戴护耳器，如耳塞、耳罩、防声盔

E. 每两年对作业人员进行一次听力检测，把听力显著降低的人调离噪声环境

4. 某厂采用湿法炼锌工艺，电解槽在进行锌电解过程中可逸出大量酸性气体，严重危害电解工的身体健康。为降低劳动者接触酸雾水平，该厂向员工征求酸雾治理方案。下述员工提出的方案中，可以被采纳的有（　　）。（2017 年真题）

A. 在电解车间设置局部排风设施降低作业场所酸物浓度

B. 为电解工配备防护酸性气体的呼吸防护用品

C. 调整生产制度，减少电解工接触酸雾时间

D. 在电解槽旁设置有毒气体检测报警仪

E. 在电解车间设置值班室，减少劳动者接触酸雾的频次

5. 根据《职业病危害项目申报办法》，我国职业病危害申报工作实行属地化管理，下列有关职业病危害申报工作的要求中，正确的是（　　）。

A. 企业是申报的责任主体

B. 新建项目竣工验收之日起 30 日内申报

C. 作业场所每年申报一次

D. 卫生行政部门是申报的接受部门

E. 企业终止生产经营活动后，不再履行报告责任

第五章安全生产应急管理精选题库

一、单项选择题

（每题1分。每题的备选项中，只有1个最符合题意）

1. 预警信号一般采用国际通用的颜色表示不同的安全状况，按照事故的严重性和紧急程度分为四级预警，当处于Ⅲ级预警时应用的颜色是（　　）。

A. 橙色　　B. 黄色　　C. 蓝色　　D. 红色

2. 某建筑施工单位的宿舍因员工使用“热得快”烧水引起电线短路导致火灾，火灾发生后有人拨打火警119，并报告单位现场负责人。单位现场负责人接到电话后立即赶往现场指挥灭火。关于火灾事故应急救援基本任务及特点的说法，错误的是（　　）。（2018年真题）

A. 应急救援的重要任务是切断电源，控制、扑灭火情

B. 应急救援活动具有不确定性和突发性特点

C. 应急救援活动具有补救不及时可能造成激化和放大的特点

D. 应急救援的基本任务是组织营救受害人员、抢运宿舍内重要财物

3. 应急救援工作的首要任务是（　　）。

A. 控制危险源　　B. 营救受害人员

C. 消除危害后果　　D. 清查事故原因

4. 应急管理是一个动态的过程，包括预防、准备、响应和恢复4个阶段。下列安全措施中，不属于预防阶段内容的是（　　）。

A. 加大建筑物的安全距离　　B. 减少危险物品的存量

C. 设置防护墙及开展公众教育　　D. 应急通信保障

5. 突发事件应急管理应强调全过程的管理，应急管理工作涵盖了突发事件发生前、中、后的各个阶段。该工作属于应急准备阶段的是（　　）。

A. 警报和紧急公告　　B. 培训演练

C. 公共关系　　D. 接警与通知

6. 某化工厂发生氯气泄漏事故后，应急救援的首要任务是抢救中毒人员和人员疏散，另外一项重要任务是（　　）。

A. 及时向有关部门上报事故　　B. 查明泄漏点并进行封堵

C. 调查泄漏事故原因　　D. 消除所有点火源

7. 某钢铁集团冷轧厂罩式炉退火作业区脱脂机组试生产时，某操作工在配制碱液过程中发生意外，造成碱液喷射至其面部。针对上述意外事件，应第一时间采取的应急措施是（　　）。（2015 年真题）

A. 保护现场，同时拨打 120，等待医生前来救护

B. 使用大量清水冲洗，同时拨打 120 救护或就近送往医院

C. 使用低浓度的酸性液体中和，同时拨打 120 救护或就近送往医院

D. 用酒精擦拭，同时拨打 120 救护或就近送往医院

8. 应急管理是一个动态过程，包括预防、准备、响应和恢复 4 个阶段。对突发事件的威胁和危害得到控制或者消除后采取处置工作，这个阶段是（　　）。

A. 预防　　B. 准备　　C. 响应　　D. 恢复

9. 根据全国安全生产应急救援体系总体规划方案，事故应急体系主要由组织体系、运行机制、法律法规体系及支撑保障系统四部分构成，每部分包含若干要素，下列要素中，属于运行机制部分的是（　　）。（2019 年真题）

A. 企业消防队的应急训练和培训　　B. 企业周边社区人员疏散动员宣传

C. 企业建立专项应急资金保障　　D. 企业应急志愿人员的宣传和教育

10. 根据《全国安全生产应急救援体系总体规划方案》，下列不属于运作机制的是（　　）。

A. 属地为主　　B. 信息通信　　C. 分级响应　　D. 统一指挥

11. 重大事故应急救援应根据事故的性质、严重程度、事态发展趋势和控制能力实行分级响应机制，典型的响应级别通常可分为 3 级。其中三级响应级别是指（　　）。

A. 需要跨行政区域协作解决的

B. 能被一个部门资源解决的

C. 需要两个或更多个部门解决的

D. 必须利用一个城市所有部门的力量解决的

12. 现场指挥系统模块化的结构由指挥、行动、策划、后勤及资金/行政 5 个核心应急响应职能组成。下列不属于行动部负责的任务的是（　　）。

A. 消防与抢救　　B. 疏散与安置　　C. 医疗救治　　D. 调配现场资源

13. 某商场开展事故应急演练，模拟某处着火，商场确认着火后立即拨打报警电话，并展开应急处置活动。关于该商场应急响应的说法，正确的是（　　）。（2018 年真题）

A. 该商场不必一开始就拨打报警电话

B. 该商场的应急响应程序包括接警、响应级别确定、应急启动、应急恢复和应急结束

C. 该商场的应急响应程序包括接警、响应级别确定、应急救援、应急恢复和应急结束

D. 该商场组织人员撤离，拨打 119 报警电话

14. 某新建加油站按照有关规定建立该加油站的生产安全事故应急预案体系，为保证编制工作顺利进行，成立了以站长为组长的应急预案编制组，按照应急预案编制程序要求，编制组在应急预案编制工作前应完成的工作是（　　）。（2018 年真题）

A. 应急资源调查、应急能力评估、应急演练评估

B. 资料收集、风险评估、应急资源调查

C. 风险评估、应急演练评估、预案格式审查

D. 编制要求培训、资料收集、应急演练评估

15. 甲企业是一家建筑施工企业，乙企业是一家服装生产加工企业，丙企业是一家存在重大危险源的化工生产企业，丁企业是一家办公软件销售与服务企业。甲、乙、丙、丁四家企业根据《生产安全事故应急预案管理办法》（应急管理部令第 2 号）开展预案编制工作，关于生产经营单位应急预案编制的做法，错误的是（　　）。（2019 年真题）

A. 甲企业董事长指定安全总监为应急预案编制工作组组长

B. 乙企业在编制预案前，开展了事故风险评估和应急资源调查

C. 丁企业编写了火灾、触电现场处置方案

D. 丙企业应急预案经过外部专家评审后，由安全总监签发后实施

16. 某生产经营单位根据《生产安全事故应急预案管理办法》要求编制应急预案，成立了应急预案编制工作小组，由本单位主要负责人任组长，吸收与应急预案有关的职能部门和单位的人员，以及有现场处置经验的人员参加，编制了该单位相应的应急预案和重点岗位应急处置卡。关于应急处置卡的说法，正确的是（　　）。（2019 年真题）

A. 应急处置卡应明确保障措施

B. 应急处置卡应明确善后处理内容

C. 应急处置卡应明确处置程序和措施

D. 应急处置卡应明确国家法律规定要求

17. 某化工企业的应急预案体系由综合应急预案、专项应急预案和现场处置方案构成，由于生产工艺发生变化，该企业组织现场作业人员及安全管理人员等共同修订现场处置方案，根据《生产经营单位生产安全事故应急预案编制导则》（GB/T 29639），关于现场应急处置方案中事故风险分析的说法，错误的是（　　）。（2019 年真题）

A. 事故风险分析应按发生的区域、地点或装置的名称进行
B. 风险分析需要考虑事故发生的可能性、严重程度及其影响范围
C. 风险分析应考虑事故扩大后与周边企业专项预案的衔接
D. 风险分析的辨识需要考虑事故可能发生的次生、衍生危险

18. 某石油冶炼企业组织常减压蒸馏装置加热炉突然熄火应急演练，为了让应急演练不干扰生产操作，生产车间应采用“挂牌”方式考核操作员应急操作能力，挂牌有“开”“关”两种，操作员需要把印有“开”或“关”字样的标牌挂在生产装置相关工艺管道的阀门上。根据应急演练的内容分类，这种演练的类型是（　　）。（2017 年真题）

A. 单项演练　　B. 桌面演练　　C. 实战演练　　D. 综合演练

19. 某火电厂组织液氨泄漏事故专项应急预案演练，设置模拟事故情景如下：当班脱硝运行作业人员刘某在进行定期巡检过程中，发现液氨储罐底部阀门处泄漏，刘某立即进行了报告，经研判，该厂决定启动专项应急预案。关于应急演练内容属于事故监测的是（　　）。（2019 年真题）

A. 刘某立即通知启动喷淋和报警装置，同时用防爆对讲机向主控室报告
B. 应急小组成员在赶赴现场过程中随时观察风向标，从氨罐区上风向方向靠近
C. 清理事故现场，对事故废水进行集中处理，防止进入生产、生活用水
D. 对氨区及周边环境氨浓度扩散程度进行评估，及时汇报应急指挥部

20. 某建筑施工企业计划组织工地脚手架坍塌应急演练。演练当天，演练组织部门提前到达演练现场，对演练用的脚手架、工地现场指挥部设置位置进行检查，设置了演练区域警戒线。演练启动后，突然遇到演练警戒区以外工地发生火灾，需要终止演练。下达演练终止命令的人是（　　）。（2017 年真题）

A. 演练组织部门负责人　　B. 演练总指挥
C. 演练评估组负责人　　D. 演练警戒组组长

21. 2018 年 7 月 11 日 11 时，某市人民政府安委会办公室组织有关单位在某水域开展以“船舶相撞、人员落水、燃料泄漏”为主题的 2018 年水上交通安全事故应急演练。演练过程中评估组通过观察、记录及收集的各类信息资料，对应急演练活动全过程进行分析和评价，演练结束后形成书面总结报告。关于应急演练评估与总结的说法，错误的是（　　）。（2019 年真题）

A. 评估组对演练准备情况的评估应包含“是否制定演练工作方案、安全及各类保障方案、宣传方案”等内容
B. 评估组观察演练实施及进展、参演人员表现等情况，及时记录演练过程中出现的问题，不可进行现场提问
C. 演练结束后，可选派参演人员代表对演练中发现的问题及取得的成效进行现场点评

D. 演练书面总结报告由安委会办公室形成，内容包括演练基本概要、演练发生的问题和取得的经验教训、应急管理工作建议

22. 应急演练总结报告的内容不包括（　　）。

A. 演练基本概要　　B. 演练发现的问题与原因，经验和教训

C. 应急管理工作建议　　D. 演练记录、演练评估报告

23. 某煤业集团开展应急演练。预案编制部门安全生产部按照集团要求，组织宣传部、消防支队等相关单位，成立了演练组织机构，下设执行组、评估组等专业工作组，演练结束后形成了书面总结报告。根据《生产安全事故应急演练指南》（AQ 9007）演练结束后，负责预案修订的是（　　）。（2019 年真题）

A. 安全生产部　　B. 评估组　　C. 宣传部　　D. 消防支队

二、多项选择题

（每题 2 分。每题的备选项中，有 2 个或 2 个以上符合题意，至少有 1 个错项。错选，本题不得分；少选，所选的每个选项得 0.5 分）

1. 某危险化学品生产企业，主要的事故风险为中毒、火灾和爆炸。在应急管理中，针对突发事件采取了以下应对行动和措施：① 编制《危险化学品应急预案》；② 开展公众教育；③ 组织开展应急演练；④ 安置事故中的获救人员；⑤ 采取防止中毒后发生次生、衍生事故的措施。根据《突发事件应对法》，关于应急管理四个阶段的说法，正确的有（　　）。（2019 年真题）

A. ①属于准备阶段　　B. ④属于响应阶段

C. ②属于预防阶段　　D. ③属于准备阶段

E. ⑤ 于恢复阶段

2. 某造纸企业为应对桉树原料堆场、原料切片车间、碱回收锅炉车间、烘干车间及发电机组车间发生的突发事件，制定了相应的应急预案，根据有关规定，关于该企业应急管理工作的说法，正确的有（　　）。（2019 年真题）

A. 堆场原料自燃，厂内外联合灭火应急演练属于响应阶段

B. 碱回收锅炉车间事故后的洗消属于恢复阶段

C. 原料切片车间发生卡机事故后进行的紧急停车属于响应阶段

D. 烘干车间改用小数量多批次的工艺降低危险属于预防阶段

E. 汽轮发电机组车间成立了应急响应分队属于准备阶段

3. 某化工公司一辆载运液化气的罐车进入该公司装卸区进行卸车作业。该车驾驶员将卸车金属管道万向鹤管接入罐车卸车口，开启阀门准备卸车时，万向鹤管与罐车卸车口

接口处液化气大量泄漏。下列处置措施中，正确的有（　　）。（2017 年真题）

A. 立即关闭卸车阀门

B. 进行交通管制，疏散卸车现场的其他罐车

C. 组织现场人员撤离

D. 关闭储罐安全阀的手阀

E. 驾驶员立即驾车驶离现场

4. 某西部大型金属矿山在辨识矿井周边环境、厂房及尾矿库存在的风险因素基础上，编制了山洪、火灾事故、极端天气等应急预案，关于该应急预案的说法，正确的有（　　）。（2018 年真题）

A. 尾矿库溃坝专项应急预案应单独编制

B. 火灾专项应急预案应包括火灾风险分析

C. 应急预案附件应包括相关机构、人员联系方式、应急装备清单等文件资料

D. 山洪应急预案不应作为生产安全事故综合应急预案范畴

E. 各专项应急预案编制内容应包含 9 个要素

5. 某大型企业集团，其下属二级法人单位多达 50 余家，业务范围涵盖了建筑施工、房地产开发、煤矿开采、商贸物流等领域，依据《生产经营单位生产安全事故应急预案编制导则》（GB/T 29639—2013），下列有关该企业集团应急预案编制的说法中，正确的有（　　）。（2017 年真题）

A. 综合应急预案和专项应急预案可以合并编写

B. 综合应急预案从总体上阐述预案的应急方针、政策，应急组织机构及相应的职责

C. 编制的深基坑坍塌事故应急预案属于专项预案

D. 编制的综合预案应与相关部门相衔接，注重预案的系统性和可操作性

E. 该集团所属煤矿应编制掘进工作面片帮事故现场处置方案

6. 安全生产月期间，某大型商业综合体开展了一次燃气泄漏事故应急演练，模拟某餐饮商户后厨燃气泄漏，商场确认着火后立即拨打了 96117、119 电话，并展开应急处理活动。关于该应急演练的说法，正确的有（　　）。（2019 年真题）

A. 演练应成立领导小组，下设策划组、执行组、保障组、评估组等专业工作组

B. 现场保障组应负责现场测定燃气浓度

C. 拨打 119 电话应由参演人员完成

D. 医疗卫生人员应负责现场环境浓度检测

E. 按照应急演练内容分析，此次燃气泄漏演练属于综合演练

7. 根据《生产经营单位生产安全事故应急预案编制导则》（GB/T 29639），下列关于应急预案说法正确的是（　　）。

A. 综合应急预案充分考虑了某种特定危险的特点，对应急的形势、组织机构、应急活动等进行具体的阐述

B. 事故风险单一、危险性小的生产经营单位，可以只编制现场处置方案

C. 专项应急预案是生产经营单位为应对某一类型或某几种类型事故，或者针对重要生产设施、重大危险源、重大活动等内容而定制的应急预案

D. 应急预案编制完成，由单位主要负责人组织内部评审合格后签署发布并按规定备案

E. 一个完整的应急预案的文件体系可包括预案、程序、协议、记录等，是一个 4 级文件体系

8. 某石油化工企业的液化石油气储罐发生泄漏事故，造成液化石油气大量溢出，情况十分紧急。下列关于事故应急处置措施正确的有（ ）。

A. 立即查明泄漏点并关闭阀门　B. 划定警戒区并组织现场人员撤离

C. 组织事故调查组进行调查　D. 消除所有点火源

E. 立即将现场情况报告给相关部门

9. 下列关于应急预案演练说法错误的是（ ）。

A. 使用计算机模拟、视频会议等手段对涉及应急预案中全部应急响应功能的演练活动是综合桌面演练

B. 演练准备的核心工作是设计演练总体方案

C. 演练时出现真实突发事件或者出现特殊意外情况不能短时间内妥善处理的，可由演练总指挥按照事先规定的程序终止演练

D. 演练总结报告的内容包括了演练目的、时间、地点、参演单位、人员、经费预算、保障措施等

E. 一次完整的应急演练活动要包括准备、实施、评估总结和改进 4 个阶段

10. 桌面演练是一种圆桌讨论或演习活动，其目的是使各级应急部门、组织和个人在较轻松的环境下，明确和熟悉应急预案中所规定的职责和程序，提高协调配合及解决问题的能力。下列选项中属于桌面演练的有（ ）。

A. 图上演练　B. 实战演练　C. 沙盘演练　D. 示范演练

E. 计算机模拟演练

第六章生产安全事故调查与分析精选题库

一、单项选择题

（每题 1 分。每题的备选项中，只有 1 个最符合题意）

1. 某化工企业，在设备改造过程中，发生有毒气体泄漏爆炸事故，事故造成 2 人死亡、14 人重伤、43 人急性工业中毒、108 人轻伤，医疗费用 800 万元，丧葬及抚恤费用 200 万元，设备损失 1 000 万元，现场抢救费 700 万元，现场清理费 500 万元，处理环境污染的费用 1 000 万元，罚款 500 万元，工作损失价值 600 万元，培训新职工 10 万元。依据《生产安全事故报告和调查处理条例》（国务院令第 493 号），该事故的等级是（　　）。

A. 特别重大事故　B. 重大事故　C. 较大事故　D. 一般事故

2. 某公司职工赵某在工作期间摔倒，造成小腿骨折及多处软组织摔伤，治疗和休息 100 天后，经复查能恢复工作，依据《企业职工伤亡事故分类》（GB 6441—1986），赵某伤害程度为（　　）。（2017 年真题）

A. 轻伤　B. 骨折　C. 多伤害　D. 重伤

3. 2016 年 5 月 6 日，某省甲市乙县 H 工业园区 R 国有控股集团 Z 冶金企业发生一起生产安全事故，造成 9 人重伤，事故现场有关人员立即于当日 5 时 32 分向本单位负责人报告，依据《生产安全事故报告和调查处理条例》（国务院令第 493 号），下列关于 Z 企业负责人事故报告的说法，正确的是（　　）。（2017 年真题）

A. 接报半小时内，应向 R 集团安全生产监督管理部门报告

B. 接报半小时内，应向 H 工业园区安全生产监督管理部门报告

C. 接报 1 小时内，应向乙县安全生产监督管理部门报告

D. 接报 1 小时内，应向甲市安全生产监督管理部门报告

4. 某建筑施工企业发生生产安全事故后，事故现场有关人员、单位负责人、各级地方人民政府应按照规定及时进行报告。下列关于事故报告的说法中，正确的是（　　）。（2017 年真题）

A. 单位负责人接到事故报告后，应在 2 小时内向事故发生地县级以上人民政府报告

B. 一般事故应逐级上报至省级人民政府安全生产监督管理部门

C. 事故报告应包括发生的时间、地点及事故现场情况、事故的简要经过

D. 火灾事故自发生之日起 30 日内，事故造成的伤亡人数发生变化的，应及时补报

5. 某化学有限公司新建年产 2×10^4 t 新型胶粘材料联产项目二胺车间，混二硝基苯装置在投料试车过程中发生重大爆炸事故，造成 13 人死亡。下列关于事故报告的说法中，正确的是（　　）。

A. 现场工作人员在事故发生 1 h 内报告给单位负责人

B. 此次爆炸事故应逐级上报至省级人民政府安全生产监督管理部门

C. 单位负责人接到事故报告后，应在 2 h 内向事故发生地县级以上人民政府报告

D. 此次事故自发生之日起 30 日内，事故造成的伤亡人数发生变化的，应及时补报

6. 甲省乙市丙县某施工工地在作业工程中，突然发生升降机坠落事故，造成 5 人死亡，依据《生产安全事故报告和调查处理条例》（国务院令第 493 号），该事故报至甲省人民政府建设行政主管部门所需的时间最长是（　　）。

A. 2 h　　B. 3 h　　C. 5 h　　D. 7 h

7. 某生产经营单位发生了重大生产安全事故，在完成事故上报工作之后，进入事故调查阶段。依据《生产安全事故报告和调查处理条例》（国务院令第 493 号），该事故调查工作实行的原则是（　　）。（2017 年真题）

A. 部门领导、部门负责　　B. 政府领导、部门负责

C. 政府领导、分级负责　　D. 部门领导、分级负责

8. 甲省乙市丙县某食品加工企业冷冻库房发生了人身伤亡事故，造成 8 人死亡。根据《生产安全事故报告和调查处理条例》（国务院令第 493 号），该事故由（　　）负责组织调查。

A. 丙县安全生产监督管理部门　　B. 丙县人民政府

C. 乙市人民政府　　D. 甲省人民政府

9. 某道路运输公司申请取得了甲县交通部门颁发的道路运营许可证并开始运营。某日该公司的一部车辆在乙县的一座停车场临时停车休息时，发生火灾事故，乙县消防部门立即展开应急救援，由于救援及时得当，这起事故未造成人员伤亡，但造成 5 362 万元的直接经济损失。负责组织这起事故调查工作的应是（　　）。（2018 年真题）

A. 乙县人民政府　　B. 甲县人民政府

C. 甲县交通部门　　D. 乙县消防部门

10. 2016 年 11 月，甲省乙市丙县的 X 运输公司在甲省丁市戊县 Y 公司内卸车作业时发生一起造成 2 人死亡的生产安全事故。依据《生产安全事故报告和调查处理条例》（国务院令第 493 号），下列关于这起事故调查工作的说法中，正确的是（　　）。（2017 年真题）

A. 由丙县人民政府负责　　B. 由戊县人民政府负责

C. 由丁市人民政府负责　　D. 由乙市人民政府负责

11. 甲省乙市丙县某化工企业发生一起火灾事故，9 人死亡，10 人重伤，事故发生后第 10 天，又有 2 名重伤人员医治无效死亡，根据《生产安全事故报告和调查处理条例》（国务院令 493 号），关于该起事故调查的说法，正确的是（　　）。（2019 年真题）

A. 应由甲省人民政府负责调查　　B. 应由乙市人民政府负责调查

C. 应由甲省应急管理部门负责调查　　D. 应由丙县人民政负责调查

12. 2016 年 5 月 9 日，某省甲市一客运运输公司所属一辆长途大巴，在行驶至该省乙市时，发生道路交通事故，5 月 16 日，因事故伤亡人数上升，事故级别上升为重大事故，事故调查需要升级调查处理，根据《生产安全事故报告和调查处理条例》（国务院令第 493 号），下列事故调查组织和人员组成中，正确的是（　　）。（2017 年真题）

A. 6 月 8 日前，甲市人民政府负责调查，乙市人民政府派员参加

B. 6 月 8 日前，乙市人民政府负责调查，甲市人民政府派员参加

C. 5 月 16 日前，甲市人民政府负责调查，乙市人民政府派员参加

D. 5 月 16 日前，乙市人民政府负责调查，甲市人民政府派员参加

13. 依据《生产安全事故报告和调查处理条例》（国务院令第 493 号），事故调查组成员不包括（　　）。

A. 安全生产监督管理部门　　B. 人民检察院

C. 工会　　D. 人民法院

14. 甲市乙区某建筑工企业发生一起脚手架坍塌事故，致 3 人死亡，6 人重伤。事故发生后，甲市人民政府授权市应急管理局组织事故调查。根据《生产安全事故报告和调查处理条例》（国务院令第 493 号），关于该事故调查组组成的说法，错误的是（　　）。（2019 年真题）

A. 调查组应指定具有行政执法资格的人员负责相关调查取证工作，进行调查取证时，行政执法人员的人数不得少于 1 人

B. 事故调查组应由市人民政府、市应急管理局、市住建委、市监察委、市公安局及市工会派人组成，邀请市检察院派人参加，并聘请有关专家参与调查

C. 事故调查组可以根据事故调查的需要设立管理、技术、综合等专门小组，分别承担管理原因调查、技术原因调查、综合协调等工作

D. 事故调查组组长主持事故调查组工作，可由甲市人民政府指定，也可由甲市人民政府授权组织事故调查的市应急管理局指定

15. 依据《生产安全事故报告和调查处理条例》（国务院令第 493 号），下列事故调查组职责说法错误的是（　　）。

A. 查明事故发生的原因、经过

B. 查明人员伤亡情况、直接经济损失

C. 认定事故性质和事故责任分析、对事故责任者进行处理

D. 总结事故教训、提出防范和整改措施

16. 某住宅楼施工项目生产经理安排施工人员张某等 3 人将钢管、木方等材料从 4 层搬运至该层悬挑钢平台，3 人在平台上对钢管进行绑扎过程中，因堆料超载导致平台倾覆。3 人及材料一同坠至地面。坠落的钢管砸中 1 名地面作业人员，事故共造成 4 人死亡。关于该事故调查与分析的说法，正确的是（　　）。（2019 年真题）

A. 张某等 3 人违章操作是造成故的直接原因

B. 事故调查组应由所在地县级人民政府负责组织

C. 项目生产经理应负事故的直接责任

D. 事故调查组应聘请项目建设单位技术总监参与调查处理

17. 某生猪养殖企业因排污管堵塞，维修班班长丁某组织临时工甲、乙、丙进入属于有限空间的排污泵房，未进行危险作业许可审批即进行粪污清理作业，由于甲、乙、丙均未佩戴呼吸器，致 3 人死亡。根据《企业职工伤亡事故调查分析规则》（GB 6442），属于该起事故的直接原因的是（　　）。（2019 年真题）

A. 粪污扰动过程中产生大量有毒有害气体

B. 甲、乙、丙 3 人因劳动组织不合理进入有限空间作业

C. 丁某未办理有限空间作业许可审批手续

D. 甲、乙、丙未经安全培训，安全意识薄弱

18. 某煤矿企业安排电气焊作业人员切割“密闭”钢带。由于“密闭”内瓦斯浓度达到爆炸极限，作业人员在切割“密闭”钢带时，点燃了钢带与顶板间煤层泄漏的瓦斯，引爆了“密闭”内的瓦斯，造成了现场作业的 3 名人员当场死亡。导致此次事故发生的直接原因是（　　）。（2017 年真题）

A. 安排人员井下违章使用电气焊作业

B. 施工“密闭”时未将钢带断开或拆除

C. “密闭”前的气割作业引爆“密闭”内瓦斯

D. 电气焊作业时未派专业人员在场检查

19. 某柴油机工厂连杆班职工徐某抛光转动中的柴油机凸轮轴时，凸轮轴上的法兰盘螺栓挂住了徐某左手上的手套，导致其左臂严重受伤。根据以上情景分析，造成这次事故的直接原因是（　　）。

A. 不安全束装和附件有缺陷

B. 不安全束装和个体防护用具缺陷

C. 用手代替工具操作和附件有缺陷

D. 用手代替工具操作和个体防护用具缺陷

20. A 化工厂将污水车间污油罐罐顶安装雷达液位计工作发包给 B 安装公司。施工方案要求拆下罐顶人孔盖板，移至安全地点，开孔、焊接液位计接头后重新安装。施工人员为赶时间，直接在罐顶动火，导致罐内闪爆，罐顶崩开，2 名工人从罐顶摔下，造成 1 死 1 伤。根据以上情景，该事故的直接原因为（　　）。

A. 违规动火引爆罐内油气　　B. 罐内污油没有清理干净

C. 未拆除人孔盖板　　D. 未办理动火手续

21. 2013 年 7 月 10 日，邢某在厂房内对机车司机室顶部进行擦洗保洁作业，完成作业后，通过移动工装台回到地面，邢某在与地面人员交流时，由于移动工装台无制动装置产生平移，站立不稳从 2.1 m 的二层平台上摔落，造成脊椎受伤。经调查发现有如下问题：① 防护、保险等装置缺乏或有缺陷；② 作业前未办理许可；③ 有分散注意力行为；④ 安全培训不到位。根据事故集中连锁理论，造成此次事故的直接原因是（　　）。（2015 年真题修改）

A. ①④　　B. ①③　　C. ②③　　D. ②④

22. 事故调查职责之一是通过事故调查分析，认定事故的性质和事故责任。按照责任大小和承担责任的不同，事故责任认定可分为（　　）。

A. 直接责任、间接责任、管理责任　　B. 技术责任、行为责任、领导责任

C. 直接责任、主要责任、领导责任　　D. 直接责任、管理责任、监督责任

23. 某空分厂在停产大修作业时，安全科长甲某审批动火证后，车间主任乙某第二天持动火证，安排操作工丙进行焊接作业，丙按工作任务，在地坑附近作业时发生爆燃事故。该起事故认定为责任事故，追究事故相关人员责任。下列责任认定中错误的是（　　）。（2018 年真题）

A. 丙某为直接责任者　　B. 丙某为主要责任者

C. 甲某为领导责任者　　D. 乙某为间接责任者

24. 某县天然气供气站发生着火爆燃事故，造成 1 名操作工烧伤、站内储罐供气设施烧毁，该县政府立即成立事故调查组进行事故调查分析。关于该事故处理的说法，正确的是（　　）。（2018 年真题）

A. 如认定为自然事故，可不追究操作工事故责任，但要对供气站进行行政处罚

B. 如认定为自然事故，应按照爆燃对周围环境影响的后果不同分别给予管理者行政处分

C. 如认定为责任事故，事故调查组可给予事故责任者纪律处分

D. 如认定为责任事故，应按照责任大小和承担责任的不同追究责任者纪律处分

25. 某省5月31日9时发生一起载客电梯由观光层坠落至电梯井底事故，事故造成多人伤亡。当地省政府6月1日公布了事故调查组成员并于当日开始展开事故调查工作。为确保事故调查处理技术可靠，事故调查组在成立当天就委托具有相关资质的单位对电梯进行了多项技术鉴定，其中最长一项鉴定的天数为75天。在省政府未批准延期的情况下，事故调查组提交事故调查报告的最迟日期是（ ）。（2018年真题）

A. 6月30日　B. 10月12日　C. 8月14日　D. 9月30日

二、多项选择题

（每题2分。每题的备选项中，有2个或2个以上符合题意，至少有1个错项。错选，本题不得分；少选，所选的每个选项得0.5分）

1. 某化工厂发生乙炔气瓶爆炸，造成场内3人死亡，所在地人民政府立即组织成立事故调查组。依据《生产安全事故报告和调查处理条例》（国务院令493号），事故调查组除了所在地人民政府和安全监督管理部门外，还应包括的部门有（ ）。（2017年真题）

A. 工会
B. 监察机关及公安机关
C. 人民检察院
D. 人力资源和社会保障部门
E. 特种设备安全监督管理部门

2. 甲市乙区与丙县以一条道路为界，甲市及所属区县现已完成机构改革，由各级市场监督管理局对本行政区域内特种设备安全实施监督管理。乙区某单位由于生产经营需要租赁丙县的某一锅炉房给生产供气。某日该锅炉房的一台锅炉发生爆炸事故，造成1名值班人员死亡，5人重伤，直接经济损失103.5万元，事故发生后，政府部门迅速组建事故调查组，并聘请专家参与事故调查。根据有关规定，此次事故调查组组成单位和人员应包括（ ）。（2018年真题）

A. 丙县安全监管局
B. 丙县市场监督管理局
C. 乙区人民政府的代表
D. 事故调查组聘请的专家
E. 乙区安全监管局

3. 某煤矿发生一起突水事故，事故所在地人民政府组织事故调查组对事故进行了调查，下列关于事故调查组的说法中，正确的有（ ）。（2017年真题）

A. 事故调查组成员不得与该起事故有直接利害关系
B. 事故调查组组长由负责事故调查的人民政府指定
C. 事故调查组的主要任务是认定事故的直接经济损失和间接经济损失
D. 事故调查组成员应在事故调查报告上签名
E. 事故调查组应在事故发生之日起30日内提交事故调查报告

4. 王某在车间 3 m 高平台进行照明电路维修作业，车间内环境潮湿，王某未佩戴相关防护用品，在维修作业过程中触电，从平台坠落身亡。关于该事故认定的说法，正确的有（　　）。(2019 年真题)

A. 事故直接原因是安全训教育不足　　B. 事故性质属于责任事故

C. 事故类型属于高处坠落事故　　D. 王某是事故的直接责任者

E. 事故类型属于触电事故

5. 某建筑工地施工人员甲在拆除防雨棚时，未系安全带。甲用手抓住连接支撑防雨棚钢立柱的横拉杆横向移动身体，横拉杆在外力的作用下脱落，甲当即从 6.2 m 处坠落，穿过破损的防护网触地，经抢救无效死亡。事后调查发现，甲未系安全带和横拉杆与钢立柱未采取满焊方式连接是造成该起事故的直接原因，同时事故调查组认为造成该起事故的间接原因还有（　　）。(2015 年真题)

A. 施工单位安全防护设施不到位

B. 施工单位未认真落实高处作业需佩戴安生防护用品的防范措施

C. 甲未按高处作业的有关规定，从梯子上下铜立柱作业，而是直接在横拉杆上移动身体

D. 施工单位未派人进行检查，致使横拉杆留下焊接不牢的隐患未发现

E. 施工单位未派人对拆除作业实施有效的现场监护

6. 某市化工企业聚丙烯车间因原料管道泄漏发生着火、引起燃爆事故。根据有关规定，该市立即成立事故调查组，负责查明事故经过、事故原因和事故性质，总结事故教训和提出处理建议。关于该事故调查与分析的说法，正确的有（　　）。(2018 年真题)

A. 聚丙烯发生燃爆事故的直接原因是原料管道泄漏

B. 事故责任追究认定应明确造成泄漏的直接责任者和间接责任者

C. 事故性质应认定为责任事故

D. 聚丙烯燃爆事故直接经济损失应包括造成工厂周围环境污染而发生的治理费用

E. 事故调查组应对事故责任者提出行政处分等建议

7. 某工厂锅炉停用 20 天后重新进行供气，负责送气的员工在气压超过送气压力时才开始送气，当锅炉压力超过安全阀启跳压力时，安全阀没有启跳。此时，送气阀门被快速打开，在热应力和水击振动下，阀门断裂，导致蒸汽热水喷出，将附近工作的 6 人全部烫伤，其中 1 人因应急处置不当导致重伤。为吸取事故教训，该工厂完善了相关的管理和技术措施。下列措施中，正确的有（　　）。(2017 年真题)

A. 更换锅炉的安全阀，并进行校验，确保正常

B. 人员操作时，严格执行锅炉操作规程

C. 工作区域与锅炉承压管道阀门保持足够的安全距离

D. 对锅炉自动控制系统采取串联系统设计

E. 完善现场应急处置措施

8. 某煤矿洗选车间一名外委单位电工在高压配电室检修电气设备过程中，由于未穿绝缘靴、未戴绝缘手套，违章擅自进入高压配电柜内，手持高压触头接触带电高压静触头，导致高压触电死亡。事故发生后，有关部门对事故进行了调查处理，并制定了事故防范整改措施。下列防范和整改措施中，正确的有（　　）。（2017 年真题）

A. 立即对外委单位进行安全检查，不符合规定的外委工作立即整改

B. 洗选车间应尽快制定完善《外委电工操作安全管理规定》，明确安全管理责任和管理流程

C. 完善安全管理制度，规范外委单位的资质、技术管理、人员配备、从业人员培训

D. 认真贯彻《企业领导人员廉洁自律有关规定》，不得指定外委单位

E. 高压电气设备的检修、停送电，必须实行工作票和操作票制度，并按照规范程序操作

9. 某楼盘施工现场发生脚手架坍塌事故，造成 1 人死亡、10 人重伤，事故发生后第 12 天，有一名重伤者抢救无效死亡。依据《生产安全事故报告和调查处理条例》（国务院令第 493 号），下列说法错误的是（　　）。

A. 该起事故最终造成 2 人死亡

B. 该起事故应逐级上报至省级安全生产监督管理部门和负有安全生产监督管理职责的有关部门

C. 该起事故应由县级人民政府组织调查

D. 该起事故应由县级人民政府负责批复

E. 该起事故的事故调查组应当自事故发生之日起 60 日内提交事故调查报告

10. 某化工企业发生化工储罐爆炸事故，造成 10 人死亡、8 人重伤，直接经济损失 4 000 万元。依据《生产安全事故报告和调查处理条例》（国务院令第 493 号），下列说法错误的是（　　）。

A. 本次事故逐级上报最高至设区的市级人民政府安全生产监督管理部门

B. 事故报告时应报告事故发生单位概况、事故发生的原因、时间、地点及事故现场勘查等内容

C. 应由省级人民政府负责本次事故调查

D. 事故调查组应当自事故发生之日起 60 日内提交事故调查报告

E. 负责调查的人民政府应当自收到事故调查报告之日起 30 日内做出批复

11. 某年 4 月 12 日 ，施工队长王某发现提升吊篮的钢丝绳有断股，要求班长张某立即更换。次日，班长张某指派钟某更换钢丝绳，继续安排其他工人施工。钟某为追求进度，

擅自决定先把 7 名工人送上 6 楼施工，再换钢丝绳。当吊篮接近 4 层时钢丝绳断裂，造成 3 人死亡。下列生产安全事故责任认定中，正确的有（　　）。

A. 钟某是事故直接责任者　　B. 王某负有事故的领导责任
C. 王某是事故直接责任者　　D. 张某是事故直接责任者
E. 钟某负有事故的领导责任

第七章安全生产监管监察精选题库

一、单项选择题

（每题 1 分。每题的备选项中，只有 1 个最符合题意）

1. 为加强煤矿监察工作，某煤矿所在地的煤监局、煤炭管理局对该煤矿进行全面的安全监督和管理，上述监督工作的形式体现了我国安全生产监督管理制度中的（　　）。（2015 年真题）

A. 综合监管与行业监管相结合　　B. 企业管理与政府监管相结合
C. 国家监督与行业监督相结合　　D. 政府监察与社会监管相结合

2. 目前我国煤矿施行的安全生产监督管理体制是（　　）。

A. 综合监管与行业监管相结合　　B. 国家监察与地方监管相结合
C. 政府监督与其他监督相结合　　D. 政府监督与地方监管相结合

3. 对新建、改建、扩建项目的“三同时”监察属于安全生产监督管理方式中的（　　）。

A. 事前监督管理　　B. 事中行为监察
C. 事中技术监察　　D. 事后监督管理

4. 安全生产监督管理的形式多种多样，按照监督时间逻辑可以分为事前、事中和事后 3 种。下列属于事前监督管理的是（　　）。

A. 监督检查特种设备的运行情况　　B. 审批安全生产许可证
C. 检查事故责任追究情况　　D. 监察特殊工种的作业

5. 某县化工厂作业人员中毒事故频发，当地安全监督管理部门组织专业技术人员对该化工厂的个人防护用品的质量、配备与使用进行了监督检查。该种监督方式属于（　　）。

A. 事前监督管理　　B. 事中技术监察　　C. 事中行为监察　　D. 事后监督管理

6. 煤矿安全监察机构依法履行国家煤矿安全监察职责，实施煤矿安全监察行政执法，在安全监察中必须考虑行业的特殊性、工作地点的移动性，选择不同的监察方式。下列监

察方式中，属于煤矿安全监察方式的是（　　）。（2018 年真题）

A. 执法监察、定向监察、资质监察　　B. 重点监察、专项监察、定期监察

C. 专项监察、重点监察、执法监察　　D. 资质监察、资金监察、条件核查

7. 煤矿安全监察时需要考虑煤矿的特殊性、环境与生产管理的多样性，选择不同的安全监察方式。对煤矿安全生产许可证的监察属于（　　）。

A. 定期监察　　B. 专项监察　　C. 日常监察　　D. 重点监察

8. 某县开展为期 3 个月的监察执法“利剑行动”，按照查思想、查制度、查安全设施、查事故隐患和查事故处理，监察煤矿企业是否符合有关法律、法规、标准的规定要求。下列选项中属于专项监察内容的是（　　）。

A. 安全管理机构是否设置　　B. 瓦斯治理情况

C. 安全管理人员是否有相应资格证　　D. 安全生产许可有效期情况

9. 某大型起重机械生产企业班组长刘某，带领新入职的、已经完成三级安全教育的小张到车间熟悉工作环境。刘某问小张是否知道什么是起重机械，国家有什么要求时，小张回答，只知道起重机械是垂直升降的机电设备，是否还有其他要求不清楚。根据国家有关规定，刘某列出的起重机械有关规定中，正确的是（　　）。（2018 年真题）

A. 国家对起重机械设备实施一体化的安全监察

B. 额定起重量大于 1 t 的升降机都是起重机械

C. 起重机械制造行政许可必须由市一级核发

D. 起重机械的设计文件需要特种安全监督部门检测机构鉴定方可用于制造

10. 为加强特种设备安全监督管理，对从事压力容器的设计、制造、安装、修理、维护保养等单位，实施市场准入制度，并对部分产品实施安全性能监督检验。这种特种设备安全监察方式属于（　　）。（2015 年真题）

A. 准用制度　　B. 产品合格制度

C. 事故应对调查制度　　D. 行政许可制度

11. 我国对从事特种设备的设计、制造、安装、修理、维护保养、改造的单位实施资质许可，并对部分产品出厂实施安全性能监督检验，对在用的特种设备实施定期检验和注册登记。上述要求属于特种设备安全监察方式中的（　　）。

A. 设备准用和监督检查制度　　B. 市场准入和监督检查制度

C. 市场准入和设备准用制度　　D. 行政许可和监督检查制度

第八章安全生产统计分析精选题库

一、单项选择题

（每题1分。每题的备选项中，只有1个最符合题意）

1. 某企业安全处组织安全员学习统计学基础知识，培训教师介绍统计图是一种形象的统计描述工具，使用不同的图形来表示不同统计资料的分析结果，通常分为条图、线图等多种类型。下列关于统计图的说法中，正确的是（　　）。（2017年真题）

A. 条图描述计量资料的频数分布　　B. 散点图描述计量资料的频数分布

C. 直方图描述两种现象的相关关系　　D. 圆图或百分条图描述构成比的大小

2. 为了有效降低高速公路的交通事故率，某省交通管理部门开展了高速公路交通流特性研究，该交通管理部门采用先进的数据采集和处理技术，获取了大量高速公路交通流的速度、流量和密度数据。在进行交通流数据分析时，能够很好地反映出速度密度、密度流量和速度流量二者之间关系的统计图是（　　）。（2015年真题）

A. 直方图　　B. 半对数线图　　C. 条图　　D. 散点图

3. 下列统计图中，适用于描述事故与隐患之间关系变化的是（　　）。

A. 百分条图　　B. 线图　　C. 散点图　　D. 直方图

4. 为了综合反映国内生产安全事故情况，结合经济发展和行业特点，我国提出了适应我国的生产安全事故统计指标体系。事故统计指标通常分为绝对指标和相对指标，下列生产事故统计指标中，属于绝对指标的是（　　）。

A. 死亡人数　　B. 千人死亡率　　C. 千人重伤率　　D. 百万吨死亡率

5. 下列生产事故统计指标中，属于相对指标的是（　　）。

A. 死亡人数　　B. 千人死亡率　　C. 损失工作日　　D. 直接经济损失

6. 有一家建筑公司，职工人数是2万人，在2019年度的施工作业中造成1名职工死亡，3名职工重伤，15名职工轻伤。2019年度该公司的千人重伤率是（　　）。

A. 0.05　　B. 0.1　　C. 0.15　　D. 0.7

7. 某煤业集团2017年煤炭产量1×10^8万吨，死亡人数20人。该煤业集团2017年百万吨死亡率为（　　）。

A. 0.2　　B. 0.375　　C. 0.125　　D. 0.075

8. 甲企业设机关部门 4 个，员工 24 人；生产车间 6 个，员工 450 人；辅助车间 1 个，员工 26 人。2018 年，甲企业发生各类生产安全事故 3 起，造成 2 名员工死亡。甲企业 2018 年百万工时死亡率为（　　）。

A. 2.06　　B. 2　　C. 1.67　　D. 1.53

9. 某集团安全管理部门为掌握该集团意外事件起数和人员轻伤的分布特征与规律，对 2004—2010 年全集团可记录的事件进行了统计分析。结果表明，7 年间意外事件起数和人员轻伤的 24 小时分布特征与规律为：意外事件起数和人员轻伤趋于正态分布，凌晨 3 时达到全天的最高峰，发生的意外事件最多，达到 65 起，全天 11 时发生轻伤事故最少，为 9 起。该部门采用的事故统计分析方法是（　　）。（2015 年真题）

A. 综合分析法　　B. 分组分析法　　C. 算术平均法　　D. 相对指标比较法

10. 某生产经营企业在进行设备安装过程中，发生一起事故，造成 1 人当场死亡，2 人重伤。该起事故发生医疗费用 15 万元，补助和救济费用 7 万元，丧葬及抚恤费用 125 万元，歇工工资 3 万元，清理现场费用 5 万元，停产造成的产量损失 10 万元，污水处理费用 1 万元，流动资产损失 6 万元，补充新员工的培训费用 3 万元，事故罚款 35 万元。根据《企业职工伤亡事故经济损失统计标准》（GB/T 6721），该起事故造成的直接经济损失是（　　）。（2019 年真题）

A. 161 万元　　B. 190 万元　　C. 214 万元　　D. 196 万元

11. 某煤矿发生瓦斯爆炸事故，造成 1 人死亡，3 人重伤，该煤矿支付医疗费用、工伤补助费用、丧葬及抚恤费用计 120 万元，清理现场费用 30 万元，事故造成财产损失 200 万元，停产损失 300 万元，补充新职工的培训费用 1 万元；此外，还被煤矿安全监察部门给予行政罚款 25 万元。根据《企业职工伤亡事故经济损失统计标准》（GB/T 6721），本次事故造成的直接经济损失为（　　）万元。（2019 年真题）

A. 651　　B. 376　　C. 375　　D. 350

12. 某企业调试新引进的化工产品生产线时发生事故，导致 1 名员工重伤和附近一条河流污染。在事故处理过程中，该员工的医疗、工伤补助等费用共计 2 万元，地方安监部门给予行政罚款 1 万元，生产线事后修复花费 20 万元，处理河流污染费用 10 万元。依据《企业职工伤亡事故经济损失统计标准》（GB/T 6721），本次事故造成的直接经济损失费用是（　　）万元。

A. 2　　B. 10　　C. 23　　D. 33

13. 某山区高速公路发生交通事故，造成司机刘某当场死亡，所驾驶车辆严重损坏。在事故救援过程中，参与救援的赵某因路面湿滑摔倒造成腿骨骨折。该起事故造成的下列经济损失中，属于间接经济损失的是（　　）。

A. 车辆损坏维修费用　　B. 赵某的医疗费用
C. 刘某的抚恤金　　D. 补充新员工的培训费用

14. 某企业上年度发生一起生产安全事故，造成 1 人死亡、1 人重伤、1 人轻伤。该企业上年度利税 8 000 万元、平均职工人数 400 人。上年度法定工作日数按 250 日计算，重伤损失工作日按 260 天计算，轻伤损失工作日按 40 天计算。该事故还造成了一定的经济损失，其中现场抢救费用 50 万元、清理现场费用 10 万元、处理环境污染费用 10 万元、补充新员工培训费用 5 万元。伤亡事故造成的经济损失计算方法和标准按照《企业职工伤亡事故经济损失统计标准》（GB/T 6721）进行计算。其间接经济损失当中的工作损失价值计算公式为：$V_W = \frac{D_L M}{SD}$（式中：V_W——工作损失价值，万元；D_L——事故的总损失工作日；M——企业上年利税（税金加利润），万元；S——企业上年的平均职工人数；D——企业上年法定工作日数，日）。该企业上年度工作损失价值是（　　）。（2019 年真题）

A. 504 万元　　B. 24 万元　　C. 264 万元　　D. 579 万元

二、多项选择题

（每题 2 分。每题的备选项中，有 2 个或 2 个以上符合题意，至少有 1 个错项。错选，本题不得分；少选，所选的每个选项得 0.5 分）

1. 某企业在风险管控和隐患排查治理双重预防机制建设中，为分析所属一家工厂近十年来发生伤害事故的变化规律，针对不同的分析目的，分别使用了下表所示的不同类型的统计图，其中运用正确的有（　　）。（2018 年真题）

序号	分析目的	统计图类型
1	各类别数值大小比较	条图
2	描述相关程度	散点图
3	描述指标相互变化趋势	线图
4	连续型变量频数分布	直方图
5	区域数量分布	统计地图

A. 序号 1　　B. 序号 2　　C. 序号 3　　D. 序号 4
E. 序号 5

2. 伤亡事故经济损失是指企业职工在劳动生产过程中发生伤亡事故所引起的一切经济损失，包括直接经济损失和间接经济损失。根据《企业职工伤亡事故经济损失统计标准》（GB/T 6721）的规定，下列属于间接经济损失的有（　　）。

A. 丧葬及抚恤费　　B. 事故罚款和赔偿费

C. 工作损失价值　　　　　　　　　　D. 歇工工资

E. 处理环境污染的费用

3. 某化工企业发生一起反应釜爆炸事故，造成多名人员伤亡，并对环境造成污染。依据《企业职工伤亡事故经济损失统计标准》（GB/T 6721），下列费用中，属于该起事故间接经济损失的有（　　）。（2015 年真题）

A. 人员治疗费用

B. 处理事故过程中所使用车辆的运输费

C. 处理事故造成的环境污染费用

D. 该设备停产的损失价值

E. 上级单位对该起事故的罚款

参考文献

［1］中国安全生产科学研究院. 安全生产管理. 北京：应急管理出版社，2019.

［2］高等院校安全工程专业教育指导委员会. 安全学原理. 北京：煤炭工业出版社，2002.

［3］张兴容，李世嘉. 安全科学原理. 北京：中国劳动社会保障出版社，2004.

［4］冯赵瑞. 安全系统工程. 2 版. 北京：冶金工业出版社，1993.

［5］毛海峰. 现代安全管理理论与实务. 北京：首都经济贸易大学出版社，2000.

［6］吴宗之. 工业危险辨识预评价. 北京：气象出版社，2000.

［7］刘铁民，张兴凯，刘功智. 安全评价方法应用指南. 北京：化学工业出版社，2005.

［8］高等学校安全工程学科教学指导委员会. 安全心理学. 北京：中国劳动社会保障出版社，2007.

［9］邵辉，赵庆贤，葛秀坤，等. 安全心理与行为管理. 北京：化学工业出版社，2011.